普通高等教育一流本科专业建设成果教材

 化学工业出版社"十四五"普通高等教育规划教材

金属热处理工艺学

夏鹏成　主编　　曹梅青　王淑峰　副主编

U0292077

 化学工业出版社

·北京·

内 容 简 介

《金属热处理工艺学》首先介绍了金属传热方式和加热时常见的物理化学现象，随后系统介绍了钢的常用热处理工艺，包括退火、正火、淬火、回火、表面淬火、化学热处理，并结合近年来材料领域热处理技术和工艺的最新进展，相应增加了各种先进热处理工艺技术。其次详细阐述了常用有色金属（铝合金、镁合金、铜合金、钛合金及镍基合金）的热处理工艺及真空热处理、形变热处理、复合热处理等特种热处理工艺。最后介绍了热处理工艺设计原则、步骤，并列举了三个实例说明热处理工艺设计过程。

本书可作为金属材料工程、材料成型与控制、材料科学与工程等专业本科生教材，也可作为金属材料及热处理等相关专业的学习资料，还可供从事金属材料研究和生产的科研人员参考。

图书在版编目（CIP）数据

金属热处理工艺学 / 夏鹏成主编；曹梅青，王淑峰副主编. -- 北京：化学工业出版社，2024. 9. --（普通高等教育一流本科专业建设成果教材）（化学工业出版社"十四五"普通高等教育规划教材）. -- ISBN 978-7-122-45852-0

Ⅰ. TG15

中国国家版本馆 CIP 数据核字第 2024BN0269 号

责任编辑：李玉晖　　　　　　　　文字编辑：孙月蓉
责任校对：田睿涵　　　　　　　　装帧设计：张　辉

出版发行：化学工业出版社
　　　　　（北京市东城区青年湖南街 13 号　邮政编码 100011）
印　　刷：北京云浩印刷有限责任公司
装　　订：三河市振勇印装有限公司
787mm×1092mm　1/16　印张 16　字数 392 千字
2024 年 10 月北京第 1 版第 1 次印刷

购书咨询：010-64518888　　　　　售后服务：010-64518899
网　　址：http://www.cip.com.cn
凡购买本书，如有缺损质量问题，本社销售中心负责调换。

定　　价：56.00 元

金 属 热 处 理 工 艺 学

金属热处理工艺是将固态金属工件放在一定的介质中加热，保温一定时间，以特定方式冷却，通过改变金属材料表面或内部的组织结构来控制其性能的工艺方法。热处理工艺是金属材料，特别是钢铁材料和有色金属组织性能调控最广泛、最常用的方法之一。"热处理工艺学"是研究各种热处理工艺的一门学科，主要是解决热处理"怎么做"的问题，包括热处理工艺方法（退火、正火、淬火和回火等）的选择、工艺参数（加热温度、保温时间和冷却方式等）的确定和热处理缺陷（晶粒粗大、硬度不均匀和淬火变形裂纹等）的控制与预防等。

本书共分为8章，第1章阐述了金属加热的传热方式和加热时间、加热时常见物理化学现象以及加热介质的选择。第2章~第5章系统介绍了钢的常用热处理工艺，包括退火、正火、淬火、回火、表面淬火、化学热处理等工艺的特点与应用，以及工艺参数的确定和常见热处理缺陷的预防与补救等。此外还结合近年来材料领域热处理技术和工艺的最新进展，实时地介绍了几种先进工艺方法。第6章介绍了常用有色金属热处理工艺及应用。第7章介绍了真空热处理、形变热处理及复合热处理等特种热处理工艺。第8章介绍了热处理工艺设计原则、步骤，并列举了三个实例说明热处理工艺设计过程。

本书绪论、第1章、第5章和第8章由山东科技大学夏鹏成编写；第2章由山东科技大学赫庆坤编写；第3章由山东科技大学曹梅青编写；第4章由山东科技大学王淑峰编写；第6章由江苏科技大学周鹏杰和韩国科学技术研究院丁相珍编写；第7章由青岛丰东热处理有限公司徐志斌编写。全书由夏鹏成担任主编，曹梅青和王淑峰担任副主编，山东理工大学殷凤仕教授对全书进行了审阅。

本书在编写过程中参阅了部分国内外相关教材、科技著作及论文等，在此特向有关作者表示衷心感谢！

本书为山东科技大学金属材料工程省级一流专业建设成果教材。本书可作为高等学校金属材料工程及相关专业学生教材及学习资料，也可供从事金属热处理工艺研究和生产的广大科研人员参考。

由于编者水平有限，书中的疏漏和缺点在所难免，敬请广大读者批评指正。

编者

目录

金 属 热 处 理 工 艺 学

绪论

0.1 热处理工艺及应用

金属材料在固态下加热到预定的温度，保温预定的时间，然后以预定的方式冷却（图 0.1），改变金属材料内部的组织结构，从而使工件的性能发生预期的变化，这种技术称为热处理工艺。从热处理工艺定义可知，金属加热温度要低于固相线温度，金属始终保持固态。冷却方式可以根据不同热处理工艺选择。热处理工件性能最终取决于热处理后所得到的组织。热处理工艺有三大基本要素即加热、保温、冷却。

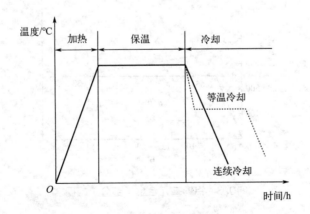

图 0.1 热处理工艺图

① 加热 不同的材料，其加热速度和加热温度不同。图 0.2 为铁碳合金相图。对钢件来说，加热温度分为两种。一种是在临界点 A_1（727℃，PSK 线）以下加热，此时不发生组织变化。另一种是在 A_1 以上加热，目的是获得均匀的奥氏体组织，这一过程称为奥氏体

化（图0.2）。由图0.2还可以看出，钢件中含碳量 W_C 不同，A_3（GS 线）对应温度不同，热处理加热温度（如亚共析钢完全退火、正火、淬火等）也不同。图0.3为铝铜二元合金（部分）相图，从图中可以看出，并不是所有成分的合金都能够进行热处理，只有铜含量低于 5.65%（质量分数）才能够进行热处理，且热处理温度随着含铜量增加而下降。

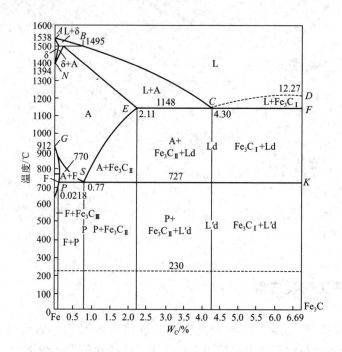

图 0.2　铁碳合金相图

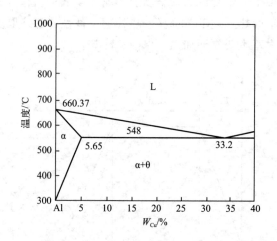

图 0.3　铝铜二元合金（部分）相图

　　② 保温　目的是要保证工件烧透，防止脱碳、氧化等。工件在加热时，表面温度首先达到设定温度。要使整个工件温度都达到设定温度，需要一定保温时间，工件发生组织转变也需要时间。如钢件进行奥氏体化时，奥氏体的形核、长大，碳化物的溶解及奥氏体的均匀化都需要保温时间。如果保温时间过短，工件有可能温度不均匀，组织转变不完全，性能较差。保温时间过长，奥氏体容易长大，氧化脱碳也比较严重。保温时间和介质的选择与工件

的尺寸和材质有直接的关系。一般工件越大，导热性越差，保温时间就越长。加热介质传热越快，保温时间越短。

③ 冷却　热处理的最终工序，也是热处理最重要的工序。钢在不同冷却速度下可以转变为不同的组织，从而得到不同性能。如钢的退火一般进行随炉冷却，正火要进行空冷，淬火要根据工件的临界冷却速度选择合适淬火介质。相同材料，冷却速度不同，得到组织不一样。图 0.4 为定向凝固镍基高温合金热处理前后强化相 γ′组织形貌。铸态 γ′为不规则立方形，平均边长约为 350～380nm。合金经 1220℃固溶处理分别经过炉冷、空冷和水冷后，γ′相形态发生较大的变化。炉冷时，冷却速度小，γ′容易粗化和长大，为立方形 ［图 0.4 （a）］，边长约为 1 μm；空冷和水冷时，冷却速度大，γ′容易形核，γ′为球形且数量多，尺寸小 ［图 0.4 （b）、（c）］。相同成分的合金，经不同工艺处理后，得到的组织和性能也不同。

(a) (b) (c)

图 0.4　冷却方式对 Ni₃Al 相的影响
（a）炉冷；（b）空冷；（c）水淬

图 0.5 为 45 钢经不同热处理工艺处理后组织和硬度。可见，虽然退火和正火都得到珠光体组织，但由于正火冷却速度快，得到块状铁素体尺寸较小，珠光体片间距也小 ［图 0.5 （b）］，退火为炉冷，冷却速度小，得到铁素体尺寸大，而珠光体片间距也宽 ［图 0.5 （a）］，因此 45 钢退火后硬度（150HB）也低于正火后硬度（17HRC）。45 钢经油淬后，冷却速度提高，得到混合马氏体加少量珠光体组织 ［图 0.5 （c）］，硬度达到 32HRC。

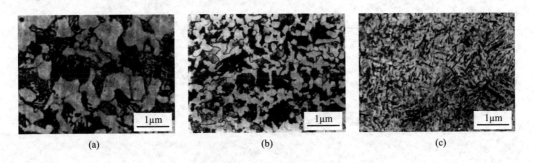

(a) (b) (c)

图 0.5　45 钢经不同工艺热处理后组织和硬度
（a）退火（150HB）；（b）正火（17HRC）；（c）油淬（32HRC）

金属热处理是金属材料生产和机械制造过程的重要组成部分之一，相对于其他加工工艺，热处理过程一般不改变材料或工件的形状和整体的化学成分，而是通过改变材料或工件的显微组织和结构，或改变工件表面的化学成分和组织，达到赋予或改善材料及工件不同使用性能的目的。

热处理的目的主要包括以下两个方面。一是改善工艺性能。例如，在机械加工之前常需进行退火处理，以调整硬度，改善冷加工性能；对于高碳钢工具来说，为了改善其机加工性能，往往要进行正火和球化退火处理；对于某些存在较严重成分偏析的铸锭，在热加工之前还需进行均匀化退火。二是改善材料或工件的使用性能。例如，对齿轮如果采用正确的热处理工艺，使用寿命可以比不经热处理的齿轮成几倍或几十倍地提高；低碳钢通过渗入某些合金元素可以得到外强内韧的性能；白口铸铁经过长时间退火处理可以获得可锻铸铁，塑性提高很多。

热处理应用范围比较广泛，主要应用在以下几个领域。

① 机械制造业　热处理常用于制造各种机械零部件，如轴承、齿轮、弹簧、钢轨等。通过热处理，可以改善材料的强度、硬度、韧性和耐磨性等性能，提高机械零部件的使用寿命和性能。

② 汽车制造业　热处理广泛应用于汽车零部件的制造中，如发动机零部件、悬架系统、传动系统等。热处理可以改善汽车零部件的强度、硬度和耐腐蚀性能，提高汽车的安全性和使用寿命。

③ 航空航天制造业　热处理在航空航天领域中应用非常广泛。例如，热处理可以用于制造飞机发动机零部件、轮毂、航空螺栓、导弹部件等。通过热处理，可以提高材料的强度、耐热性和耐腐蚀性能，满足航空航天领域对材料高强度、轻量化和高性能的要求。

④ 电子制造业　热处理可以用于制造各种电子元器件，如晶体管、集成电路、半导体器件等。通过热处理，可以改变电子元器件中材料的性能，提高其可靠性。

⑤ 钢铁冶金行业　在钢铁生产中，热处理可以用来对钢材进行调质、回火、正火等加工，提高钢材的强度和韧性。同时，热处理还可以用来改善钢铁材料的耐腐蚀性能、抗磁性能等，提高钢铁材料的使用价值。

热处理工艺主要包括整体热处理、表面热处理和复合热处理三种（图0.6）。根据加热介质、加热温度和冷却方法的不同，每一大类又可以分为若干种不同的热处理工艺。同一种金属采用不同的热处理工艺处理后，可以获得不同的显微组织，从而具有不同的性能。

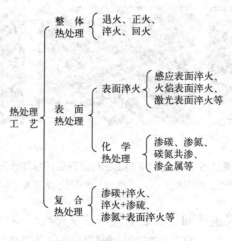

图0.6　热处理工艺分类

整体热处理是对工件的整体进行加热，在保温足够长时间后，以适当的速度进行冷却，通过组织的变化改变工件的整体力学性能的热处理方法。对钢铁材料来说，整体热处理主要包括退火、正火、淬火和回火。

表面热处理是通过改变工件表面组织来改善表面性能，包括表面淬火和化学热处理。表面淬火是指对工件的表层进行加热，以改变工件表层力学性能的热处理方法。为了仅使工件表层被加热而不使过多的热量传入工件内部，使用的热源必须具有高的能量密度，即在单位面积的工件上给予较大的热能，使工件表层或局部能短时或瞬时达到高温。表面淬火的主要方法有火焰加热表面淬火（又称火焰表面淬火）和感应加热表面淬火（又称感应表面淬火），常用的热源有氧-乙炔或氧-丙烷等火焰、感应电流、激光和电子束等。化学热处理是通过改变工件表层的化学成分，从而控制表面层组织结构和性能的热处理方法。化学热处理与表面热处理不同之处是前者改变了工件表层的化学成分。常用的化学热处理方法有渗碳、渗氮、碳氮共渗和渗各种金属等。

复合热处理是将两种或两种以上的热处理工艺复合，或将热处理与其他加工工艺复合，这样就能得到参与组合的几种工艺的综合效果，使工件获得优良的性能，并节约能源，降低成本，提高生产效率。如渗氮与表面淬火的复合、淬火与渗硫的复合、渗硼与粉末冶金烧结工艺的复合等。锻造余热淬火和控制轧制也属于复合热处理，它们分别是锻造与热处理的复合、轧制与热处理的复合。复合热处理并不是几种单一热处理工艺的简单叠加，而是要根据工件使用性能的要求和每一种热处理工艺的特点将它们有机地组合在一起，以达到取长补短、相得益彰的目的。例如，由于各种热处理工艺的处理温度不同，因此需要考虑参加组合的热处理工艺的先后顺序，避免后道工序对前道工序的抵消作用。

0.2　热处理工艺的作用和意义

热处理工艺的主要作用和意义，概括起来有以下几方面。

① 能够充分发挥金属材料的各种性能潜力，赋予机械零件在工作状态下所需要的各种性能。

材料的性能主要取决于组织，因此通过选用合适的热处理，优化热处理工艺参数，能够改变材料组织结构，进一步提升材料性能。5CrNiMo 模具钢经调质处理（即淬火后高温回火）后的抗拉强度能达到 1200MPa，显著高于正火处理后的抗拉强度（800MPa）。大功率燃气轮机的液压耦合器的转子传递着几万千瓦的功率，转速达 20000r/min 以上，原设计为 SAE AISI、4340（40CrNi2Mo）钢调质处理，屈服强度为 800MPa，改用淬火和低温回火处理后，屈服强度达到 1800MPa，使整个耦合器的重量减小到原来的 1/4。这对于提高舰艇的性能是很有利的。

② 可以改变金属材料及其制品的内部组织结构和应力状态，从而保持精密零件、精密量具等尺寸精度、几何精度的稳定性。

一般而言，影响精密零件尺寸稳定性的因素主要发生在热处理过程中，对于精密零件除了要求获得的高硬度和良好的力学性能外，还必须获得稳定组织以及较小的应力状态，才能确保精密零件在服役条件下精度的稳定。GCr15 钢制作轴承，在淬火后会含有 10%～15%（质量分数）的残留奥氏体，由于这些残留奥氏体存在于淬火组织中，虽经常规回火处理，仍不能使其全部转变和稳定。零件在使用过程中，其轴承尺寸会因残留奥氏体的分解而胀大，满足不了尺寸精度要求。为了减少淬火组织中残留奥氏体含量，并使剩余的少量奥氏体趋于稳定，增加轴承尺寸精度和提高硬度，工艺要求淬火后进行冷处理，热处理工艺为淬火＋冷处理＋回火，即淬火后冷却到室温后再进行－70℃左右保温1h的冷处理，冷处理后待温度回升到室温即进行回火。通过冷处理，残余奥氏体进一步转变为马氏体，并最终转变成稳定的回火马氏体组织，从而保证精密轴承组织稳定性和尺寸精度。回火处理目的是消除磨削加工后的磨削应力，尽管磨削应力应该不足以使零件变形，但在外力的作用下，变形也会随着时间的延长而逐渐变化，形成磨削裂纹。热处理工艺应在磨削加工后进行，保温时间更长，以消除应力对零件尺寸的影响，为了确保高的尺寸精度，多在粗磨、精磨后分别进行回火处理。在精磨后的回火可采用较低的保温时间。

③ 可以改善金属材料及其制品零件的可加工性，从而提高各种加工的生产率和节约能源，具有降低生产成本等经济意义。

针对不同的钢材和不同的切削条件，通过适当的预备热处理工艺获得切削性能良好的组织，可以大幅度提高切削加工效率，降低加工成本。常规正火由于受设备限制采用堆装、堆冷方式，会造成不同零件之间或同一零件不同部位的冷却速度及其组织、应力和硬度的较大差别，导致切削加工性能恶化和热处理变形加大，从而降低零件的使用性能。采用等温正火可以得到均匀的珠光体组织，从而改善其切削加工性能，在大批量生产应用中效益显著。少无切削加工的发展，使大批量生产的零件的制造成本大大降低。除了成型的工艺、模具设计、模具材料与热处理之外，采用合适的毛坯预备热处理工艺使被加工毛坯具有良好的可塑性也是推广少无切削技术的必要条件。图0.7为大功率高速柴油机曲轴，长度为2.4m，渗氮处理时很容易产生弯曲变形；通过计算机模拟，研究装炉方式对渗氮变形的影响，使渗氮后弯曲变形量控制在0.08mm之内，大幅度降低了渗氮后磨削加工的成本。图0.8所示的风电齿圈，经过调整去应力工艺和渗氮工艺，使渗氮后的圆度控制在公差范围之内，可以免去渗氮后的磨削工序。

图0.7 大功率高速柴油机曲轴

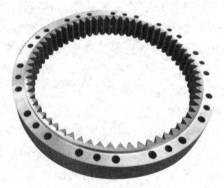

图0.8 风电齿圈

由此可见，做好热处理工作，提高热处理工艺技术水平，对提高机械产品质量和降低产品制造成本具有十分重要意义。

0.3　热处理工艺发展历程及发展方向

热处理既是古老的技术又是尖端的技术。古代制陶业是人类自觉进行热处理的最早事例。陨铁实际上属高铁镍合金，居住在两河流域的人类从公元前 3000 多年以前就开始使用这一"天赐"的金属。为了制造刀具或小件物品，他们采用了退火或锻造工艺。这是人类最早的钢铁热处理活动。我国在商周遗址中共发现了七件陨铁制品，有经过锻造和退火加工的痕迹。

早在殷商时期（约公元前 1600—公元前 1046 年），我国就已经发明了用退火方法软化金属箔的技术。金的早期一个重要用途是做成很薄的金叶或金片来装饰器物。国外早期通常采用冷加工使金片的厚度减小到十几纳米。我国出土的金制品多为饰物，如金耳坠、金叶等。河南安阳殷墟出土的金箔，其厚度为（0.01±0.001）mm，其晶粒大小均匀、晶界平直，被认为是采用锻打和退火工艺制成的。

在春秋战国时期（公元前 770—公元前 221 年），人们已经掌握了常用的热处理工艺如退火、正火、淬火和渗碳等技术，白口铸铁的柔化处理就是最早出现的热处理工艺之一，其实质包括石墨化退火和脱碳退火工艺。在高温下将铸铁件长时间进行加热，使其化合碳发生变化，就可以改变它的材质和性能。其中一种方法叫铸铁柔化处理，这种方法到西汉时期已发展得比较成熟。到公元前 6 世纪，逐渐开始使用钢铁兵器，为了提高钢的硬度，淬火工艺得到了迅速的发展。1974 年在河北省易县燕下都遗址出土了战国中晚期的两把剑和一把戟，金相分析表明其显微组织中都有马氏体存在，说明是经过淬火处理的。

到西汉时期，我国的热处理技术水平已经达到较高水平，在我国河北省出土的西汉满城汉墓（中山靖王墓）中的宝剑，心部含碳量最低处为 0.05%，一般为 0.15%～0.4%，而表面含碳量却高达 0.6% 以上，具有一定的碳浓度梯度，说明当时已经使用了渗碳工艺。但当时这种技术多作为祖传的手艺，属于绝对秘密，是不肯外传的，因而限制了该技术的发展。

在汉代，热处理技术已经有了文字记载，西汉司马迁所著的《史记·天官书》中记载有"火与水合为焠❶"，在《汉书》中则有"巧冶铸干将之朴，清水焠其锋"。随着淬火技术的发展，人们逐渐发现淬火介质对淬火质量的影响。三国时期蜀人蒲元曾为诸葛亮打制 3000 把刀，他认为"汉水钝弱，不任淬用，蜀江爽烈"，于是派人到成都取水淬火，制得的刀锋利异常，"称绝当世，因曰神刀"。这说明我国在古代就已经注意到不同水质的冷却能力不同了。在南北朝时期，綦毋怀文改进了金属热处理工艺，他在淬火时，"浴以五牲之溺，淬以五牲之脂"，因为牲畜尿中含有盐类，具有比水高的冷却速度，所以能使淬火后的钢获得较高的硬度；牲畜油脂冷却速度较低，能避免钢淬火时脆裂，提高钢的韧性，减小它的变形。可以看出当时已采用含盐的水和油作为具有不同冷却速度的淬火剂，表明当时已清楚地认识到淬火剂同淬火后钢的性能之间的关系。明代宋应星在《天工开物》中记载了大量热处理工艺方法，特别是对渗碳工艺的记载相当成熟。

---

❶　焠为淬异体字。

自工业革命以后，国外热处理技术也得到了迅速的发展。特别是在 1841 年出现了光学显微镜技术，为研究金属内部的组织提供了可能。1863 年，英国谢菲尔德的索尔比和德国夏洛滕堡的马滕斯展示了钢铁在显微镜下的 6 种不同的金相组织，证明了钢在加热和冷却时内部会发生组织改变，钢中高温时的相在急冷时会转变为一种较硬的相。法国人奥斯蒙确立铁的同素异构理论、英国人罗伯茨-奥斯汀制定第一张铁碳平衡图，以及洛兹本将吉布斯（Gibbs）相律应用于合金系统并于 1990 年制定出较完整的铁碳平衡图，这些都为现代热处理工艺初步奠定了理论基础。与此同时，人们还研究了在金属热处理的加热过程中对金属的保护方法，以避免加热过程中金属的氧化和脱碳等。1850 到 1880 年，对于应用各种气体（如氢气、煤气、一氧化碳等）进行保护的加热技术出现了一系列专利。1889 到 1890 年，英国人莱克获得了多种金属光亮热处理专利。

进入 20 世纪以来，热处理学科突飞猛进。金属物理的发展和其他新技术的移植应用，使金属热处理技术得到更大发展。1901 到 1925 年，在工业生产中开始应用转筒炉进行气体渗碳；1930 年出现了露点电位差计，使炉内气氛碳势达到可控，之后科学家又研究出用二氧化碳红外仪、氧探头等进一步控制炉内气氛碳势的方法；20 世纪 60 年代，在热处理技术中利用等离子场的作用，发展了离子渗氮、渗碳工艺，激光、电子束技术的应用又使金属获得了新的表面热处理和化学热处理方法。随着检测手段的进步，人们应用定量金相技术、电子显微技术、X 射线与俄歇电子能谱仪等揭示出金属（包括合金）更微观的结构，在金属学及热处理的一些基础理论的研究方面发挥了巨大的作用。热处理工艺方法的新进展，已完全改变了古老的热处理的面貌。如可控气氛热处理、真空热处理、离子轰击与特殊表面硬化、复合热处理、感应加热、新型化学热处理、新型冷却技术等，均已进入实用化阶段。计算机及电子技术的发展，也带动了热处理设备及检测仪器的智能化，使得热处理工艺参数的控制更精确、更合理。

随着现代科学技术和工业发展的需求，对热处理技术也提出更高的要求。

2004 年美国热处理学会在美国能源部支持下制定和公布了美国"热处理学会 2004 热处理发展规划"。在这个发展规划中设想 2020 发展目标是：能源消耗减少 80%，工艺周期缩短 50%，生产成本降低 75%，热处理件实现零畸变和最低的质量分散度，加热炉使用寿命增加为原先的 9 倍，加热炉价格降低 50%，生产实现零污染。同时在高等学校成立了"热处理先进技术中心"及"热加工技术中心"等研究机构来组织和协调这方面的研究工作。

我国专家和学者十分重视热处理技术发展。中国热处理学会于 2012 年初启动了《中国热处理与表层改性技术路线图》制定的准备工作，在广大专家学者的积极响应和大力支持下，2012 年分别于 7 月 8 日、9 月 25 日两次召开了研讨会。由全国热处理学会理事长赵振业院士、荣誉理事长潘健生院士倡导的《中国热处理与表层改性技术路线图》制定工作，正式立项为 2013 年度中国工程院重点咨询研究项目。为尽快落实项目实施要求，中国热处理学会召集有关专家学者于 2013 年 1 月 24 到 25 日在北京西郊宾馆召开了第三次中国热处理与表层改性技术路线图研讨会。《中国热处理与表层改性技术路线图》分为综合报告、热处理与表层改性技术体系、热处理与先进材料 3 个部分，以相变、应变-硬化和无应力集中抗疲劳概念为理论基础，彰显自主创新、技术体系、中国特色和国际竞争 4 个基本理念，聚焦13 个关键领域和人才队伍建设，对于改变热处理与表层改性落后状况、引领热处理学科及行业发展具有战略意义。中国热处理行业协会编写的《中国热处理行业"十四五"发展规划》分析了热处理行业发展现状、存在差距及原因，强调了热处理行业"十四五"重点发方向：①推进热处理产业基础高级化，用数字化和智能化技术保障产品质量；②持续推广绿色热处理技术与装备；③进一步促进服务型制造发展，深入推进热处理行业转型升级。

今后金属材料的热处理工艺技术主要有两种发展方向：

① 自动化的发展趋势　由于现在的科技与过去相比已经有了很大的进步，所以相关的技术发展趋势也开始呈现出自动化。所以说，相关企业在实际应用金属材料的热处理工艺技术时，就必须要投入充足的资金以便采用先进热处理技术。在对金属材料进行实际的热处理的过程中，要尽可能地避免人为因素的干扰。另外，对科研人员来说，还要对金属材料热处理工艺技术的自动化进行更深层次的探索与创新应用。而且如果想要有效地提升金属材料的热处理效果，就必须要结合传统的热处理工艺与现在的信息技术。

② 无氧化热处理　随着我国科技的不断进步，无氧化热处理技术的应用价值已经逐步展现出来。其中，可控气氛的热处理工艺技术就属于无氧化热处理技术，而且可控气氛的热处理工艺技术也能使钢材的氧化率得到有效的降低，进而使热处理过程的稳定性得到有效的提高。所以说，金属材料热处理工艺技术的发展趋势之一就是无氧化热处理技术。因此，相关企业对无氧化热处理工艺技术进行更加深入的研究与实验应用就势在必行了。如果在创新中不断提升热处理技术应用能力，就能创造更大的效益。

0.4　本课程主要内容

本课程着重阐述金属热处理工艺对工件组织与性能的影响及有关的工艺原理，包括整体热处理、表面热处理和复合热处理。第 1 章主要讲述金属的加热和冷却；第 2 章和第 3 章主要讲述钢的整体热处理工艺，即退火、正火、淬火和回火；第 4 章和第 5 章主要讲述钢的表面热处理工艺，包括表面淬火和化学热处理；第 6 章讲述有色金属热处理工艺；第 7 章讲述特种热处理工艺，如真空热处理、形变热处理和复合热处理；第 8 章主要讲述热处理工艺设计原则、步骤及典型零部件热处理工艺设计。

要求通过本课程的学习，进一步掌握和熟悉金属材料基本知识和基本技能，提高解决金属材料热处理领域实际复杂工程问题的能力；了解和掌握常用的金属材料热处理目的、工艺及用途；依据常用金属材料实际使用性能等技术指标要求，选择或设计满足需求的热处理工艺方案。

参考文献

[1] 毕凤琴，张旭昀. 热处理原理及工艺 [M]. 北京：石油工业出版社，2009.

[2] 夏立芳. 金属热处理工艺学 [M]. 修订版. 哈尔滨：哈尔滨工业大学出版社，2012.

[3] 潘健生，胡明娟. 热处理工艺学 [M]. 北京：高等教育出版社，2009.

[4] 中国热处理与表层改性技术路线图 [J]. 金属热处理，2014，39 (4)：156-160.

[5] 中国机械工程学会热处理分会. 中国热处理与表面改性技术路线图第三次研讨会会议纪要 [J]. 金属热处理，2013，38 (3)：128.

[6] 樊东黎. 美国热处理技术发展路线图概述 [J]. 金属热处理，2006 (1)：1-3.

[7] 阎承沛. 美国热处理工业 2020 年的远景 [J]. 国外金属热处理，1998 (01)：1-4.

[8] 武涛. 金属材料热处理工艺与技术发展趋势微探 [J]. 冶金与材料，2022，42 (3)：128-129.

第1章

金属的加热与冷却

加热和冷却是金属热处理主要工序之一。选用合理的加热方法和冷却方式能够保证和提高金属热处理的质量。有些工件在热处理后出现的缺陷就是由于加热方法或冷却方式不当造成的。加热时，应保持温度适当且均匀以避免或减少金属表面氧化、脱碳。冷却时，应选择适当的冷却介质和冷却方式，避免工件在冷却过程中产生应力、变形和裂纹。工件在加热和冷却过程中，除了和周围介质发生热交换以外，还发生其他的物理化学过程。

1.1 金属加热热源

金属工件温度的升高，主要通过热源从邻近的发热体进行热交换而获得，如一般加热炉加热；也可以把其他形式的能量转变为工件的热能，如直接通电加热、离子轰击加热或感应加热等（图1.1）。

(a)　　　　　　　　　　(b)　　　　　　　　　　(c)

图1.1　金属加热方式

（a）电阻炉加热；（b）激光加热；（c）感应加热

早期的加热是以木炭或煤为燃料，在敞开的灶式炉中进行的。后来改变燃烧室的位置，制成了不同形式的反射炉，提高了加热效率。为了改变因火焰直接接触工件而引起的表面氧化脱碳，一些中小型工件常采用间接加热方法，如将工件埋在熔融盐液等介质中加热，即浴炉加热，可以基本上避免氧化，减少脱碳。液体和气体燃料的采用，及电加热的大范围应用，使金属热处理的加热方法更趋完善，加热温度更易于控制，同时避免了环境污染。20世纪30年代初期，可控气氛光亮加热法和机械化连续热处理设备的出现，使热处理的加热方法又前进一步。20世纪60年代以后真空热处理的问世、可控气氛的扩大应用、新热源的移植、氧探头和微处理机的应用等，使热处理加热方法有了新的发展。近年来，随着对热处理工艺要求越来越高，环保意识加强，电加热和高能量密度能源加热得到广泛应用。

常用热处理加热按热源不同有燃料燃烧加热、电加热和高能量密度能源加热等。

1.1.1 燃料燃烧加热

常用燃料有固体燃料（煤）、液体燃料（油）和气体燃料（煤气、天然气、液化石油气）。

（1）燃煤加热

煤的资源丰富，燃煤反射炉在热处理加热方法中有过一定的地位。煤的性质和反射炉的结构，决定了煤不易完全燃烧，因而煤炉热效率低，加热质量和劳动条件差，煤烟污染环境。这些使得燃煤加热法逐渐被其他加热方法所取代。

（2）液体燃烧加热

这种方法主要使用重柴油作燃料，适用于大型加热炉加热，也用于外热式盐浴炉加热，前者一般在炉子加热室外墙一侧或两侧安装有喷嘴，后者则将喷嘴安装在坩埚外的炉壳上。液体燃料在喷嘴中与空气混合，并在压缩空气的作用下雾化，然后喷出喷嘴，在加热室中（或在盐浴炉的坩埚外）燃烧，以加热工件（或坩埚）。喷嘴的合理设计与布置，对保持炉温均匀、节省燃料起着关键作用。喷嘴喷出的雾化油也可以在炉内的辐射管中燃烧，加热辐射管可以间接加热工件。燃油比燃煤容易控制加热温度，适用于大件整体的加热和供油量充足的地区。

（3）气体燃烧加热

在喷嘴中，气体可与一定比例的空气混合后喷出燃烧。这种方法可直接加热放在加热室中的工件，也可以把火焰喷到装在加热室中的辐射管上，间接加热工件。用于盐浴炉时，喷嘴装在坩埚外的炉壳上，火焰射向坩埚外侧以加热熔盐。用于加热的气体燃料有煤气、天然气和液化石油气等。调节空气与气体的比值可以获得氧化或还原的燃烧气氛，从而减少工件加热时的氧化脱碳程度。这种加热方法适用于大件整体加热和燃气供应充足的地区。用喷嘴的火焰直接加热工件表面时，喷嘴和工件做相对移动，所用气体为氧-乙炔、氧-丙烷、氧-甲烷等。这种加热方法即火焰淬火，适用于工件的表面淬火。

1.1.2 电加热

电加热为以电为热源，通过各种方法使电能转变为热能以加热工件的方法。电加热时，温度易于控制，无环境污染，热效率高。电加热有电热元件加热、工件电阻加热、感应加热、加热介质电阻加热等。

（1）电热元件加热

电热元件加热是利用工频（50～60Hz）交变电流通过电热元件时产生的电阻热加热工

件。电热元件常布置在加热室内四周或两侧，以保证加热室内温度均匀；也有把元件装在辐射管内对工件间接加热的。对于外热盐浴炉或金属浴炉，则把电热元件布置在坩埚外、壳体内的空间。这种加热方法也可用于氧化铝粒子的浮动粒子炉。它适用于工件整体加热。

（2）工件电阻加热

工件电阻加热是降压后的交变电流直接通过工件，由工件本身电阻产生热量使工件温度提高的方法。这种方法适用于对截面均匀的工件进行整体加热。还有一种方式是利用滚动铜轮压在金属工件上，通以低电压大电流的交变电流，利用铜轮与工件间的接触电阻产生热量而加热工件表面。

（3）感应加热

感应加热是把工件放在一个螺旋线圈内，线圈中通以一定频率（一般高于工频）的交流电，使放在线圈中的工件产生涡流，利用工件本身的电阻产生热量而被加热的方法。这种加热的深度可随电流频率提高而变浅，称为感应加热热处理。感应加热主要用于加热工件表面，但采用较低频率而工件直径又小时，也可以进行整体加热。这种加热方法效率高，耗电少，多用于中、小零件的加热淬火。

（4）加热介质电阻加热

加热介质电阻加热是将工业频率的低压交变电流导入埋在介质中的电极，利用电流流过介质时产生的电阻热使介质本身达到高温的方法。工件放在这种高温介质中进行加热，可以减少或避免氧化脱碳。这种介质都是导电体，如盐、石墨粒子等。加热炉的炉型有内热式盐浴炉和石墨浮动粒子炉。这种加热方法主要用于中、小零件的加热淬火。

1.1.3　高能量密度能源加热

高能量密度能源加热以很大的功率密度加热工件表面，加热时间以 ms 计，功率密度可达 $10W/cm^2$。采用的热源有太阳能、激光束和电子束等。

（1）太阳能加热

以聚光式太阳能加热器加热工件。

（2）激光束加热

利用 CO_2 连续激光发生器产生激光，经过聚焦产生高温射束照射工件，使工件局部表面薄层瞬时达到淬火温度或熔化温度。照射停止后，表面热量迅速传入基底材料而使表面淬硬或迅速凝固。利用激光束加热的工艺有相变硬化-淬硬、表面"上光"-快速凝固、表面合金化等。由于反射镜可以改变光束的方向，所以这种方法最适用于内壁（如气缸套）加热，但热效率较低。

（3）电子束加热

利用高速运动的电子轰击工件表面，使很高的动能迅速转变为热能，将工件表面温度迅速提高到淬火温度或熔化温度。照射停止后，表面热量在瞬时间即可传入冷态的基底材料而使材料淬硬或迅速凝固。与激光加热一样，电子束加热的工艺也有相变硬化表面"上光"和表面合金化等，由于加热需要在真空室内进行，工件批量受到一定限制，但热效率较高。

1.2　金属加热的物理过程

传统热处理工艺的加热工序是在各类热处理炉中进行。在温度场内，首先是加热介质与工件表面之间建立起温度梯度，通过传导、对流或辐射这三种基本物理过程而使工件表面温度升高。随后，工件表面和工件内部建立起温度梯度，表面热量通过传导传热使内部温度升高，最终使整个工件温度达到热处理设定温度。

1.2.1　工件表面的传热

（1）对流传热

靠流体（气体或液体）质点发生位移和相互混合而发生的热量传递方式。主要特点是通过发热体和工件之间流体的流动进行传热。传热过程中，既有流体质点的导热作用，又有流体质点位移产生的对流作用。

对流传热的传热量与流体和工件表面间的温差和两者的热交换面积成正比，数学表达式为

$$Q_c = \alpha (T_1 - T_2) F \tag{1.1}$$

式中　Q_c——单位时间通过热交换面积 F 对流传递给工件的热量，W；

　　　α——对流传热系数，W/(m² · ℃)，它表示流体与固体表面之间的温度差为 1℃ 时，每 1s 通过 1m² 面积所传递的热量；

　T_1，T_2——介质温度和工件表面温度，℃；

　　　F——工件和流体热交换面积，m²。

从式（1.1）可以看出，工件通过对流传热获得的热量与流体和本身温度、工件与流体热交换面积和对流传热系数有关。其中对流传热系数对对流传热的影响较大。

影响对流传热的因素有：

① 流体流动状态　自然对流是流体各部分温度不同时引起的，流动速度小，对流传热系数较小，传递热量主要取决于流体介质和工件的温度差。强迫对流靠外力推动流体流动，流动速度大，对流传热系数大，传递热量多。流体以层流状态流动时，主要靠流体与固体表面传导传热，热流方向垂直于流体运动的方向。流体以紊流状态流动时，主要靠传导和流体紊流混合传热，传热量主要取决于层流底层传导，但层流底层薄，所以总的传热能力比层流大。在相同条件下，流速高的紊流对流传热系数高于流速低的紊流。

② 流体的物理性质　流体的热导率 λ、比热容 C、密度 ρ 和黏度 μ 等物理性质直接影响流体流动的形态、层流底层厚度和导热性能等，从而影响对流传热系数。流体比热容 C 和密度 ρ 越大，储蓄的热量越多、热导率 λ 越大，传递热量越多，这些都使对流传热系数增加。流体黏度 μ 越大，流动速度越小，对流传热系数越小。

③ 工件表面形状、大小和在炉内放置位置　工件表面形状和尺寸有利于流体流动时，对流传热系数大。多个工件在炉内放置位置对流体流动及传热系数也有较大的影响。

（2）辐射传热

从理论上讲，物体热辐射的电磁波波长可以包括 $0 \sim \infty$ 整个波段范围，不同波长的电磁波投射到物体时，可产生不同的效应，其中可见光和红外线的电磁波被物体吸收后能显著变为热能而使物体加热，因而称为热射线。物体间通过热射线在空间传递热能的过程叫辐射传热。

依据普朗克定律，黑体在不同温度下的单位波长间隔和单位面积内的辐射能量 $I_{b\lambda}$［角标"b"表示黑体，单位 W/(m² · m)］随波长 λ 的分布规律为

$$I_{b\lambda} = c_1 \lambda^{-5} / (e^{c_2/\lambda T} - 1)^{-1}$$

式中，λ 为波长，m；T 为黑体温度，K；c_1 为第一辐射常数，3.742×10^{-16} W · m²；

c_2 为第二辐射常数，1.4388×10^{-2} W·m²。

由图 1.2 可见，黑体在每一个温度下，都可辐射出波长从 0 到 ∞ 各种射线，当 $\lambda = 0$ 或 ∞ 时，$I_{b\lambda}$ 趋近于 0。一定温度下，$I_{b\lambda}$ 连续变化，有一最大值。随温度升高，$I_{b\lambda \max}$ 向短波方向移动。

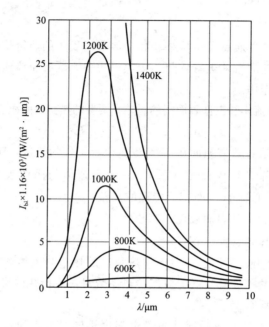

图 1.2　黑体在不同温度下的单色辐射力

黑体向外辐射的热量为

$$E_b = C_0 \ (T/100)^4$$

式中，E_b 为黑体辐射热量，W/m²；C_0 为黑体的辐射系数，其值为 5.675 W/(m²·K⁴)；T 为黑体温度，K。

实际物体的辐射能力都小于黑体，称之为灰体，灰体的辐射能力为

$$E = \varepsilon E_b = \varepsilon C_0 \ (T/100)^4 = C \ (T/100)^4$$

式中，E 为物体在单位时间内由单位表面积辐射的能量，W/m²；C 为灰体的辐射系数，W/(m²·K⁴)，$C = \varepsilon C_0$。

工程上为了计算方便，都把实际物体看作灰体，运用灰体的辐射公式进行计算。

辐射传热时工件表面所吸收的热量 Q（单位 W）为发热体、炉壁等辐射的热量与反射的热量及自身辐射的热量之差。可用下式表示：

$$Q = A_n \ [\ (T_1/100)^4 - \ (T_2/100)^4\ ] \ F$$

式中，A_n 为相对吸收率，与工件表面黑度、发热体表面黑度、工件对于发热体的位置及炉内介质有关；T_1 为发热体（电热元件或炉壁）的绝对温度，K；T_2 为工件表面的绝对温度，K；F 为工件吸收热量的表面积，m²。

实际工件的吸收热量随物体表面状态与结构不同而变化，光滑的工件表面吸收热量较少，随着表面粗糙度增加，吸收热量增加。工件的吸收热量也受温度影响，如 Al_2O_3 在 30K 时能吸收辐射总热量的 75%，在 300K 时，仅能吸收辐射总热量的 12.5%。大部分金

属材料温度升高，吸收热量增加；大部分非金属材料温度升高，吸收热量减小。

（3）传导传热

温度不同的接触物体间或一物体中各部分之间热能的传递过程为传导传热。传导传热无宏观的质点的移动。气体中主要依靠分子、原子扩散传热；液体中主要靠分子、原子振动传热；金属通过自由电子的运动传热。

依据傅里叶定律，对于均匀的、各向同性的固体，单位时间通过单位面积的热量，与垂直于该截面方向的温度梯度成正比。

$$q = Q/F = -\lambda \, \mathrm{d}t/\mathrm{d}x$$

式中，q 为热流密度，W/m^2；λ 为热导率，$W/(m \cdot K)$；$\mathrm{d}t/\mathrm{d}x$ 为温度梯度，K/m；负号表示热流密度方向与温度梯度方向相反，即向着温度降低的方向。

（4）综合传热

实际工件传热是三种传热方式都有，为综合传热。在不同的场合，以某种传热方式为主，其他传热方式为辅。如在中高温电阻炉和真空电炉中，以辐射传热为主，对流传热可以忽略不计；在低温空气循环电阻炉和盐浴炉中，以对流传热为主，辐射传热可忽略不计；在装有风扇的中温电阻炉和燃料炉中，为综合传热。

综合传热传递总热量 Q 为对流传热、传导传热和辐射传热之和。可由以下公式计算：

$$Q = \alpha_\Sigma (T_1 - T_2)$$

式中，T_1、T_2 分别为介质和工件的温度，K；α_Σ 为综合传热系数，为辐射传热系数（α_f）、对流传热系数（α_d）和传导传热系数（α_c）之和，$W/(m^2 \cdot K)$。

1.2.2 工件内部的传热

工件表面获取能量后，表面温度升高，在表面和心部存在温度梯度，发生热传导。传热强度以热流密度 q 表示：

$$q = -\lambda \, \mathrm{d}t/\mathrm{d}x$$

其中 λ 为热导率，表示材料具有单位温度梯度时所允许通过的热流密度。热导率反映了物体导热能力的大小，热导率数值取决于物质内部结构、所处的状态及温度。纯金属的热导率较高，与电导率成正比，最大的为银。热导率随温度的升高而降低。合金的热导率比纯金属低，高合金钢热导率随温度升高而增加，低合金钢随温度的升高而降低。非金属的固体除石墨较高外，其他的热导率都较低，并且热导率随温度的升高而增大。液体的热导率小于固体。除水和甘油外，液体的热导率随温度的升高而降低。气体的热导率很低，随温度的升高而增加。多孔性和纤维状的物体有较低的热导率。

影响热导率 λ 的因素主要有以下几方面。

（1）温度

温度对材料的热导率影响很大。材料的热导率与温度的变化呈线性关系，即

$$\lambda_t = \lambda_0 + bT$$

式中，λ_t 为温度为 t（℃）时热导率，$W/(m \cdot ℃)$；λ_0 为温度为 0℃ 时热导率，$W/(m \cdot ℃)$；b 为温度系数，与钢的化学成分和组织状态有关。

在实际计算中，一般取物体算术平均温度下的热导率 λ_m 代表物体热导率的平均值：

$$\lambda_m = \lambda_0 + b(T_1 + T_2)/2 = (\lambda_1 + \lambda_2)/2$$

温度升高时大多数金属的热导率降低。图 1.3 所示为不同钢的热导率与温度之间的关

系。由图可见，纯铁和碳钢随着温度的增加，热导率减小。温度对低合金钢的热导率影响较小。高合金钢热导率随温度增加而升高。

（2）钢的化学成分

合金元素及碳含量一般会降低 λ。因此，低碳钢的热导率大于高碳钢的，低合金钢的大于高合金钢的。含碳量相同时，碳钢的热导率大于合金钢的。图 1.4 所示为不同合金元素对二元铁合金热导率的影响，可见，随着合金元素增加，铁合金的热导率下降。

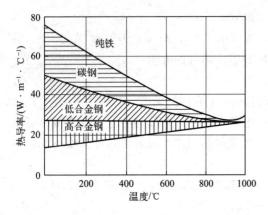

图 1.3 不同钢的热导率与温度的关系

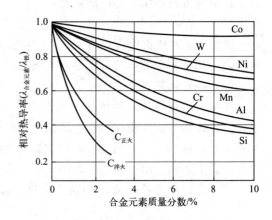

图 1.4 合金元素对二元铁合金热导率的影响

（3）组织状态

热导率 λ 随钢中组织组成物不同而发生变化。热导率按奥氏体、淬火马氏体、回火马氏体和珠光体的顺序增大。

1.2.3 热处理加热时间

在热处理工艺中加热时间是一个非常重要的因素，但加热时间并不是固定不变的，其根据加热方式不同加热时间也会相应地发生变化，以高温入炉加热为例，其已经过预热，可以缩短加热时间，降低热应力，减小工件氧化和脱碳的倾向。

热处理工艺中加热时间一般包括工件升温时间、透热时间与保温时间三部分（图 1.5）。升温时间指工件入炉后其表面加热到加热温度的时间。透热时间指工件表面达到加热温度后中心温度升高至接近表面温度的时间。保温时间则指均热后为满足组织转变及碳化物溶解等工艺要求而持续保持恒温的时间。

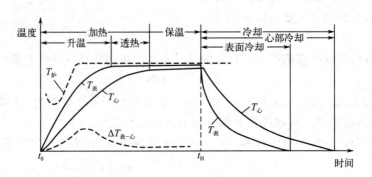

图 1.5 工件在热处理时加热时间

通常情况下，只有加热特别大的工件或当装炉量十分大时才需要考虑到透热时间，在实际生产中，钢件的加热时间通常依靠经验数据或由经验计算法得出。经验数据是被生产实践所证实可靠的数据，需依据许多具体情况而变化。经验计算法通常按工件的有效厚度计算，计算公式为：加热时间（单位为 s）＝加热系数（单位为 s/mm）×有效厚度（单位为 mm）

有效厚度是指工件在一定加热条件下，传热最快方向上的截面厚度，加热系数是指单位有效厚度所需的加热时间，其值大小与工件形状、尺寸、所用设备类型、加热介质、钢的成分及加热方式有关，可从有关资料中查得。另外，工件快速加热时，加热时间必须严格控制，所用加热系数必须经工艺试验后才能确定。

1.2.4　影响工件加热的因素

（1）加热方式的影响

热处理加热方式根据热处理目的不同有随炉加热、预热加热、到温入炉加热和高温入炉加热等方式。

① 随炉加热　工件装入炉中后，随着炉子升温而加热，直至所需加热温度。

② 预热加热　工件先在已升温至较低温度的炉子中加热，到温后再转移至预定工件加热温度的炉中加热至工件达到所要求的温度。预热炉可选用一个，也可选用温度不同的两个炉子。先在温度较低的炉内预热，待工件达到该预热炉温度后再转移至较高温度的预热炉预热，到温后再移至工件最终要求温度的加热炉内加热至要求温度。

③ 到温入炉加热　又称热炉装料加热，即先把炉子升到工件要求的加热温度，然后再把工件装入炉内进行加热。

④ 高温入炉加热　即把工件装入较工件要求加热温度高的炉内进行加热，直至工件达到要求温度。

以上四种的加热方式，主要表现在加热速度不同。根据综合传热公式，单位表面积上在单位时间内传给工件表面的热量越少，加热速度越慢。如果把工件的随炉加热过程看作是由无数个热炉装料加热方式叠加而成，把每一次预热加热看作热炉装料加热，而全部预热加热过程由不同温度区域的热炉装料加热叠加而成，它们的加热速度会按照随炉加热—预热加热—到温入炉加热—高温入炉加热的方式来依次增大。

（2）加热介质及工件放置方式的影响

① 加热介质　常用加热介质主要有空气、惰性气体、氨热分解气体、各类混合气体、熔融盐类液体、熔融金属液体等。图 1.6 为工业上常用加热介质及加热方式。加热介质性质不同，加热时间也不一样。

流态化炉已在生产上逐渐推广应用，它的加热介质常为石墨粒子或砂粒，因此可以把它视为固体介质。真空加热也在热处理加热中越来越广泛地被应用，其本质是在稀薄的空气介质中加热。

a. 在气态介质中加热。工件在气态介质中加热，主要是在空气中或保护气氛中加热，传热方式为综合传热。在高温区主要以辐射为主，在低温区以对流为主，在装有风扇的中温电阻炉和燃料炉中，对流和辐射兼有。传热系数对传递热量有较大的影响。表 1.1 为钢材在不同条件下的传热系数。可见，炉温和气体流速对传热系数有较大的影响。炉温越高，流速越大，传热系数越大。光亮加热属于可控气氛热处理，工件表面比较光滑，粗糙度小，吸收热量少，因此传热系数小。

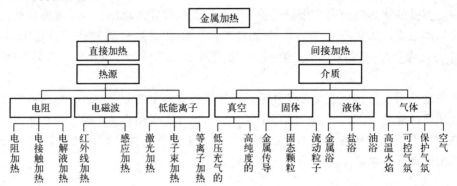

图 1.6　工业上常用加热介质及加热方式

表 1.1　钢材在不同条件下的传热系数

炉温/℃	α_f/[kJ/(m^2·℃·h)]		气流速度/(m/min)	α_c/[kJ/(m^2·℃·h)]
	空气介质	光亮加热	自然对流	42
200	75.4	46	2	63～75
500	184.3	105	5	92～121
700	386.6	209	10	147～167
900	615.5	355.9	15	251～335

　　b. 在液态介质中加热。工件在液态介质（熔融盐、碱和金属）中加热时，加热速度快，加热均匀，不易产生氧化和脱碳。以传导传热为主，兼有辐射传热及对流传热，属于综合传热。综合传热系数与液态介质的性质（密度、比容、热导率、黏度）有关。密度、比容越大，热导率越大。黏度越大，热导率越小。液态金属的热导率远远大于熔盐或碱的热导率。

　　c. 在流态化炉中加热。流态粒子炉是一种新型、节能、环保的热处理炉，具有升温速度快、不损伤工件、无污染、零排放等优点，在国际同类产品中处于领先地位。流态粒子炉也叫流态床炉，是指以流态化技术为基础与工业加热技术相结合而形成的一种用途广泛的工业炉。按热源不同可分为电热式、燃气式和燃料式等；按加热方式不同可分为内热式、内外双热式等。流态炉可替代和置换高污染、高能耗盐浴炉的新型流态化热处理炉。流态化技术在强化某些单元操作和反应过程以及开发新工艺方面起着重要作用。它已在化工、炼油、冶金、轻工和环保等领域得到广泛应用。

　　利用流体的作用，将固体颗粒群悬浮起来，从而使固体颗粒具有某些流体表观特征，利用这种流体与固体间的接触方式实现生产过程的操作，称为流态化技术。如使用石墨粒子作为发热体，流态化床在工作时，一定压力和流量的气流通入炉内，石墨粒子翻滚、接触或分离，产生电阻，发热，通过对流、传导和辐射将热量传递给工件。

　　流态炉能快速均匀接触传热传质，能耗低，运行成本低，炉床温度均匀（床内温差（1～6）℃），使用温度范围宽（−80～1250℃），微（无）氧化脱碳，表面光洁，不需清洗，难以锈蚀（具有防锈性），热处理后零件性能均匀并有很好的重现性；而且可以根据工艺任意设定气氛，炉床内气氛换气净化只需 2～3min，对易变形，易开裂及杆（轴）、片和异形疑难零件有着良好的工艺效果；操作灵活简便，维修少且方便，无毒害且安全。

此加热方法广泛应用于高合金钢、合金工具钢、模具钢、不锈钢、有色金属零件的正火、退火、淬火、回火、固溶处理的加热和冷却以及化学热处理。特别适用于小批量或单件生产以及工艺复杂且要求精工细作的热处理。

d. 在真空中加热。真空加热时，由于气体含量极低，对流传热可以忽略，基本以辐射传热为主，工件表面光洁、黑度更小，传热系数较光亮加热时更小。

② 工件在炉内排布方式影响　工件在炉内排布方式直接影响热量传递的通道。由图 1.7 可以看出，工件在炉中四周都被加热时，修正系数最小，为 1；而当堆积时，修正系数最大，为 4。修正系数越大，则加热所需要时间越长。

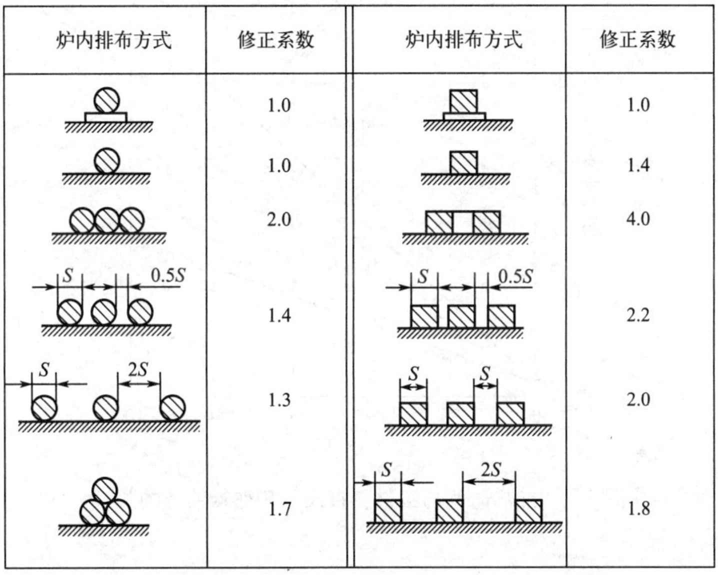

图 1.7　不同排列方式工件在炉内加热时间修正系数

（3）工件本身的影响　工件本身的几何形状、工件表面积与其体积之比及工件材料的物理性能直接影响工件内部的热量传递及温度，从而影响加热速度。同种材料制成的工件，当其特征尺寸 s 与形状系数 k 的乘积相等，且以同种方式加热时，加热速度和加热时间相等。表 1.2 为不同形状和尺寸工件加热计算时的特征尺寸 s 及形状系数 k。

表 1.2　不同形状和尺寸工件加热计算时的特征尺寸及形状系数

工件形状	特征尺寸 s	形状系数 k
球	球径	0.7
立方体	边长	0.7
圆柱	直径	1.0
菱形	边长	1.0

续表

工件形状	特征尺寸 s	形状系数 k
环	环宽度	1.5
	环厚度	1.5
板	厚度	1.5
管材	壁厚	开口通管 2.0；长管 4.0；闭口管 4.0

当求得了一种形状和尺寸的工件加热时间时，利用此关系可以求得另一种尺寸和形状的工件的加热时间（图 1.8）。

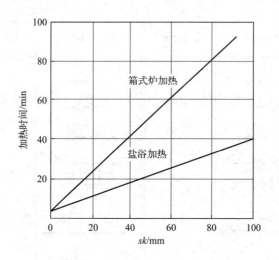

图 1.8 加热时间与工件特征尺寸和形状系数的关系

1.3 金属在加热时常见的物理化学现象

金属工件在热处理时，可以在不同的介质中加热。通常热处理加热一般在空气介质中，除了空气介质外，还可以在真空中、保护气氛中、各种熔盐（碱、金属）中、流态化炉中进行加热等。在加热过程中金属表面必定要和周围介质发生各种作用，如金属表面氧化、脱碳等化学反应，又如脱气、合金元素的蒸发等物理作用。这些物理、化学作用可直接影响被处理工件的表面状态和组织，从而影响工件的性能。

1.3.1 钢在加热时氧化

工件在热处理加热时，难免和氧、水以及二氧化碳等气体发生作用，从而使表面氧化。表面氧化是指金属材料或金属工件在炉中加热及保温时，工件表面的金属原子与炉内介质（气体或液体）中的 O_2、CO_2、H_2O 等氧化性组分相化合的现象。工件氧化时在表面形成氧化皮。这种氧化皮会对工件产生不利影响：它不仅会使工件表面变得粗糙、变色、失去光泽，而且会使各种性能，如疲劳强度、腐蚀性能等变坏。为此必须防止工件表面氧化现象的出现。

金属工件在氧化性气氛中发生反应生成氧化产物的过程与温度有关，如对铁来说，温度小于 570℃和大于 570℃时生成的氧化产物不同。

工件在小于 570℃加热时，铁与氧化性气氛发生反应，生成四氧化三铁。反应如下：

$$3Fe + 2O_2 \longrightarrow Fe_3O_4$$

$$3/4Fe + H_2O \Longleftrightarrow Fe_3O_4 + H_2$$

$$3/4Fe + CO_2 \Longleftrightarrow Fe_3O_4 + CO$$

工件在高于 570℃加热时，铁与氧化性气氛发生反应，生成氧化亚铁。反应如下：

$$3Fe + 1/2O_2 \longrightarrow FeO$$

$$Fe + H_2O \Longleftrightarrow FeO + H_2$$

$$Fe + CO_2 \Longleftrightarrow FeO + CO$$

有时工件内部也会发生氧化现象，称为内氧化。出现内氧化的原因是氧沿晶界或其他通道向内扩散，与晶界附近的 Si、Mo 等元素结合成氧化物。只有当合金的组成和浓度满足一定条件时才会发生内氧化，纯金属则不会发生。

钢被氧化时，氧化速度很快，迅速在表面形成氧化膜，氧化膜一旦形成，氧化速度会减慢，因为此时氧化速度取决于氧和铁原子通过氧化膜的扩散速度。图 1.9 为钢的氧化速度与加热温度之间的关系，可见，在温度小于 500℃时，金属一般不会发生氧化现象，随着温度升高，开始出现氧化现象，但是氧化速度相对较慢，在 570℃以后，氧化速度迅速升高，表明氧化速度主要取决于热处理温度。在温度较低时（小于 570℃），通过上述反应可见，主要生成产物为 Fe_3O_4，组织致密，附在金属表面，阻止氧化进一步发生，因此氧化速度较慢。随着温度升高，高于 570℃，生成 FeO，组织结构疏松，有利于 O 和 Fe 原子通过 FeO 相对扩散，氧化速度加剧。

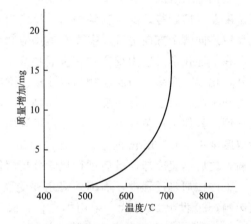

图 1.9　钢的氧化速度与加热温度的关系

1.3.2 钢在加热时脱碳

1.3.2.1 钢加热时的脱碳、增碳平衡

炉内气氛经常含有氧、氢、二氧化碳、一氧化碳、水蒸气、氮和碳氢化合物等。在高温下除氮气除外，都会与钢发生化学反应，使钢的表面失去一部分碳，含碳量降低，这种现象称为脱碳。炉内常有的气体中 O_2、CO_2、H_2O 属于氧化性气体，它们与钢发生氧化脱碳反应。H_2、CO、CH_4 属于还原性气体，可使表面层还原，其中 CH_4、CO 还是增碳性气体，能使钢表面增碳，而氢会使钢表面脱碳，当炉气中含有水蒸气时，这种脱碳更加强烈。

钢的脱碳反应都是可逆反应，当反应向右进行时，钢在加热过程中发生脱碳；而当反应条件使反应向左进行时，将发生增碳作用。此时可以根据热力学条件求出反应温度下的反应平衡常数，再与炉气成分的分压比及平衡常数比较，就可判断其是脱碳还是增碳。

钢加热时的脱碳、增碳平衡反应为

$$CO_2 + C_{\gamma-Fe} \longleftrightarrow 2CO$$
$$H_2O + C_{\gamma-Fe} \longleftrightarrow 2CO + H_2$$
$$H_2 + C_{\gamma-Fe} \longleftrightarrow CH_4$$

上述反应发生的条件为炉气成分的分压比与平衡常数的比值（K_p）小于1。对于反应式 $CO_2 + C_{\gamma-Fe} \longleftrightarrow 2CO$，若 $(p'_{CO})^2/(p'_{CO_2}\alpha_c) < K_p$（$p'_{CO}$ 为炉气中 CO 的分压，p'_{CO_2} 为炉气中 CO_2 的分压，α_c 为炉气中 C 的活度），则在该条件下向右进行，将发生脱碳，反之则增碳。

上述反应是一个可逆反应，反应的方向主要取决于工件的碳势与热处理炉气碳势之差。如果工件的碳势大于热处理炉气碳势，反应向右进行，为脱碳；反之，反应向左进行，就是我们常说的渗碳。所谓碳势是指纯铁在一定温度下于加热炉气中加热时达到既不增碳也不脱碳并与炉气保持平衡时表面的含碳量，表示纯铁在炉气中溶解最高含碳量或者说纯铁与炉气平衡时表面含碳量。

1.3.2.2 热处理炉碳势及其测定

由钢加热时的脱碳、增碳平衡反应式可知，脱碳和增碳主要取决于反应物和生成物之间碳浓度差，即碳势。反应物碳势高，反应向右进行，发生脱碳，反之则增碳。因此，确定上述反应式向哪个方向进行，需要知道反应物和生成物的碳浓度及碳势。

在上述化学反应中反应物和生成物浓度是不断变化的，表明他们碳势也是不断变化的，此外，化学反应除了与反应物和生成物浓度有关外，还与温度有关。实际碳势是随温度和反应物和生成物浓度变化而变化，实际是一条曲线，即碳势曲线。碳势曲线的测量一般是在固定炉型及具体工作条件下，直接测定不同温度时炉气成分及与之平衡的钢的含碳量而得。一般取厚度小于 0.20mm 的箔片，在加热温度停留 0.5~1h 使箔片被碳穿透扩散，并与气氛平衡，之后迅速冷却，最后进行化学分析而得。

工件在加热过程中，周围碳势主要受周围气氛如 CO、H_2、CO_2、H_2O 和 CH_4 等气体的影响。20 世纪 50 年代，采用露点仪；60 年代，采用红外分析仪；70 年代，出现了氧探头；80 年代，实现了微机多参数碳势控制。这些都是间接控制炉气碳势的方法。近几年发展的电阻探头控制，是目前唯一直接控制碳势的方法。

（1）CO_2 的测定

利用红外 CO_2 分析仪（图 1.10）测定 CO_2 含量。主要利用多原子气体对红外线的选择吸收作用，以及选择吸收红外线的能量和该气体的浓度及气层厚度有关这一性质来测定 CO_2 含量。也可以测 CH_4。除了单原子气体如 Ne、Ar 等和双原子气体如 H_2、O_2、N_2 等，几乎所有的气体都在红外波段有不相同的红外吸收光谱。如 CO_2 在波长 4.3μm 处有一个显著的吸收带，CH_4 在波长 3.4μm 处有吸收带。若入射红外线的波长与强度不变，吸收后红外线的强度只与吸收气体浓度有关。只要测定吸

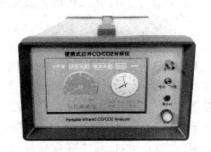

图 1.10 红外 CO_2 分析仪

收后红外线强度，便可测定被吸收气体的浓度。图 1.11 为在吸热式气氛中 CO_2 含量与碳势之间关系。可见，碳势大小取决于 CO_2 含量和热处理温度。在相同热处理温度下，CO_2 含量越高，碳势越低。如果 CO_2 含量相同，温度越高，碳势越低。

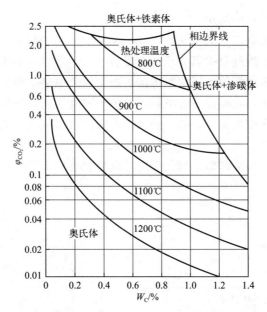

图 1.11　吸热式气氛中碳势 W_C 与 CO_2 含量的关系

（2）H_2O 的测定

H_2O 的碳势常用露点表示，露点指气氛中水蒸气开始凝结成雾的温度，即在一个大气压力下气氛中水蒸气达到饱和状态时的温度。常用露点仪（图 1.12）测量 H_2O 含量。含 H_2O 越高，露点越高，碳势越低（图 1.13）。气氛中的水分越多，露点就越高。气氛中的水分越少，露点就越低。

图 1.12　露点仪

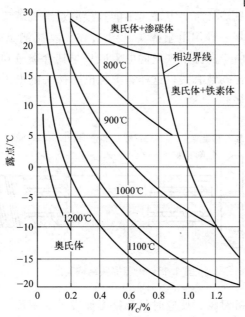

图 1.13　碳势与露点之间关系曲线（温度皆为热处理温度）

（3）氧含量（氧分压）的测定

氧含量常用氧探头来测定，氧探头内部结构如图1.14。氧探头是热处理控制气氛常用的传感器，是一种确定含碳气氛中氧分压的测量探头，该方法可间接测量炉内气氛的碳势，它利用氧化锆在高温时内外两侧不同的氧浓度所产生的氧电势来测量被测部位的氧含量。以高温氧化锆作固体电解质，在高温下若电解质两侧氧浓度不同，便形成氧浓差电池。氧浓差电池产生的电势与两侧氧浓度有关，如一侧氧浓度固定，即可通过测量浓差电势来测量另一侧的氧含量，输出氧电势。图1.15为吸热式气氛的碳势与氧位的关系。由图可见，在相同气氛温度下，氧位越高，碳势越低。气氛温度对碳势也有较大影响，氧位相同时，随着气氛温度升高，碳势降低。

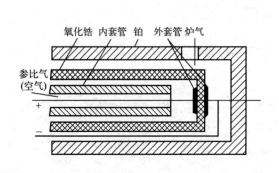

图 1.14　氧探头内部结构

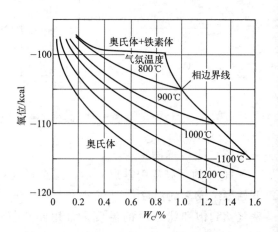

图 1.15　吸热式气氛的碳势与氧位
（1kcal≈4186J）的关系

（4）电阻探头

以上方法都是间接测量炉气碳势方法。不能直接测量炉气碳势。为了解决这个问题，近年来又研究了电阻法。这是一种用电阻探头（图1.16）直接测量炉气碳势的方法。电阻法是以纯铁丝为传感组件，由于高温下铁丝的电阻值只与其含碳量和所处温度有关，当渗碳温度一定时，其电阻值只和含碳量有关，这样，测控电阻探头的电阻值，即测控了其含碳量的大小，便可以测控炉气碳势。

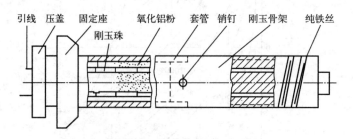

图 1.16　电阻探头结构简图

各种仪器设备测量分析对象、反应时间及精度如表1.3所示。

表 1.3 炉气分析使用设备及精度

仪器设备	分析对象	反应时间	精度/%
露点仪	H_2O	3～4min	±1.5
红外分析仪	CO、CO_2、CH_4	15s	±1
氧探头	O_2	0.5～2s	±1

1.3.2.3 脱碳过程及脱碳层的组织

由上述可知，钢在热处理过程中，由于周围碳势低于工件碳势，反应向右进行，发生脱碳反应，使钢表面含碳量降低，导致脱碳。钢加热的脱碳过程分两个阶段：钢件表面的碳与炉气发生化学反应形成含碳气体逸出；工件表面与内部产生碳浓度差，从而发生碳由内部向表面扩散的过程。

根据脱碳程度可分为全脱碳层和半脱碳层。全脱碳层为钢件表面碳基本被烧毁，表层全部为铁素体晶粒（图 1.17）。钢材表面的碳未被完全烧毁，但表层含碳量低于钢材平均含碳量，高于脱碳层含碳量的结构称为半脱碳层（图 1.18）。

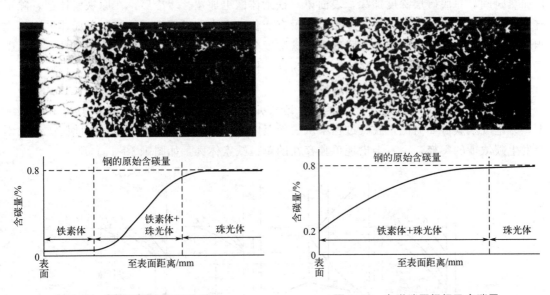

图 1.17 全脱碳层组织及含碳量　　　　　图 1.18 半脱碳层组织及含碳量

由图 1.17 和图 1.18 可以看出，全脱碳层表面一层含碳量几乎为零，为铁素体组织，随着由表面向里含碳量逐渐升高，最后达到原始含碳量（0.8%），组织也由铁素体转变为铁素体加珠光体，且随着含碳量升高，珠光体体积分数增加，最里面为原始组织（图 1.17）。半脱碳层表面没有出现含碳量为零的组织，表面含碳量大于零，且随着离表面距离增加，含碳量逐渐升高，最后达到原始组织的含碳量即 0.8%，组织也由铁素体加珠光体组织最后转变为原始组织（图 1.18）。脱碳层是否为全脱碳层还是半脱碳层主要取决于炉气的含碳量、碳势、热处理温度的影响。

① 含碳量　设碳的质量分数为 a 的某碳钢，加热温度为 T_1，炉气碳势为 b，且 b 小于 a，但大于该温度奥氏体与铁素体平衡含碳量，即 T_1 与 Fe-C 相图上 SG 线交于点 c〔图

1.19（b）]，则成分为 a 的碳钢在此条件下加热时表面要脱碳，表面含碳量逐渐由开始加热 $t_0=0$ 时的 a 逐渐下降至 t_n 时的表面含碳量 b，此时表面含碳量与炉气平衡，不再降低 [图 1.19（c）]。在加热时间小于 t_n 之前，随着表面含碳量的降低，出现了碳的浓度梯度，内部的碳往外扩散，脱碳层逐渐加深；在大于 t_n 之后，虽然表面含碳量不再降低，但是脱碳过程仍继续进行，脱碳深度继续加深。工件自表面至心部的碳浓度分布曲线如图 1.19（c）所示，含碳量自表面至心部逐渐增加，直至钢的原始含碳量。在此加热温度下，a、b 两点均位于奥氏体区，故自表面至心部均为奥氏体区，但奥氏体中碳浓度由心部至表面逐渐降低。这种钢件缓冷至室温，其金相组织可以根据 Fe-C 相图进行分析。设 a、b 在状态图中的位置如图 1.19（b）所示，则脱碳层组织自表面至中心，由铁素体加珠光体组织逐渐过渡到珠光体，再至相当于钢含碳量 a 的退火组织。这种脱碳层称为半脱碳层。

② 碳势　若该种钢在炉气碳势远低于 c 点的情况下加热，当表面碳浓度降至 c 点时，如果表面碳浓度继续降低，则在此加热温度下将进入 $\alpha+\gamma$ 两相区。但根据相律，要想使脱碳的扩散过程继续进行，脱碳层要有一定的碳浓度梯度，若这样就不可能出现双相区。故脱碳后表面将出现单一的铁素体相，脱碳层碳浓度分布曲线发生突变，由 c 点突降至 d 点。延长加热时间，总脱碳层深度加深，表面单一铁素体区也加宽。缓冷后，在原铁素体区，除了有极微量的三次渗碳体析出外，金相组织没有变化，而内部毗邻铁素体的原奥氏体区则形成相当于上述半脱碳层的组织。在脱碳层区碳浓度分布曲线有突变 [见图 1.19（d）]，而脱碳层金相组织表面为单一的铁素体区，向里为铁素体加珠光体，逐渐过渡到相当于钢原始含碳量缓冷组织，这种脱碳层称为全脱碳层。

③ 热处理温度　如果热处理温度高于 Fe-C 状态图中点 G 的温度，例如 T_2，在此温度下，无论气氛碳势如何低，脱碳过程中从表面至中心始终处于奥氏体状态，因此脱碳结果不会发生碳浓度的突变，也不会出现单独存在的单一铁素体区，如图 1.19（a）所示。

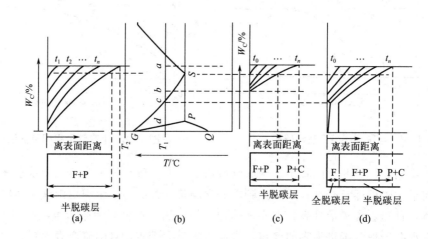

图 1.19　碳钢在不同碳势炉气中加热时脱碳层组织及其碳浓度分布

（a）温度 T_2，碳势小于 d；（b）Fe-C 相图；（c）温度 T_1，碳势 b；（d）温度 T_1，碳势小于 c

强烈氧化性气体中加热时，表面脱碳和表面氧化同时发生。氧化、脱碳层结构为表面氧化铁皮，其下为全脱碳层，再下为过渡区。如图 1.20 所示。在一般情况下，对含碳量较高的钢，表面脱碳现象比氧化现象更易发生。

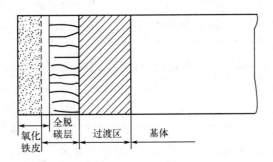

图 1.20　碳钢在强氧化气氛下氧化、脱碳结构

1.4　加热介质的选择

钢件在空气介质中加热时要发生氧化与脱碳，是因为空气中含有 21% 左右的氧、微量的水（水蒸气）和 CO_2。这不仅造成了钢材的大量损耗，而且使产品质量与使用寿命大为降低，给国民经济带来了很大的损失。因此，希望实现少无氧化加热，可以进行光亮热处理。光亮热处理指在热处理过程（主要是淬火和退火）中，采用气体保护或者真空状态，避免或减少被热处理的工件表面与氧气接触而发生氧化，从而达到工件表面的光亮或相对光亮。

1.4.1　真空加热

真空加热的主要作用是避免工件表面氧化、脱碳，达到光亮热处理目的。真空加热是将金属工件在 1 个大气压力以下（即负压下）加热。金属在真空中加热时，由于氧的分压很小，可保护金属不氧化、不脱碳。与常规空气中加热相比，真空加热可实现无氧化、无脱碳、无渗碳，可去掉工件表面的氧化物，并有脱脂除气等作用，从而达到工件表面光亮净化的效果。真空加热详见 7.1 节。

1.4.2　保护气氛

向炉内通入一种或几种一定成分的气体，通过对气氛的控制，可以保护工件不发生氧化或脱碳。钢件在保护气氛下加热不仅可实现无氧化、无脱碳热处理，提高热处理质量，还可以进行渗碳、脱碳等特殊热处理。并且可实现机械化和自动化控制，使生产率得到提高、劳动条件得到改善。常用保护性气氛有吸热式气氛、放热式气氛、氮基保护气氛、氨分解气氛和氨燃烧气氛等。

（1）吸热式气氛

指以天然气、丙烷、液化石油气（主要是丙烷、丁烷）、城市煤气为原料与一定比例空气混合，在装有镍触媒的高温（950～1040℃）炉内进行燃烧而得到的一种混合气体。上述反应为放热反应，但仅靠总反应产生的热量不足以维持吸热反应区的高温，还需从外部供给热量，因此这种气氛称为吸热式气氛。

吸热式气氛产生装置如图 1.21 所示。原料气经减压阀、流量计和压力调节阀进入混合器；空气经过滤器、流量计进入混合器。从而实现原料气和空气的按比例混合。原料气与空气的混合气由泵鼓入反应罐。混合气在 950～1040℃ 的反应罐内借助镍基催化剂的作用进行化学反应，生成吸热式气氛。为防止在 400～700℃ 之间生成炭黑，经水冷却器冷却到 400℃以下，并通入热处理炉内使用。

如用丙烷作为原料气，当空气和丙烷混合比为 7.14：1 时，制得的吸热式气体成分（体积分数）为：CO 占 20%～24%，H_2 占 30%～41%，N_2 占 38%～45%，以及少量的 CO_2、H_2O 和 CH_4 等。其碳势为 0.4%～0.6%，改变混合比容易调节碳势。

吸热式气氛对碳素钢为还原性气氛，可作渗碳或碳氮共渗的渗碳剂和载体气，各类碳钢、低合金钢的保护气氛淬火加热；也可用于高速钢及合金工具钢。

该气氛中含有大量 CO，而 CO 能使 Cr、Mn、Si 等元素氧化，所以对高铬钢和不锈钢不宜使用。因气氛含 H_2 高，为了避免氢脆，一般不宜作为高强钢淬火的保护气氛。因 CO 在低温范围（400～700℃）内会析出炭黑，一般不作为回火气氛。

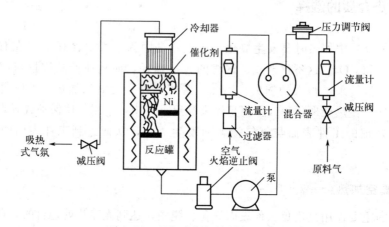

图 1.21　吸热式气氛的制备流程图

（2）放热式气氛

放热式气氛使用原料气有液化石油气、煤气等。放热式气氛为原料气与较充足的空气混合，仅靠其本身的不完全燃烧所放出的热量就能维持其反应时，所制成的气体。制得的气体按照空气和原料气混合比例不同，分为浓型放热式气氛和淡型放热式气氛。浓型和淡型放热式气氛的各气体成分占比如表 1.4 所示。

制备放热式气氛的工艺流程如图 1.22 所示。原料气与空气按一定比例混合，用泵送到

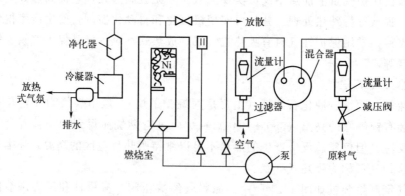

图 1.22　放热式气氛的制备流程图

烧嘴，在燃烧室内进行燃烧及裂解，未燃烧的部分原料气通过催化剂完全反应。反应产物主要含有 CO、H_2、N_2、CO_2、H_2O 和少量 CH_4。反应产物应通入冷凝器中，使其中的水汽冷凝成水而排除，必要时可先净化处理，这样就获得可供应用的放热式气氛。

放热式气氛可能是还原性和增碳性的，也可能是氧化性和脱碳性的，视气氛成分、工件含碳量和工作温度而定。浓型放热式气氛，CO/CO_2 值较大，气氛氧化性和脱碳性较弱，主要用途为低碳钢光亮退火、中碳钢短时加热和允许少量脱碳的工件光亮淬火。淡型放热式气氛，CO/CO_2 值较小，氧化性和脱碳性较强，主要用途为铜和铜合金的光亮处理和高速切削工具的表面氧化处理。

表 1.4 放热式气氛的各气体成分占比   单位：%

类型	各气体成分占比				
	N_2	CO	CO_2	H_2	CH_4
浓型放热式气氛	其余	10.2～11.1	5.0～7.3	6.7～12.5	0.5
淡型放热式气氛	其余	1.5	10.5～12.8	0.8～1.2	0

（3）氨分解气氛和氨燃烧气氛

指以氨为原料通过分解反应或燃烧反应制得的 $N_2 + H_2$ 保护气氛。这两种气氛都不含碳，不会渗碳，因此特别适合低碳不锈钢、镍铬合金，硅钢片等的光亮热处理。

① 氨分解气氛　氨气加热到 300℃ 以上就开始分解，随温度的升高，分解加快，为了使氨完全分解，一般选用 700～850℃。温度太高，会使反应罐寿命缩短，催化剂失效。其反应式为

$$2NH_3 \xrightarrow[\text{高温}]{4Fe、Ni} 3H_2 + N_2 - Q$$

氨分解气氛的组成为 $75\% H_2 + 25\% N_2$，无渗碳和析出炭黑倾向，制备流程与装置简单，易得到纯净而稳定的气氛，可用于各种金属的光亮加热。主要用于含铬较高的合金钢、不锈钢的光亮退火和淬火。缺点是耗氨多、产气量少、生产成本高，有易爆危险，残余氨未除净对钢件有轻微渗氮作用。

② 氨燃烧气氛　用氨气直接燃烧制气，可省去氨分解装置，使设备简化，节省电能。氨燃烧气氛含 H_2 较少，可避免加热高强钢出现氢脆现象。

当含 H_2 低于 5% 时无爆炸危险，又由于它不含碳，低温时不析出炭黑，故适合于高温回火的保护气氛。

（4）氮基保护气氛

有两种方法可以获得：一是通过分子筛等吸收、除去空气中的氧而得；二是用空气分离器把空气压缩成液体，然后分馏、净化而得。氮气属于中性气体，不氧化，也不脱碳。

① 氮-氢混合气体　氢含量根据被处理的金属的氧化还原曲线确定。不含 CO 和 CO_2，在 400～700℃ 范围内不会析出炭黑。用于回火气氛或者铜合金、不锈钢、电工钢、低碳钢的保护气氛。

② 氮-甲烷混合气　在氮气中加入了少量甲烷。用于碳钢及低合金钢的保护气，渗碳或碳氮共渗。

③ 氮-甲醇混合气　在氮气中加入了少量甲醇。用于中碳及低碳钢光亮淬火的保护气，

渗碳或碳氮共渗的载气。

氮基气氛制取不需要消耗大量燃料气，在热处理中使用燃料气少，可以节约气源和能源。此外，氮基气氛具有无氧化、可燃性小及无爆炸危险等特点，在热处理工艺中得到了广泛研究和推广应用。

（5）液滴式保护气氛

一般是由甲醇、乙醇和丙酮等有机物分解而成的气体。常用制备方法有两种：a. 将有机液体或其混合物在特定的反应罐内热解，然后导入热处理炉内；b. 将有机液体或其混合物直接滴入密封的炉膛中，在高温和隔绝空气条件下进行裂解。后者又称为滴注法，此法具有设备简单、操作方便、节能等特点，用于周期式作业炉。

① C-H 系有机物　这类有机物统称为烃类有机物，根据 C 原子结合状态，分为烷烃（甲烷、丙烷、丁烷）、烯烃（乙烯、丙烯）和芳香烃（苯、甲苯、二甲苯）。裂解后产生大量的甲烷、氢及活性碳原子，但是会造成很高的碳势且不易控制，容易产生大量炭黑和焦油，附着在工件表面阻碍渗碳顺利进行。

② C-H-O 系有机物　主要为烃的含氧衍生物，如甲醇、乙醇、异丙醇、丙酮和乙酸甲酯等。根据滴注液的碳氧原子比（C/O 表示），可将有机液分为 C/O=1、C/O>1、C/O<1 三类。C/O 越大，渗碳能力越强。它在高温下易裂解生成 H_2、CO 及少量 CO_2、H_2O 和 CH_4 等，生成的过剩碳较少，不易产生炭黑和焦油，其气氛的碳势较低，且可以控制碳势。

③ C-H-O-N 系有机物　C-H-O-N 系有机物在滴注液裂解后能生成 C 和 N 原子，主要用于气体碳氮共渗和气体软氮化。供碳氮共渗的常用有机液：三乙醇胺、甲酸胺、尿素。

液滴式气氛使用原材料种类很多，按照碳势的高低可分为两类：

一类是碳势较低，常用作载气或稀释气体，通常用甲醇或乙醇加水分解而得：

$$CH_3OH \longrightarrow CO + 2H_2 - Q$$

$$C_2H_5OH + H_2O \longrightarrow 2CO + 4H_2 - Q$$

另一类是碳势较高，常用作渗碳气或富化气，通常用乙醇或丙酮等加热分解而得：

$$CH_3COCH_3 \longrightarrow 2[C] + CO + 3H_2$$

$$C_2H_5OH + H_2O \longrightarrow [C] + CO + 3H_2$$

1.4.3　其他加热介质

除以上加热介质外，热处理加热还有其他介质。如沸腾床加热，通过改变流态化气体成分避免氧化脱碳。又如浴炉加热，工件加热速度快、温度均匀和不易氧化脱碳。除此之外，还有包装加热、保护涂料加热，采用中性物质，把工件与氧化介质隔离，避免氧化脱碳。

1.5　金属冷却

在热处理过程中，冷却方法很重要。冷却的快慢能使钢变软或变硬。冷却介质叫冷却剂，包括空气、油、水等各种各样的介质。一般，空气的冷却速度慢，其次是油，冷却速度快的是水。但是由冷却剂所致的冷却效果并非绝对的，冷却剂的冷却速度是固有的，而冷却剂对处理件的冷却效果却因处理件的大小而有差异。也就是说，热处理的冷却方法和冷却效果是两回事。冷却方法是从冷却剂来看冷却，而冷却效果是从处理件来看冷却。即使冷却方法相同，不同的处理件冷却效果也不一样。热处理中，重要的不是如何冷却，而是如何获得好的冷却效果。两者不可混淆。针对不同热处理工艺，工件冷却方式也不同。常用热处理工艺及其冷却方式如下。

① 退火　在炉内以足够慢的速度冷却直至过冷奥氏体在高温分解温度范围内完成转变。

② 等温退火　在炉内以较快的速度冷却到过冷奥氏体不稳定的温度下等温停留，直至在该温度下等温转变结束之后出炉冷却，所需的工艺时间比较短，而且能获得在同一温度下转变的均一组织。

③ 正火　在空气中冷却，其冷却速度比退火快。正火后铁素体量减少，共析体变细。低合金钢正火后常出现混合组织。

④ 等温正火　先用较快的速度冷却，然后等温停留直至奥氏体高温分解完成，使低合金钢得到均一的和硬度适中的预备组织，改善切削性能，亦称控冷等温正火。

⑤ 淬火　冷却速度大于临界冷却速度，获得马氏体或贝氏体组织。

⑥ 双介质淬火　以大于临界冷却速度冷却到过冷奥氏体不稳定的温度区间以下，在马氏体转变区间内转入较缓和的介质中继续冷却。

⑦ 预冷淬火　先以缓慢速度冷却一段时间，然后进行淬火冷却。

⑧ 马氏体点以下的分级淬火　淬入温度在 M_s 以下的盐浴或油浴中并停留一段时间，使已转变的马氏体回火，使截面上温度趋向均匀，然后在缓冷条件下继续进行马氏体转变，残留奥氏体量有所增大。

⑨ 马氏体点以上的分级淬火　分解停留的温度稍高于 M_s 点，然后取出空冷。减小马氏体转变时截面上的温度差，残留奥氏体量也有所增加。

⑩ 等温淬火　在贝氏体转变的温度范围内等温停留，直至贝氏体转变结束。

习题

1. 金属热处理加热时间包括哪几部分？各有何作用？

2. 哪些加热方式可以避免钢件在加热时产生氧化和脱碳？

3. 共析成分的碳钢在极强的氧化气氛中加热，加热温度分别为 960℃ 和 820℃，长时间保温后冷却，试说明钢件在不同温度加热后从表层到心部组织结构，并说明原因。

参考文献

[1] 夏立芳. 金属热处理工艺学 [M]. 修订版. 哈尔滨：哈尔滨工业大学出版社，2012.

[2] 潘健生，胡明娟. 热处理工艺学 [M]. 北京：高等教育出版社，2009.

[3] 刘代宝. 可控气氛热处理 [M]. 北京：机械工业出版社，1974.

[4] 西北工业大学《可控气氛原理及热处理炉设计》编写组. 可控气氛原理及热处理炉设计 [M]. 北京：人民教育出版社，1978.

第2章

退火和正火

工件在铸造、焊接或锻造成型后，往往硬度偏高或偏低，需要通过热处理后才能满足其切削加工所需硬度要求。工件在切削加工之前所使用的热处理工艺一般为退火或正火。退火和正火不仅能够改善钢的切削性能，还能消除工件在铸造、焊接或锻造中出现的缺陷，如偏析、晶粒粗大、内应力等。因此，退火和正火又被称为预备热处理。

在讲述热处理工艺之前，先介绍一下钢在加热或冷却时临界点（临界温度）。众所周知，在钢的平衡临界点中，PSK 线、GS 线和 ES 线分别被称为 A_1 线、A_3 线和 A_{cm} 线（图2.1）。钢在加热和冷却过程中，其加热速度和冷却速度往往高于平衡加热时速度，因此，加热时 PSK 线、GS 线和 ES 线分别被称为 A_{c1}、A_{c3}、A_{ccm} 线，冷却时 PSK 线、GS 线和 ES 线分别被称为 A_{r1}、A_{r3}、A_{rcm}。上述各条曲线代表含义如下所述。

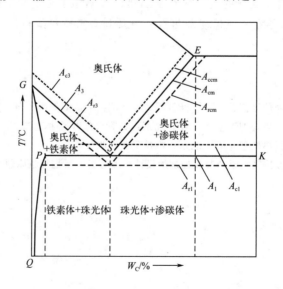

图2.1 加热和冷却过程对临界温度的影响

A_{c1}：加热时珠光体向奥氏体转变的开始温度。A_{r1}：冷却时奥氏体向珠光体转变的开始温度。A_{c3}：加热时游离铁素体全部转变为奥氏体的终了温度。A_{r3}：冷却时奥氏体开始析出游离铁素体的温度。A_{ccm}：加热时二次渗碳体全部溶入奥氏体的终了温度。A_{rcm}：冷却时奥氏体开始析出二次渗碳体的温度。

2.1 钢的退火

2.1.1 退火定义、目的和分类

退火是将工件加热至临界点 A_{c1} 以上或以下温度，保温后随炉缓冷以获得近于平衡组织的热处理工艺。退火主要目的有：①均匀钢的化学成分及组织；②细化晶粒，调整硬度；③消除内应力和加工硬化，改善钢的成型及切削加工性能；④为淬火作组织准备。

退火材料不同分类方法也不同。对钢件来说，按照退火温度分为两类：一类是在临界温度（A_{c1} 或 A_{c3}）以上的退火，由于在临界温度以上，珠光体重新转变成奥氏体，因此又称为相变重结晶退火，主要包括扩散退火（均匀化退火）、完全退火、不完全退火和球化退火等（图2.2）；另一类是在临界温度（A_{c1}）以下的退火，在此退火温度下钢件组织没有发生转变，包括再结晶退火和去应力退火。按照钢件加热保温后冷却方式不同，退火可分为连续冷却退火和等温退火等。

铸铁件退火工艺主要包括石墨化退火（可锻铸铁石墨化退火）和去应力退火等。

对有色金属来说，铸态合金和变形合金的退火分类也不同。铸态合金主要为扩散退火（均匀化退火），变形合金主要包括再结晶退火和去应力退火。

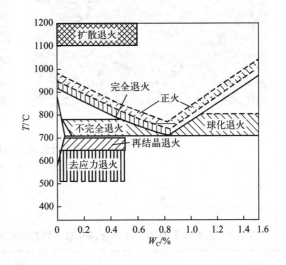

图2.2 退火分类

2.1.2 常用退火工艺方法

2.1.2.1 扩散退火（均匀化退火）

扩散退火又称均匀化退火，是将金属铸锭或锻坯在稍低于固相线的温度下长期加热，消除或减少化学成分偏析及显微组织的不均匀性，以达到均匀化的热处理工艺。扩散退火主要目的是消除铸锭或铸件在凝固过程中产生的枝晶偏析及区域偏析，或工件在锻造后的组织不均匀。主要应用于优质合金钢及偏析现象较为严重的合金。

许多铸件在凝固过程中出现化学成分不均匀，锻件在锻造过程中出现非金属夹杂物的不均匀性分布。由于偏析存在，大量铸锻件存在很大组织应力，直接影响铸锻件的热处理及其力学性能。图2.3为镍基高温合金在凝固时铸态组织及热处理后组织，由图可见铸态组织在枝晶间和枝晶干显示不同，枝晶干耐蚀性好，呈白色，枝晶间耐蚀性差，呈黑色，表明枝晶

间和枝晶干存在元素偏析，热处理后组织变得均匀，偏析降低。表 2.1 为铸态合金和热处理合金中各元素在枝晶干和枝晶间的偏析比，由表可知，合金元素在枝晶间和枝晶干的分布是不均匀的。Cr 元素几乎平均分布在整个合金中，Co、W 偏析于枝晶干，Mo、Nb、Al 偏析于枝晶间。均匀化热处理后，偏析于枝晶干的元素 Co 向枝晶间扩散，偏析于枝晶间的元素 Mo、Nb、Al 则向枝晶干扩散，从而使元素在枝晶间的偏析降低，合金成分更加均匀；Cr 元素在热处理前后变化不大，都均匀分布在整个合金中；W 由于熔点较高，扩散速度小，热处理对其偏析影响较小。

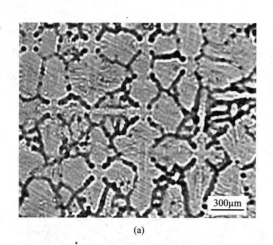 

| (a) | (b) |

图 2.3　定向凝固镍基合金热处理前后组织

(a) 铸态组织；(b) 热处理后组织

表 2.1　铸态合金和热处理合金各元素在枝晶干和枝晶间的偏析比（偏析比 $=W_{枝晶干}/W_{枝晶间}$）

合金状态	Cr	Co	W	Mo	Nb	Al
铸态	0.98	1.15	1.95	0.84	0.47	0.89
热处理态	1.02	1.05	2.04	0.92	0.90	0.94

扩散退火加热温度可选择高于 $0.8 \sim 0.9 T_{熔}$，但低于固相线温度。碳钢加热温度通常选择 A_{c3} 或 A_{ccm} 以上 $150 \sim 300℃$（$1100 \sim 1200℃$）。合金钢为使其共晶碳化物充分溶解，温度允许提高到 $1150 \sim 1250℃$，高合金钢可达到 $1200 \sim 1300℃$；铜合金为 $700 \sim 950℃$；铝合金一般为 $400 \sim 500℃$ 左右。加热速度一般为 $100 \sim 200℃/h$。扩散退火为了使成分和组织均匀化，保温时间相对较长。通常按经验公式来计算。即按截面厚度每 25mm 保温 $30 \sim 60min$，或按每毫米保温 $1.5 \sim 2.5min$ 来计算。若装炉量大，可按以下经验公式计算：

$$t = 8.5 + Q/4$$

式中，t 为保温时间，h；Q 为装炉量，t。

保温时间一般为 $10 \sim 15h$，不宜过长，否则氧化损失过重。冷却速度一般 $50℃/h$；高合金钢热传导率较低，冷却速度一般小于 $20 \sim 30℃/h$。

由于扩散退火加热温度高，保温时间长，工件在退火过程中，奥氏体容易长大粗化，为了细化晶粒，工件在扩散退火后，需再进行一次正常的完全退火或正火。

2.1.2.2　完全退火

完全退火是将钢件加热到 A_{c3} 点以上，使之完全奥氏体化，然后缓慢冷却，获得接近于平衡组织的热处理工艺。例如，将亚共析钢加热到 A_{c3} 以上 20～30℃，保温后随炉缓慢冷却到 500℃ 以下后在空气中继续冷却。

完全退火主要是改善热加工造成的粗大、不均匀组织，从而达到细化晶粒，降低硬度，改善切削性能，消除铸件、锻件和焊接件的内应力的作用。因此，完全退火温度不宜太高，一般在 A_{c3} 点以上 20～30℃，适用于含碳量 0.3%～0.7% 的碳钢和合金钢的铸锻件及热轧型材、焊接结构件。低碳钢和过共析钢不采用完全退火。低碳钢含碳量低，经完全退火炉冷后，组织粗大，硬度低，切削性能不好。过共析钢加热温度 A_{c3} 以上保温后，由于冷却速度小，会在晶界析出网状碳化物，使钢的硬度增加，不适合切削加工。

完全退火加热速度为 100～200℃/h。保温时间与钢材成分、工件厚度、装炉量和装炉方式等因素有关。通常，保温时间以工件有效厚度来计算。对于一般碳素钢或低合金钢工件，当装炉量不大时，在箱式炉中退火的保温时间 t（min）可按下式计算：

$$t = KD$$

式中，D 为工件有效厚度，mm；K 为加热系数，min/mm，一般 $K = 1.5 \sim 2.0$ min/mm。

若装炉量过大，则根据装炉量 Q（t）计算保温时间。常用结构钢、弹簧钢、热作模具钢钢锭，保温时间按下式计算：

$$t = 8.5 + Q/4$$

对亚共析钢锻轧钢材，保温时间按以下经验公式计算：

$$t = (3\sim4) + (0.4\sim0.5)Q$$

完全退火后，应缓慢冷却，防止钢件因冷速过大，硬度偏高，不利于切削加工。一般碳钢冷却速度小于 200℃/h，低合金钢要小于 100℃/h，高合金钢冷却速度在 50℃/h 以下。实际生产时，为了提高生产率，退火冷却至 600℃ 左右即可出炉空冷。

2.1.2.3　等温退火

等温退火的目的与完全退火相同。由于完全退火所需要的时间很长，尤其对于某些奥氏体比较稳定的合金钢，往往需要数十小时甚至数天的时间，采用等温退火可明显缩短退火时间。

等温退火加热过程与完全退火相同，A_{c3} 以上 20～30℃，保温一定时间后，开炉门较快速冷却到稍低于 A_{r1} 的某一温度（550～700℃），在该温度下保温到奥氏体完全转变为珠光体，然后空冷。等温退火主要应用于中碳合金钢、经渗碳处理的低碳合金钢、某些高碳合金钢的大型铸锻件及冲压件。

与完全退火相比，等温退火有以下优点：①缩短了退火时间（图 2.4）；②可以较好地控制组织与硬度（通过选择保温温

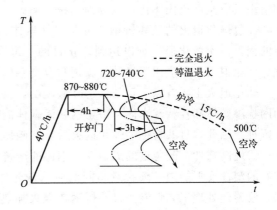

图 2.4　完全退火和等温退火工艺比较

度）；③工件氧化、脱碳倾向较小。

渗碳齿轮是汽车的重要零部件。为解决一汽（捷达汽车）、二汽等企业渗碳齿轮传统正火工艺质量不合格、齿轮坯切削性能不稳定、制品变形大等问题，刘云旭教授提出了等温正火新工艺的解决方案。因为当时国内教科书、期刊均无此方案介绍，企业专家们对此方案存有疑惑，但鉴于捷达轿车国产化的燃眉之急，决定由他主持研制一条等温正火生产线，在一汽专用车厂试用，结果获得成功，为德国专家认可。此后，等温正火生产线在国内迅速普及推广。到目前，汽车齿轮不经等温正火不能使用已经成为行业内共识，该等温正火生产线被认定为国家重点新产品。

2.1.2.4 预防白点退火

即为防止工件在热变形加工后的冷却过程中因氢呈气态析出而形成发裂（白点），在变形加工完结后直接进行的退火。退火的目的是使氢扩散到工件之外。氢在 α-Fe 中的扩散系数比在 γ-Fe 中大得多，而氢在 α-Fe 中的溶解度又比在 γ-Fe 低得多。为此对大锻件可先从奥氏体状态冷却到等温转变图的"鼻端"温度范围以尽快获得铁素体＋碳化物组织，然后在该温度区或升高到稍低于 A_{c1} 长时间保温进行脱氢。

2.1.2.5 不完全退火

将钢件加热到 A_{c1} 和 A_{c3}（或 A_{ccm}）之间，经保温并缓慢冷却，以获得接近平衡的组织，这种热处理工艺称为不完全退火。由于不完全退火是在两相区加热，组织不能完全重结晶，铁素体的形态、大小与分布不能改变，晶粒细化的效果也不如完全退火，所以，不完全退火主要用于晶粒并未粗化，铁素体分布正常，只是锻、轧终止温度过低，或冷却过快的亚共析钢件，以降低硬度，消防内应力，改善组织。

对过共析钢不完全退火，主要获得粒状珠光体组织，以消除内应力，降低硬度，改善切削加工性能，实际是一种球化退火。

2.1.2.6 球化退火

过共析组织为珠光体和网状的二次渗碳体。由于网状二次渗碳体的存在，增加了钢的硬度和脆性，不仅会给切削加工带来困难，而且会引起淬火时工件产生变形和开裂。

（1）球化退火定义、目的及应用

将钢中的碳化物球状化，或获得球状珠光体的退火工艺称为球化退火。由于加热到 A_{c1} 以上 $30\sim50℃$，此时未溶的渗碳体小质点可作为冷却时渗碳体析出的核心，使渗碳体发生球化，变成球状或粒状渗碳体长大，故称为球化退火。由于加热温度在 A_{c1} 以上 $30\sim50℃$，钢组织没有全部奥氏体化，故称为不完全退火。

经过球化退火的过共析钢，可获得铁素体与球状渗碳体的混合组织，叫作"球化体"。有的钢种一次球化退火难以达到球化目的，可采用循环退火法（或称周期退火法）进行球化。球化退火主要应用于过共析碳钢和合金钢的刀具、模具、量具、轴承等零件。

球化退火主要有以下目的：①降低硬度，改善切削加工性能。过共析组织为晶界上分布的网状渗碳体和片状珠光体。由于网状渗碳体的存在，钢的硬度和脆性增加，给切削加工带来困难。因此，过共析钢经球化退火后，渗碳体变为球状，硬度降低，有利于钢件的切削加工。②提高塑性，改善钢的成型性。钢件的冷挤压成型温度低，这就要求钢件在低温下具有较好的塑性变形能力。碳含量相同的粒状珠光体的塑性远远高于片状珠光体的。③均匀组织，改善热处理工艺性能。过共析钢在淬火加热时，过热敏感性、变形、裂纹的倾向较大。因此要求淬火前的组织为粒状珠光体。④为最终淬火作准备。钢件经淬火、回火后会获得良好的综合力学性能。原始组织为粒状珠光体的工具钢与原始组织为片状珠光体的相比较，在强度、硬度相同条件下，塑性、韧性较高。

（2）球化退火工艺

常用的球化退火工艺如图2.5所示。

① 低温球化退火　该工艺是把退火钢材加热到A_{c1}以下10～30℃，经长时间保温，使碳化物由片状变成球状，然后缓慢冷却到500℃以下空冷。过共析钢碳化物在晶界往往呈网状分布，用低于A_{c1}的温度进行球化比较困难。即使没有网状渗碳体存在，仅是片状珠光体的球化，其球化过程也需要很长时间，且珠光体片越大，所需时间越长，因此球化效果较差。

渗碳体的溶解过程首先发生在渗碳体中的位错、缺陷及亚晶界处，在这些地方出现棱角，表面曲率半径小，与之平衡的α-Fe中的碳浓度较高，而在渗碳体平面处α-Fe碳浓度较低，在α-Fe中产生浓度差而发生碳的扩散。由于碳的扩散，在表面曲率半径小处，α-Fe中碳浓度降低，为了维持平衡，渗碳体溶解；而在渗碳体平面处，α-Fe中的碳浓度升高，为了维持平衡，自α-Fe中析出渗碳体。

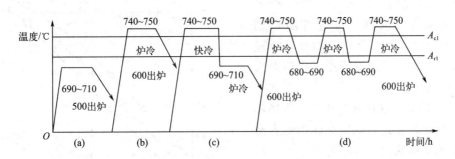

图2.5　碳素工具钢（T8）球化退火工艺

（a）—低温球化退火；（b）——次球化退火；（c）—等温球化退火；（d）—周期（往复）球化退火

② 一次球化退火　加热温度为A_{c1}以上10～20℃。加热温度过高，溶入奥氏体中的碳化物太多，则会降低球化的成核率，容易形成片状珠光体。如果加热温度过低，则珠光体中的片状碳化物溶解不够，部分片状碳化物可能因未溶解而保留下来，可能得到细粒状与片状混合的珠光体组织。其时间长短与零件有效厚度、工件的排列方式和装炉量大小等因素有关。由于球化退火的温度比完全退火低，故球化退火的保温时间应比完全退火稍长些。工件保温后以20～40℃/h的速度冷却至500℃以下出炉空冷。冷却速度影响着退火组织中碳化物颗粒的大小和分布的均匀性。在同一退火温度下，增大冷却速度，因碳化物来不及聚集和长大，而得到细小而弥散度较大的组织，使硬度偏高，不利于切削加工。冷却速度过小，碳化物容易聚集成较大的颗粒。通常，球化退火保温后，直接缓慢冷却的冷却速度应比普通退火慢些。这种退火方法球化较充分，但生产周期长。适用于截面大的工件及装炉量大的情况。

③ 等温球化退火　其加热温度为A_{c1}以上20～30℃，保温后冷却到A_{r1}以下20～30℃，等温一段时间（等温时间取决于等温转变曲线及工件截面尺寸大小），然后随炉冷却至500℃以下出炉空冷。这种方法退火后的组织比较均匀，且易于控制，生产周期较短。

④ 周期（往复）球化退火　它是将钢在A_{c1}以上10～20℃加热，保温后在A_{r1}以下

20～30℃等温一段时间，如此反复进行多次以上球化退火，然后随炉冷至500℃以下出炉空冷。这种方法得到的球状碳化物不够均匀，且操作较麻烦，生产中应用较少，主要用于原始组织为粗片状珠光体的情况。

在把钢加热到A_{c1}以上温度过程中，通常有共析网状碳化物的溶断、凝聚。而珠光体虽在加热到高于A_{c1}以上时应转变奥氏体，但由于温度仅略高于A_{c1}，珠光体中渗碳体溶解需要较长时间，往往只能使渗碳体片溶断，残留着渗碳体颗粒。有的即使溶解，在渗碳体片溶解处也还保留着高浓度碳聚集区，当冷至略低于A_{c1}的温度保温进行珠光体转变时，将以这些残存渗碳体或碳富集区作为渗碳体的结晶中心，渗碳体在此析出，进而形成球状珠光体。

（3）球化退火中影响碳化物球化效果的因素

① 化学成分的影响　碳对钢中碳化物球化具有重要影响。一般而言，钢中含碳量越高，碳化物数量越多，可在较宽的奥氏体化温度范围内加热并易于球化。高碳钢较低碳钢更容易获得球状珠光体，这也可通过下列实验结果说明。

图2.6是不同含碳量的钢往复球化退火次数对球化后硬度的影响。先将试样在950℃或850℃奥氏体化后，再快冷到700℃，保温一定时间，再重新加热到760℃，停留，作为一个循环周期，冷速控制在1℃/min。经过不同循环次数退火后，从硬度的变化可以明显看出，含碳量大于0.80%时，一次循环退火与三次循环退火的效果比较接近，说明高碳钢更容易实现碳化物的球状化。

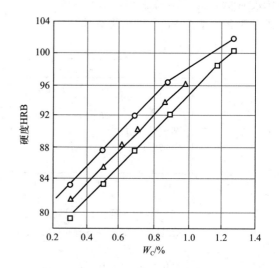

图2.6　不同含碳量钢往复球化退火的效果
○——一次循环；△—二次循环；□—三次循环

合金元素对碳化物球化过程影响的规律比较复杂，因为合金元素（特别是形成碳化物的合金元素）将影响碳化物的成分、结构、在奥氏体中的溶解度，碳在钢中的扩散，以及合金元素本身的再分配等过程，从而对球化过程发生复杂影响。

在含有合金元素硅、镍、锰、铬、铜、铝、钼、钴、钒、钨（含量0.5%～2%）的过共析钢（含碳量0.9%～1.0%）中，对碳化物球化的一般规律研究表明，钢中若没有碳化物形成元素，则球化较快；反之，加入碳化物形成元素将使球化变慢。其阻碍作用的程度与合金元素形成碳化物的强烈程度成正比。显然，减慢作用首先是由于合金元素本身在奥氏体中的扩散激活能较高，其次，与它们将降低碳在奥氏体中的扩散系数有关。

② 原始组织的影响　球化退火前原始组织的类型、晶粒粗细，以及自由铁素体、碳化物的大小、形状、数量和分布等均显著影响球化过程。

淬火马氏体是均匀的过饱和固溶体，在A_{c1}以下的较高温度回火时将使碳化物析出，并聚集长大而获得球状碳化物。在这种状态下，球化速度比较快，而且球化组织均匀。当采用缓慢冷却法进行球化退火时，球化退火的效果与原始组织有很大关系，如亚共析钢原始组织为大块状铁素体与珠光体的混合组织，经过缓冷球化退火后，在组织中碳化物分布极不均匀。

增加循环退火的次数可使晶粒细化，并使亚共析钢碳化物分布有所改善。原始组织为贝氏体、屈氏体时，比粗片状珠光体容易获得均匀细小的球状碳化物。

过共析钢中的二次碳化物呈网状存在时很难球化（图 2.7）。图 2.7（a）为含碳量1.2%的钢球化不良，二次渗碳体仍呈网状断续分布。图 2.7（b）为球化不均匀，二次渗碳体呈块状分布。为了消除网状碳化物，可在球化退火前进行一次正火处理或高温固溶处理。球化处理后的组织见图 2.8。原始组织若经过冷变形、温锻形变加工，将显著促进球状碳化物的形成。

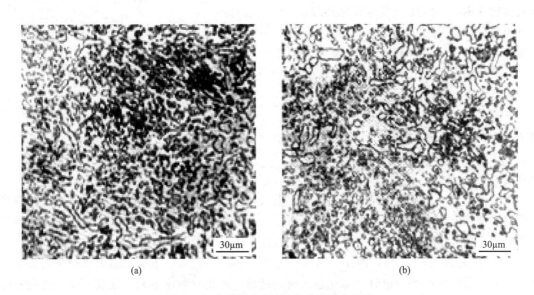

图 2.7　含碳量 1.2%钢的球化退火组织

（a）球化不完全（二次渗碳体仍呈网状断续分布）；（b）球化不均匀（二次渗碳体呈块状分布）

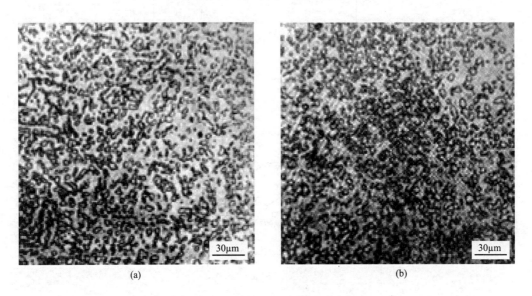

图 2.8　含碳量 1.2%钢的球化退火组织

（a）正火＋球化退火；（b）大于 A_{ccm} 高温固溶处理，小于 A_{c1} 高温回火

③ 加热温度与保温时间的影响

a. 球化温度。0.6%含碳量碳钢的球化温度一般为 650～700℃，若不在此温度范围内进行球化退火处理，则势必无法将钢材中的层状组织破坏，进而使碳化物变成球状且均匀分布在基地上。

b. 球化时间。在球化温度范围内，球化时间愈久则球化效果愈佳。

提高加热温度及延长保温时间，可增加碳化物在钢中固溶度。残余碳化物减少，有可能导致形成层状珠光体。因此，若采用缓冷、等温退火或循环退火等球化工艺时，必须严格控制奥氏体化温度使其在最适当的范围内。

不同含碳量的碳钢合适的球化温度见图 2.9。阴影部分是推荐的球化温度范围。钢的含碳量愈高，允许的球化加热温度范围愈宽。

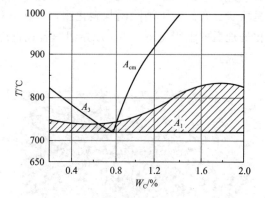

图 2.9　含碳量与最佳球化温度范围的关系

若采用小于 A_{c1} 温度长时间保温的球化退火，升高球化温度，可增加球化速度，特别当原始组织是马氏体或贝氏体时尤为显著。对于片状珠光体，在小于 A_{c1} 温度长期保温进行球化退火，则较上述组织要困难得多，除非经过冷加工形变使片状碳化物预先碎化。

图 2.10 是含碳量 0.89% 钢在不同球化温度（600～700℃）下球化退火时间与退火后硬度的关系。当球化温度一定时，球化退火时间过长，碳化物粒度变粗，硬度下降；相同的球化时间，球化温度低的硬度较高。

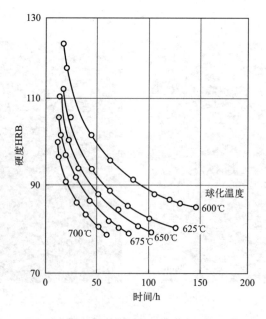

图 2.10　含碳量 0.89% 的钢，不同球化温度下球化退火时间与退火后硬度的关系

④ 冷却速度的影响　用缓冷法进行球化退火时，冷却速度（冷速）是能否得到球化组织的重要因素之一。冷却速度决定了过冷奥氏体转变的温度 A_{r1}。冷速快，转变温度低，此时碳及铁原子的扩散困难，从而使碳化物球化时的临界扩散距离小。相关文献指出，在钢中也存在着形成球状-层状（板状、杆状）碳化物的临界冷速。奥氏体化温度升高时，该临界冷速减小，使球化更加困难。在工业上采用的缓冷球化退火的冷速控制在 $10\sim20℃/h$。

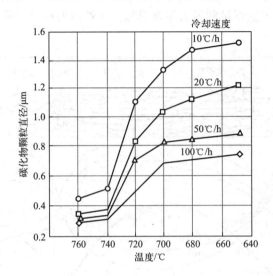

图 2.11　含碳 0.99％、铬 1.40％钢在不同冷却速度下碳化物尺寸的变化

缓冷球化退火工艺的冷却速度还影响到球状碳化物形成的尺寸。图 2.11 为含碳 0.99％、铬 1.40％钢在不同温度（$640\sim760℃$）下保温 5h，在 $10\sim100℃/h$ 不同冷速条件下，碳化物尺寸的变化。其中横坐标表示冷却到的温度，纵坐标表示碳化物粒子尺寸（直径）。同样温度下，随冷却速度下降，碳化物粒子尺寸逐渐增大，特别是在 $740\sim720℃$ 之间长大最快。当冷却到小于 $680\sim700℃$ 时长大趋于平衡。碳化物粒子尺寸依冷却速度增加而减小，这显然是在快冷时扩散受到抑制的结果。

⑤ 变形的影响　在同一球化温度与球化时间的处理条件下，若钢材加工量（断面收缩率）愈大则球化效果愈佳。

层状珠光体经过塑性变形可以加速球化过程。用含碳 0.8％的碳钢在 1040℃奥氏体化后，再经过 700℃保温 4h 的等温退火获得层状珠光体组织，然后在室温下进行 20％、40％、50％形变度的冷加工变形使层状珠光体碎化，并分别在 600℃、650℃、700℃球化温度下进行球化退火，得到球化率（e）达到 95％时所需的球化时间，见表 2.2。可以看出增加形变度及提高球化温度，均可以减少球化时间，提高球化速度。

表 2.2　不同形变度及球化温度对共析钢球化时间的影响

球化温度/℃	当球化率为 95％时所需球化时间/h		
	形变度 50％	形变度 40％	形变度 20％
700	7	12	52
650	26	59	235
600	30	220	7450

2.1.2.7 再结晶退火

再结晶退火是将冷变形后的金属加热到再结晶温度以上保持适当的时间，使变形晶粒重新转变为均匀等轴晶粒而消除加工硬化的工艺。其主要用于消除冷变形加工产生的变形组织，消除加工硬化，降低硬度并提高塑韧性。再结晶退火可使冷变形后被拉长破碎的晶粒重新形核长大为均匀的等轴晶粒，从而消除加工硬化效果。图 2.12 为经冷变形金属在随后再结晶退火过程中，冷加工变形量和退火温度对组织和性能的影响示意图。

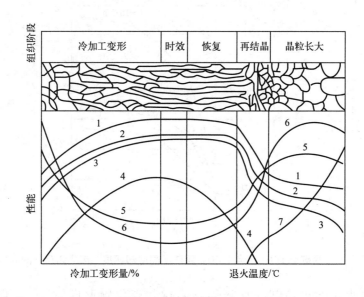

图 2.12　冷加工变形量和退火温度对金属组织和性能的影响示意图

1—硬度；2—抗拉强度；3—屈服强度；4—内应力；5—延伸率；6—断面收缩率；7—再结晶晶粒尺寸

再结晶退火在高于再结晶温度 150～250℃下进行。再结晶温度随着合金成分及冷塑性变形量而有所变化。为产生再结晶所需的最小变形量称为临界变形量。钢的临界变形量为以前的 6%～10%。再结晶温度随变形量增加而降低，到一定值时不再变化。表 2.3 为常用纯金属再结晶温度和合金的再结晶退火温度。

表 2.3　常用纯金属再结晶温度和合金的再结晶退火温度

金属名称	再结晶温度/℃	合金名称	再结晶退火温度/℃
铁	450	钢材	650～700
铜	270	铜合金	600～700
铝	100	铝合金	350～400

2.1.2.8 去应力退火

为了去除由于形变加工、锻造、焊接等所引起的及铸件内存在的残余应力（但不引起组织的变化）而进行的退火，称为去应力退火，主要目的是：消除铸、锻、焊产生的内应力；降低硬度，提高尺寸稳定性，防止工件的变形和开裂。

由于材料成分、加工方法、内应力大小及分布，以及去除程度不同，去应力退火的加热温度范围很宽，但不能超过 A_{c1} 点，应根据具体情况决定。例如低碳结构钢热锻后，如硬度不高，适于切削加工，可不进行正火，而在 500℃ 左右进行去应力退火；中碳结构钢为避免调质时的淬火变形，需在切削加工或最终热处理前进行 500~650℃ 的去应力退火；对切削加工量大、形状复杂而要求严格的刀具、模具等，在粗加工及半精加工之间，淬火之前，常进行 600~700℃、2~4h 的去应力退火；对经索氏体化处理的弹簧钢丝，在盘制成弹簧后，虽不经淬火和回火处理，但应进行去应力退火，以防止制成成品后因应力状态改变而产生变形，常用温度一般为 250~350℃，此时还可产生时效作用，使强度有所提高。铸件由于铸造应力的存在，可能发生几何形状不稳定，甚至开裂。尤其在机械加工后，由于应力平衡的破坏，常会造成变形超差，使工件报废。因此各类铸件在机械加工前应进行消除应力处理。铸铁件去应力退火温度不应太高，否则将造成珠光体的石墨化。去应力退火后，均应缓慢冷却，以免产生新的应力。

2.2 钢的正火

2.2.1 正火定义和目的

将钢加热至 A_{c3} 或 A_{ccm} 以上 30~50℃ 保温，在空气中冷却，得到珠光体类组织的热处理工艺，称为正火。正火适用于碳素钢及低中合金钢，而不适用于高合金钢。这是由于高合金钢奥氏体非常稳定，碳曲线很靠右，在空气中冷却的速度也大于高合金钢的临界冷却速度，即使在空气中也能淬火。这些钢称为"空淬钢"或"自硬钢"，也叫"马氏体钢"。

正火的目的与钢材的成分及组织状态有关。主要有以下目的：

① 用于锻件，细化组织，消除热加工造成的过热缺陷，使组织正常化；

② 提高普通结构零件的力学性能；

③ 用于低碳钢，提高硬度，改善钢的切削加工性能；

④ 用于中碳钢，代替调质处理，为高频淬火做准备，大大降低成本；

⑤ 用于高碳钢，消除网状碳化物，便于球化退火；

⑥ 用于大件热处理，代替淬火；

⑦ 用于不太重要的工件，工件正火处理后，性能有所提高。

2.2.2 正火应用

正火是生产中常用的热处理工艺之一，工艺简单、经济，主要有以下几方面应用：

① 消除过共析钢中的网状碳化物　过共析钢锻造时终锻温度过高，且冷却缓慢，会在奥氏体晶界上形成网状碳化物。过共析钢退火后，在晶界上也会析出网状碳化物，使钢件硬度增加，同时降低其韧脆性。晶界上的网状碳化物即使通过球化退火也很难消除。可以通过正火，将钢加热到 A_{ccm} 以上 30~50℃，使晶界上的碳化物完全固溶于奥氏体，保温后，快速冷却，抑制碳化物的析出，从而避免在晶界上析出网状碳化物。

② 改善低碳钢的切削加工性能　对于含碳量低于 0.25% 的低碳钢，其平衡组织为铁素体加珠光体组织。块状铁素体尺寸较大，具有宽的珠光体片间距，这些都使低碳钢具有低的硬度，不利于切削加工。通过正火处理，增加冷却速度，得到细片间距的珠光体组织和小块状铁素体，提高低碳钢硬度，有利于切削加工。

③ 取代部分完全退火　一般正火加热温度为 A_{c3} 以上 30~50℃。正火时一般采用热炉

装料，加热过程中工件内温差较大，为了缩短工件在高温时的停留时间，而心部又能达到要求的加热温度，采用稍高于完全退火的温度。正火为空冷，不占用炉子空间，可以取代部分完全退火。

④ 消除中碳钢热加工缺陷　中碳结构钢铸件、锻件及焊接件在热加工后容易出现魏氏组织及晶粒粗大等过热缺陷和带状组织，通过正火可以细化晶粒，消除魏氏组织和带状组织等。

⑤ 作为工件最终热处理工艺，提供合适的力学性能　对于一些受力较小、性能要求不高的碳素结构钢零件，通过正火处理，可以得到细片状珠光体，使力学性能有一定提高，可以直接使用。对于大型铸锻件及形状复杂或截面变化剧烈的工件，亦可用正火代替淬火加回火作为最终热处理，防止工件产生变形和开裂。

在选用正火时，以下几个问题需要注意：

① 低碳钢正火的目的是提高硬度，有利于切削加工。但对于含碳量低于 0.20% 的钢，正火处理后，自由铁素体量仍很多，硬度偏低，切削性能仍较差。为了适当提高硬度，应提高加热温度（可比 A_{c3} 高 100℃），以增大过冷奥氏体的稳定性，同时增大冷却速度，以获得较细的珠光体和分散度较大的铁素体。

② 中碳钢的正火冷却方式主要取决于钢的成分及工件尺寸。对含碳量较高且有合金元素的钢，可用较缓慢冷却速度，如在静止空气中或成堆堆放冷却，反之则采用较快冷却速度。

③ 过共析钢正火，一般是为了消除网状碳化物，要有足够加热温度和保温时间，保证碳化物全部溶入奥氏体中。为了抑制自由碳化物的析出，采用冷却速度较大的冷却方法，如鼓风冷却、喷雾冷却，甚至油冷或水冷，冷却到 A_{r1} 以下再取出空冷。

④ 有些锻件有过热组织或有些铸件有粗大的铸造组织，一次正火不能达到细化组织的目的，为此采用二次正火，可获得良好效果。第一次正火在高于 A_{c3} 以上 150~200℃ 的温度加热，以扩散办法消除粗大组织，使成分均匀；第二次正火以普通条件进行，其目的是细化组织。

2.3　退火、正火后钢的组织和性能

退火和正火所得到的均是珠光体型组织，但是退火冷却速度小，转变温度高，正火冷速大，过冷度大，因此两者之间还是存在较大差别。

① 正火珠光体组织比退火状态的片层间距小，珠光体领域小。正火的珠光体是在较大的过冷度下得到的，对亚共析钢来说，析出的先共析铁素体较少，珠光体数量较多（伪共析），珠光体片间距较小。此外，由于转变温度较低，珠光体形核率较大，因而珠光体团的尺寸较小。例如：T8 钢在 800℃ 加热保温 30min 退火后的粗片状珠光体，片间距为 0.5μm，见图 2.13（a），平均硬度为 18HRC。图 2.13（b）所示为 T8 钢 800℃ 加热保温 30min 正火后的细片状珠光体，片间距为 0.2μm，平均硬度为 27HRC。

② 正火加热温度比完全退火高 10~20℃，但正火冷速较快，先共析产物有差异，会出现伪共析组织。正火冷却比退火快，因此先共析产物（铁素体、渗碳体）不能充分析出。例如，45 钢退火后的组织为 45% 铁素体＋55% 珠光体，见图 2.14（a），而正火后的组织为 30% 铁素体＋70% 珠光体，见图 2.14（b）。对于过共析钢，完全退火由网状渗碳体和珠光

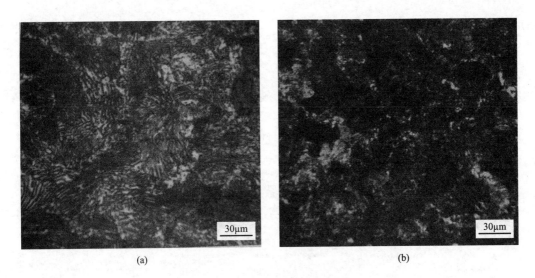

(a)   (b)

图 2.13   T8 钢在不同热处理后组织

（a）退火；（b）正火

体组成，而正火时网状碳化物的析出受到抑制，因而得到全部细珠光体组织，或沿晶界仅析出一部分条状碳化物（不连续网状）。图 2.15（a）所示为 T12 钢在 850℃加热保温 90min后退火的显微组织，由于加热温度高，保温时间长，碳化物溶入充分，随炉冷却得到白色连续网状二次渗碳体和深色片状珠光体，平均硬度为 21HRC。图 2.15（b）所示为 T12 钢在850℃加热保温 30min 后正火的显微组织，由深色细片状珠光体和少量白色粒状碳化物组成，粒状碳化物有呈网状的趋势，平均硬度为 32HRC。

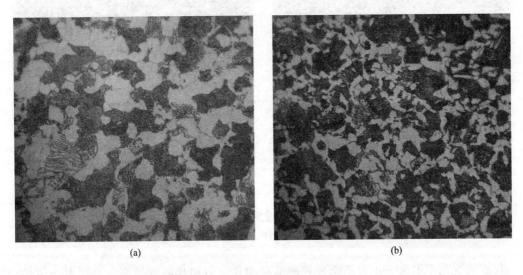

(a)   (b)

图 2.14   45 钢在不同热处理后组织

（a）退火；（b）正火

③ 合金钢中的渗碳体稳定，加热时不易充分固溶到奥氏体中，故退火后不易形成层状珠光体，而呈粒状珠光体。在正火冷却后形成粒状索氏体或粒状屈氏体，硬度偏高。因此，合金钢很少将正火作为切削加工前的预备热处理。图 2.16（a）所示为 Cr12MoV 钢原材料

(a) (b)

图 2.15　T12 钢在不同热处理后组织

（a）退火；（b）正火

供应状态（热轧后退火）的显微组织，基体为粒状索氏体，其上分布着带状的大块状共晶碳化物，平均硬度为 26HRC。图 2.16（b）所示为高速钢锻造退火后的显微组织，基体为粒状索氏体，其上分布着颗粒状共晶核细小的二次碳化物，平均硬度为 34HRC。

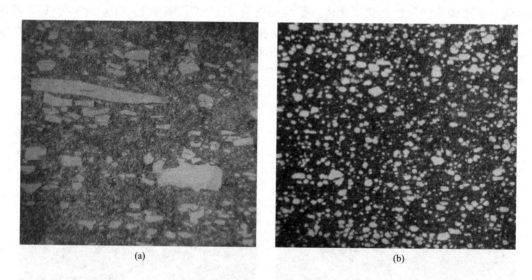

(a) (b)

图 2.16　合金钢渗碳体组织

（a）Cr12MoV 钢显微组织；（b）高速钢显微组织

　　④ 正常规范下退火、正火均会使钢的晶粒细化。但加热温度过高，会使奥氏体晶粒粗大，在正火后极易形成魏氏组织，而退火后则形成粗晶粒组织。图 2.17（a）所示为 45 钢在 920℃加热保温 20min 随炉冷却后得到的深色片状珠光体和白色不规则多边形的铁素体，其晶粒比较粗大。图 2.17（b）所示为 45 钢在 920℃加热保温 20min 空冷后得到的细片状珠光体和白色网状及块状铁素体，个别铁素体呈针状向晶内延伸。

　　⑤ 两者性能不一样：对亚共析钢，若以 40Cr 钢为例，正火与退火相比较，正火的强度

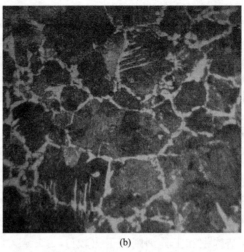

图 2.17　45 钢在不同热处理后组织

（a）退火；（b）正火

与韧性较高，塑性相似（表 2.4）。对过共析钢，完全退火时因有网状渗碳体存在，其强度、硬度、韧性均低于正火时。只有球化退火时，因其所得组织为球状珠光体，故其综合性能优于正火时。钢中合金元素含量不高时，经退火与正火后组织均为铁素体与渗碳体的混合物，但正火后组织的弥散度大，故硬度、强度较高。正火后的零件的强度和硬度比退火后高，且含碳量越高，差别越大（图 2.18）。

表 2.4　正火与退火的 40Cr 钢的力学性能

热处理工艺	力学性能				
	R_m/MPa	$R_{p0.2}/MPa$	$A/\%$	$Z/\%$	$a_k/(J/cm^2)$
退火	643	357	21	53.5	54.9
正火	739	441	20.9	76	76.5

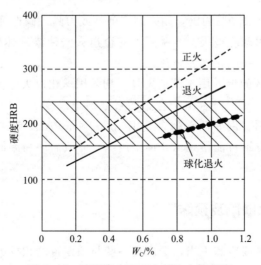

图 2.18　碳钢退火和正火后的大致硬度

2.4 退火、正火工艺的选择

在生产上对退火、正火工艺的选择，应根据钢种、冷热加工工艺以及最终零件使用条件和性能考虑。

① 从使用性能上考虑 如果对钢件的性能要求不太高，随后不进行淬火和回火，则可以用正火来提高力学性能；如果钢件的形状比较复杂，正火的冷却速度高，有可能形成裂纹，则采用退火。另外从降低热处理的变形开裂倾向来看，退火优于正火。

② 从切削性能上考虑：金属的硬度为 170~230HBS 的切削加工性能比较好，过高的硬度不但难加工且会使刀具很快磨损，而过低的硬度则会形成很长的切削缠绕刀具，造成刀具发热和磨损，加工后部件表面粗糙度较大。低中碳结构钢以正火作为预备热处理比较合适，高碳结构钢和工具钢则以退火较好。

③ 从经济上考虑 正火比退火的生产周期短，能耗少且操作简单，故在可能的条件下应优先考虑以正火代替退火。

根据碳钢中含碳量不同，一般按如下原则选择：

① 含碳量 0.25% 以下的钢，通常采用正火代替退火。因为较快的冷却速度可以防止低碳钢沿晶界析出游离三次渗碳体，从而提高冲压件的冷变形性能；用正火可以提高钢的硬度，及低碳钢的切削加工性能；在没有其他热处理工序时，用正火可以细化晶粒，提高低碳钢强度。对渗碳钢，一般用正火消除锻造缺陷及提高切削加工性能，特别是对含碳低于 0.20% 的钢，应采用高温正火。对这类钢，只有形状复杂的大型铸件才用退火消除铸造应力。

② 含碳量 0.25%~0.50% 的钢，一般采用正火。其中含碳量 0.25%~0.35% 的钢，正火后硬度接近于最佳切削加工的硬度。对含碳量较高的钢，硬度虽稍高，但由于正火生产率高、成本低，仍采用正火。只有对合金元素含量较高的钢才采用完全退火。

③ 含碳量 >0.50%~0.75% 的钢，因含碳量较高，正火后的硬度显著高于退火后的，难以进行切削加工，故一般采用完全退火，降低硬度，改善切削加工性能。此外，该类钢多在淬火、回火状态下使用，因此一般工序安排是先进行退火以降低硬度，然后进行切削加工，最终进行淬火、回火。

④ 含碳量 >0.75%~1.0% 的钢，用来制造弹簧或刀具。制造弹簧采用完全退火作预备热处理，制造刀具则采用球化退火。当采用不完全退火法使渗碳体球化时，应先正火处理，以消除晶界网状渗碳体，并细化珠光体片。

⑤ 含碳量大于 1.0% 的钢，用于制造工具，均采用球化退火作预备热处理。

当钢中含有较多合金元素时，由于合金元素强烈地改变了过冷奥氏体连续冷却转变曲线，因此上述原则不适用。例如低碳高合金钢 18Cr2Ni4WA 没有珠光体转变，即使在极缓慢的冷却速度下退火，也不可能得到珠光体型组织，一般需用高温回火来降低硬度，以便切削加工。

2.5 退火、正火缺陷及预防

退火和正火由于加热或冷却不当，会出现一些与预期目的相反的组织，造成缺陷。常见缺陷有过热、过烧、网状组织等。

（1）过烧

当退火或正火加热温度过高时，奥氏体晶界会严重氧化，甚至会局部熔化，致使工件报废（图2.19），称为过烧。防止出现这种缺陷的主要措施是加强操作人员培训、定期校验测温装置及控温仪表。

（2）过热

加热温度过高、保温时间过长以及炉内温度不均匀等原因都可以造成局部过热。冷却后，晶粒粗大（图2.20）。当冷速较快时，中碳钢中常产生魏氏组织，使钢的性能恶化，通过完全退火可使晶粒细化，改善性能。

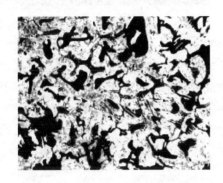
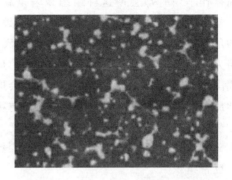

图2.19　W18Cr4V高速钢过烧组织　　　图2.20　W18Cr4V高速钢过热组织

（3）硬度偏高

中高碳钢或过冷奥氏体稳定性高的结构钢退火时，由于冷却速度偏快或等温退火的温度偏低或保温时间偏短，硬度增加。因加热温度过高而使过冷奥氏体更加稳定，也是某些合金钢退火后硬度偏高的可能原因之一。球化退火后钢的硬度偏高，多半是由于加热温度偏高、冷却速度偏快或等温保温时间偏短而使球化不良。对合金元素高、过冷奥氏体稳定的钢，如冷却速度快，就会出现索氏体、屈氏体，甚至出现贝氏体、马氏体组织。使得硬度高于规定的硬度范围。为了获得所需硬度，应重新进行退火。

（4）退火石墨碳（黑斑）

黑斑是含碳量高的碳素工具钢或低合金工业钢退火时可能产生的缺陷之一，其特点是退火工件较脆，一折即断，断口呈黑灰色，显微组织中出现石墨，所以又叫"黑脆"。这种缺陷下钢的硬度并不高，但韧性很低。产生这种缺陷的主要原因是退火加热温度过高、保温时间过长、冷却速度过慢，部分渗碳体转变成石墨。钢材碳含量偏高、锰含量偏低或促进石墨化的元素含量较高时，更容易产生此缺陷。由于石墨本身强度和塑性极低，且石墨对基体有割裂作用，因此会使零件强度、塑性及表面粗糙度等级明显降低。对出现黑斑缺陷的刀具进行淬火，容易出现软点，使用中易出现崩刃及早期磨损现象。发现黑斑的工具不能返修。T12钢退火石墨碳如图2.21所示。

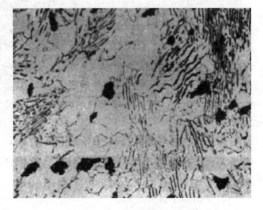

图2.21　T12钢退火石墨碳

（5）粗大魏氏组织

这种缺陷常在亚共析钢正火或退火时产生。亚共析钢魏氏组织的特征是铁素体呈针片状由奥氏体晶界插入晶内，珠光体填补于针片状铁素体之间。钢中出现魏氏组织会使它的塑性和韧性下降，当奥氏体晶粒粗大时这种不良影响尤为严重。铸钢件和锻坯中常存在魏氏组织，消除魏氏组织可以对它们进行退火和正火。然而操作不当时却会使这种组织缺陷重新出现。化学成分不同，钢正火或退火时出现魏氏组织的危险性也不相同。无论哪种钢，奥氏体晶粒粗大都会使形成魏氏组织的倾向增大。形成魏氏组织的冷却速度有一定范围，冷速高于这个范围的上限或低于这个范围的下限不会形成魏氏组织。冷速范围的上限和下限取决于钢的化学成分和奥氏体晶粒度，奥氏体晶粒越粗大，这个冷速范围越宽。退火或正火出现这种缺陷时，将钢重新加热至略高于 A_{c3} 的温度，使针片状铁素体溶入奥氏体，使奥氏体变得比较细小，然后以适当的冷速冷却，即可消除魏氏组织。低碳钢魏氏组织见图 2.22。

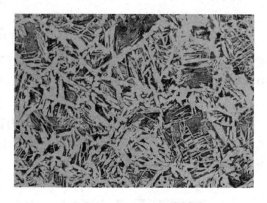

图 2.22 低碳钢魏氏组织

（6）反常组织

在亚共析钢中，在先共析铁素体晶界上有粗大的渗碳体存在，珠光体片间距也很大，如图 2.23（a）所示。在过共析钢中，在先共析渗碳体周围有很宽铁素体条，而先共析渗碳体网也很宽，见图 2.23（b）。出现反常组织的原因是：当亚共析钢或过共析钢退火时，在 A_{r1} 点附近冷却过慢，特别在略低于 A_{r1}（例如低 $10℃$）的温度下长期停留。这种组织的形成过程是待先共析相析出后，在后续的珠光体转变中，铁素体或渗碳体自由长大，而形成游离的铁素体或渗碳体。结果在亚共析钢中出现非共析渗碳体，而在过共析钢中出现游离铁素体。这和正常组织相反，因而称为反常组织。反常组织将造成淬火软点。出现这种组织时应进行重新退火消除。

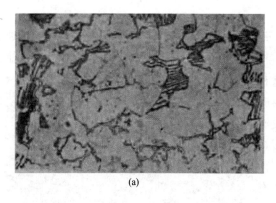

(a)

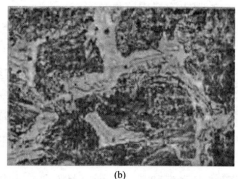

(b)

图 2.23 反常组织

（a）含碳 0.5％碳钢，850℃加热；（b）含碳 1.2％碳钢，972℃加热

（7）网状组织

网状组织（图 2.24）主要是由于加热温度过高、冷却速度过慢、钢中的先共析相沿奥

氏体晶界析出而形成的。如亚共析钢中的先共析铁素体或过共析钢中的二次渗碳体析出后形成的网状组织，会使钢的力学性能变坏。特别是晶界上的网状渗碳体，在后继淬火加热时很难消除，因此必须严格控制。网状组织一般采取重新正火的办法来消除。

（8）球化不均匀

过共析钢在球化退火后，在晶界上二次渗碳体呈粗大块状分布，即得到碳化物球化不均匀组织［图 2.7（b）］。形成原因为球化退火前并没有消除网状渗碳体，它们在球化退火前集聚而成。消除方法是进行正火和一次球化退火。

图 2.24　含碳 1.13%碳钢 900℃
退火，出现渗碳体网状组织

习题

1. 以共析钢为例，将其加热奥氏体化后立即随炉冷却、在空气中冷却和在水中冷却，各会得到什么组织？力学性能有何差异？

2. 一批 45 钢试样（尺寸：直径 15mm×10mm），因其组织、晶粒大小不均匀且存在较大的残余应力，需采用退火处理。拟采用以下几种退火工艺：

（1）缓慢加热至 700℃，保温足够时间，随炉冷却至室温；

（2）缓慢加热至 840℃，保温足够时间，随炉冷却至室温；

（3）缓慢加热至 1100℃，保温足够时间，随炉冷却至室温。

问上述三种工艺分别属于何种退火工艺？各得到何种组织？若要得到大小均匀细小的晶粒，选择何种工艺最合适？

3. 生产中为了提高亚共析钢的强度，常用的方法是提高亚共析钢中珠光体的含量，应采用什么方法？

参考文献

［1］夏立芳. 金属热处理工艺学［M］修订版. 哈尔滨：哈尔滨工业大学出版社，2012.

［2］樊东黎，徐跃明，佟晓辉. 热处理工程师手册［M］. 2 版. 北京：机械工业出版社，2005.

［3］雷廷权，傅家骐. 热处理工艺方法 300 种［M］. 北京：中国农业机械出版社，1982.

［4］上海材料研究所，上海工具厂. 工具钢金相图谱［M］. 北京：机械工业出版社，1979.

［5］胡光立，谢希文. 钢的热处理（原理和工艺）［M］. 5 版，西安：西北工业大学出版社，2016.

［6］崔忠圻，覃耀春. 金属学与热处理［M］. 2 版，北京：机械工业出版社，2016.

［7］赵乃勤. 热处理原理与工艺［M］. 北京：机械工业出版社，2012.

第3章
淬火及回火

淬火与回火是热处理工艺中最重要、用途最广泛的工序。淬火可以显著提高钢的强度和硬度。为了消除淬火钢的残留内应力，得到不同强度、硬度和韧性配合的性能，需要配以不同温度的回火。所以淬火和回火又是不可分割的、紧密衔接在一起的两种热处理工艺。淬火、回火作为各种机器零件及工模具的最终热处理，是赋予钢件最终性能的关键性工序，也是钢件热处理强化的重要手段之一。

3.1 钢的淬火

3.1.1 淬火的定义、背景与目的

把钢加热到 A_{c3} 或 A_{c1} 以上，保温一定时间，以大于临界冷却速度的冷速快速冷却，从而获得不平衡状态组织（马氏体或/和贝氏体组织）的热处理工艺，称为淬火。

我国古代淬火技术最早被应用于块炼铁中。1974 年河北省易县燕下都遗址出土的两把剑和一把戟的金相组织中都有马氏体存在，被认为是我国目前看到的最早的淬火器件。两汉时期，钢的淬火技术得到了较为广泛的使用，目前在河北省满城汉墓、辽宁省三道壕西汉村落遗址、山东省兰陵县等地都发现了经过淬火的钢刀或钢剑。

淬火的目的有以下几点：①提高工具、渗碳零件和其他高强度耐磨机器零件等的硬度、强度和耐磨性；②使结构钢通过淬火和回火获得良好的综合力学性能；③提高零件弹性，如弹簧、板簧等；④改善钢的物理和化学性能，如提高磁钢的磁性；⑤改善钢的耐蚀性，如对不锈钢淬火以消除第二相。

3.1.2 淬火的必要条件

根据淬火的定义，加热温度必须高于临界点以上（即亚共析钢 A_{c3}，过共析钢 A_{c1}），以获得奥氏体组织。随后的冷却过程中冷却速度必须大于临界冷却速度，而淬火得到的组织是

马氏体或下贝氏体。淬火临界冷却速度也称为上临界冷却速度，即保证奥氏体在连续冷却过程中不发生珠光体转变而全部过冷到马氏体区的最小冷速。显然工件的实际淬火效果取决于工件在淬火冷却时的各部分冷却速度。只有那些冷却速度大于临界冷却速度的部位，才能达到淬火的目的。

淬火临界冷却速度根据钢的连续冷却转变图（CCT 图）来确定，需要注意的是淬火与正火容易混淆，如低碳钢水冷往往只得到珠光体组织，此时就不能称作淬火，只能说是水冷正火。高速钢空冷可得到马氏体组织，则此时就应称为淬火，而不是正火。

并非所有金属都能够通过淬火进行强化，只有合金在相图上有多型性转变或有固溶度改变的金属才能够用淬火工艺进行强化。根据合金淬火时是否有晶体结构改变将淬火分为无多型性转变合金的淬火和有多型性转变合金的淬火。以铝合金为代表的无多型性转变合金的淬火，又称为固溶处理。以钢为代表的有多型性转变合金的淬火，简称淬火。

3.2 淬火介质

淬火介质即为实现淬火目的使用的冷却介质。淬火介质应该满足以下要求：无毒无味、经济、安全可靠；不易腐蚀工件，淬火后易清洗；成分稳定，使用过程中不易变质；在过冷奥氏体的不稳定区域有足够冷却速度，在低温马氏体区有较缓慢的冷速；介质黏度应较小，以增加对流传热能力和减少损耗。

根据钢的奥氏体等温转变曲线可知，要淬火得到马氏体，其实不需要在整个冷却过程中都进行快速冷却，理想的淬火介质既能淬成马氏体，又不至于引起太大的淬火应力（图 3.1）。即在 650℃到淬火温度之间应缓慢冷却以尽量降低淬火热应力；在过冷奥氏体最不稳定的区域（650~400℃）应快冷，避免过冷奥氏体发生分解；在 M_s 点附近的温度区域应缓慢冷却以减小马氏体转变时产生的组织应力。

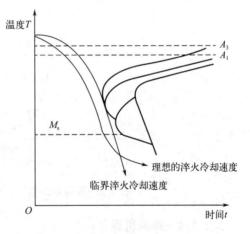

图 3.1 理想淬火介质的冷却曲线

3.2.1 淬火介质的分类

按聚集状态不同，淬火介质可分为固态、液态和气态三种。对固态介质，若为静止接触，则是两个固态物质的热传导问题；若为沸腾床冷却，则取决于沸腾床的工作特性。有关这方面的问题，尚在深入研究中，气体介质中的淬火冷却是气体加热的逆过程，在第 1 章中已叙述。最常用的淬火介质是液态介质，淬火时温度很高，高温工件放入低温淬火介质中，不仅会发生传热过程，还可能引起淬火介质的物态变化。

根据淬火介质的物理特性，可分为两大类：

第一类是淬火时发生物态变化的淬火介质，包括水质淬火剂、油质淬火剂和水溶液等。淬火介质的沸点低于工件的淬火加热温度，所以当炙热的工件淬入其中后，它便会汽化沸腾，使工件剧烈散热。此外，在工件与介质的界面上，还可以通过辐射、对流、传导等方式进行热交换。

第二类属于淬火时不发生物态变化的淬火介质，主要指熔盐、熔碱及熔融金属等。淬火介质的沸点都高于工件的淬火加热温度，当炙热的工件淬入其中后，它不会汽化沸腾，只是在工件与介质的界面上，以辐射、传导和对流的方式进行热交换。

3.2.2 有物态变化的淬火介质

3.2.2.1 冷却特性

淬火介质的冷却特性是指试样温度与冷却时间或试样温度与冷速间的关系。测定冷却特性曲线通常采用热导率很高的银球试样（图 3.2），将银球加热到 800℃ 后迅速置入淬火介质中，介质液量为 2L，流动速度 25cm/s，利用安放在银球中心的热电偶测出其心部温度随冷却时间的变化，然后再根据这种试样温度-冷却时间曲线换算求得冷却速度-试样温度关系曲线，如图 3.3 所示。

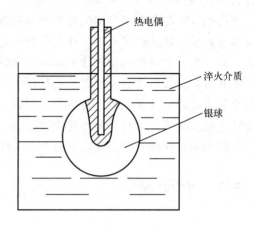

图 3.2　银球探头法示意图

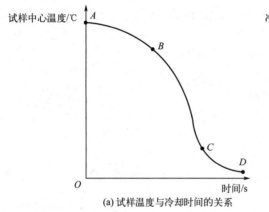
(a) 试样温度与冷却时间的关系

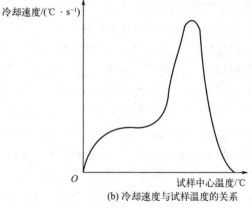
(b) 冷却速度与试样温度的关系

图 3.3　具有物态变化的淬火介质冷却时特性曲线的示意图

3.2.2.2 冷却机理

炙热工件进入有物态变化的淬火介质后，其冷却过程大致可分为三个阶段：

（1）蒸汽膜阶段

炙热钢件投入淬火介质中，一瞬间就在工件表面产生大量过热蒸汽，紧贴工件形成连续的蒸汽膜，使工件和液体分开。冷却过程示意图如图 3.4（a）所示。由于工件是不良导体，这阶段的冷却主要靠辐射传热，因此，冷却速度较慢，如图 3.3（a）中的 AB 段，B 点相当于蒸汽膜开始破裂的温度，称为该介质的特性温度。冷却开始时，由于工件放出的热量大于介质从蒸汽膜中带走的热量，故膜的厚度不断增加。随着冷却的进行，工件温度不断降低，膜的厚度及其稳定性也逐渐变小，直至破裂而消失，这是冷却的第一阶段。

（2）沸腾阶段

当蒸汽膜破裂后，工件即与介质直接接触，介质在工件表面激烈沸腾，通过介质的汽化不断形成大量气泡逸出液体，见图 3.4（b），由于介质的不断更新，带走大量热量，所以这阶段的冷却速度较快，如图 3.3（a）中的 BC 段。沸腾阶段前期冷速很大，随着工件温度下降，其冷速逐渐减慢，此阶段一直要持续到工件冷却至介质温度的沸点时为止，这是冷却的第二阶段。

（3）对流阶段

当工件表面的温度降低至介质的沸点或分解温度以下时，工件的冷却主要靠介质的对流传热，见图 3.4（c），这时工件的冷速甚至比蒸汽膜阶段还要缓慢，如图 3.3（a）中的 CD 段。随着工件与介质的温差不断减小，冷却速度越来越小，这是冷却的第三阶段。

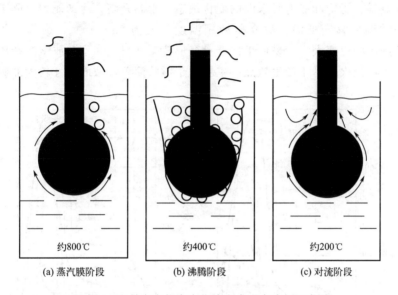

约800℃	约400℃	约200℃
(a) 蒸汽膜阶段	(b) 沸腾阶段	(c) 对流阶段

图 3.4　工件在有物态变化淬火介质中冷却示意图

3.2.2.3　冷却强度（淬冷烈度）

淬火介质冷却能力最常用的表示方法是冷却强度（淬冷烈度 H）。规定 18℃ 静止水的淬冷烈度 $H=1$，其他淬火介质的淬冷烈度由与 18℃ 静止水的冷却能力比较而得。冷却能力较大的，H 值较大。几种常用淬火介质的淬冷烈度 H 值见表 3.1。

表 3.1　不同淬火介质淬冷烈度

工作运动情况	不同淬火介质 H 值			
	空气	油	水	盐水
不运动	0.02	0.25~0.30	0.90~1.00	—
轻微	—	0.30~0.35	1.0~1.1	—
适当	—	0.35~0.40	1.2~1.3	—
较大	—	0.40~0.50	1.4~1.5	—
强烈	0.05	0.50~0.80	1.6~2.0	—
极强烈	0.20	0.80~1.00	4	5

需要注意的是，不同淬火介质，在工件淬火过程中其冷却能力是变化的。

3.2.2.4 常用淬火介质

常用淬火介质有水及其溶液、油、水油混合液（乳化液）等。

（1）水

水是最常用的淬火介质，不仅来源丰富，而且具有良好的物理和化学性能。图 3.5 为水在静止与流动状态下的冷却特性，可见介质使用温度（淬火前水温）为 20℃ 时静止水的蒸汽膜阶段试样中心温度较高，在 800～380℃ 范围，冷速缓慢。试样中心温度低于 380℃ 以下进入沸腾阶段，冷却速度急剧上升，280℃ 左右冷速达到最大值，约 770℃/s。水作为淬火介质的主要缺点是：①冷却能力对水温的变化敏感，水温升高，冷却能力急剧下降，并使对应于最大冷速的温度移向低温，故介质使用温度一般为 20～40℃，最高不许超过 60℃；②在马氏体转变区的冷速太大，易使工件严重变形甚至开裂；③不溶或微溶杂质会显著降低其冷却能力，工件淬火后易于产生软点。主要用于形状简单，截面尺寸较大的碳钢件。

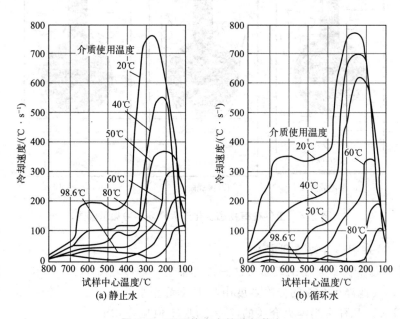

图 3.5　不同状态水的冷却能力

（2）盐水及碱水

为了提高水的冷却能力，往往在水中添加一定量的盐或碱。盐或碱等物质会降低蒸汽膜的稳定性，使蒸汽膜阶段变短，特性温度提高，从而加快了冷却速度（图 3.6、图 3.7，图中虚线为 20℃ 纯水的冷却特性曲线）。食盐水溶液的冷却能力在食盐质量分数较低时随食盐质量分数的增加而提高（图 3.6）。盐水特性温度高，高温区冷却能力为水的 10 倍，冷却能力受介质使用温度影响较小。其缺点是在低温区间冷速仍很大，盐水使用温度在 60℃ 以下。

碱水溶液作淬火介质时它能和已氧化的工件表面发生反应，淬火后工件表面呈银白色，具有良好的外观，但这种溶液对工件和设备腐蚀较大，淬火时有刺激性气味，因此未能广泛应用。

盐水或碱水主要适用于形状简单、硬度要求高且均匀、变形要求不严格的碳钢零件的淬火。

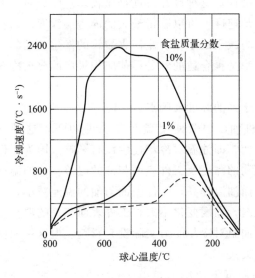

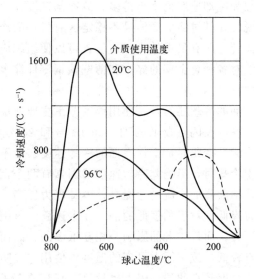

图 3.6　不同成分食盐水溶液的冷却特性　　图 3.7　50%NaOH 水溶液在不同温度的冷却特性

（3）油

淬火用油有植物油和矿物油两大类。植物油如豆油、芝麻油等，虽然具有较好的冷却特性，但因易于老化、价格昂贵等缺点，已为矿物油所取代。

矿物油是从天然石油中提炼的油，用作淬火介质的一般为润滑油，如锭子油、机油等。用油作淬火介质的优点是：油的沸点一般比水高 150～300℃，其对流阶段的开始温度比水高得多，即一般在钢的 M_s 点附近已进入对流阶段，故低温区间的冷速远小于水，这有利于减少工件的变形与开裂。用油作淬火介质的主要缺点是高温区间的冷却能力很小，仅为水的 1/6～1/5，只能用于合金钢或小尺寸碳钢工件的淬火。此外，油经长期使用还会发生老化，故需定期过滤或更换新油。油在低温区有比较理想的冷却能力，在高温区冷却速度不够，不利于碳钢的淬硬，但有利于减少工件的变形，主要用作过冷奥氏体稳定性好的合金钢和尺寸小的碳钢零件的淬火冷却介质。

图 3.8 为油与水的冷却特性比较，虚线为水中冷却速度与油中冷却速度之比。由图 3.8 可见，油特性温度高于 450℃（清水约 300℃），显然油的特性温度较水高。油在 350～500℃处于沸腾阶段，也就是说，油的冷却速度在 350～500℃最快，在该阶段以后由于油的传热

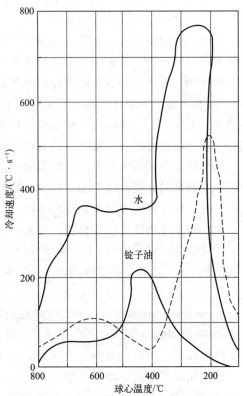

图 3.8　20℃水和 50℃ 3# 锭子油的冷却特性

系数和冷却速度比水小得多，故冷却速度比较缓慢，这种冷却特性是比较理想的。对一般钢来说，在其过冷奥氏体最不稳定区有最快的冷却速度，可以获得最大的淬透层深度；而在马氏体转变区有最慢的冷却速度，可以使组织应力减至最小，防止淬火裂纹的发生。油的冷却特性对各种合金钢的淬火和薄壁碳钢零件淬火都是很合适的，是目前应用最广的淬火冷却介质之一。

油的冷却能力及其使用温度范围主要取决于油的黏度及闪点。

黏度及闪点较低的油，如 10 号和 20 号机油，一般使用温度在 80℃ 以下，这种油在 20～80℃ 变化时，工件表面的冷却速度实际不变，即油温对冷却速度没有影响。因为工件在油中冷却时，影响其冷却速度的因素有两个：油的黏度及工件表面与油的温差。油的温度提高，黏度降低，流动性提高，冷却能力提高；而油温提高，工件表面与油的温差减小，冷却能力降低。对于黏度低的油，在上述温度范围内，黏度变化不大，工件表面与油的温差变化也不大，而且二者的影响是相互抵消的，因而油温对冷却能力实际没有影响。但这种油由于闪点较低，故不能在更高的温度中使用，以防失火。

黏度较高的油，闪点也较高，可以在较高温度下使用，如 160～250℃。这种油的黏度对冷却速度起主导作用，因此随着油温的升高冷却能力提高。

淬火油经长期使用后，其黏度和闪点升高，产生油渣，油的冷却能力下降，这种现象被称为油的老化。这是由矿物油在炙热的工件作用下，与空气中的氧或工件带入的氧化物发生作用，以及通过聚合、凝聚和异构化作用产生油不能溶解的产物所致。此外，在操作中油内水分增加也会促进油的老化。为了防止油的老化，应控制油温，并防止油温局部过热，避免将水分带入油中，经常清除油渣等。

但是，油的冷却能力还是比较低，特别是在高温区域，即一般碳钢或低合金钢过冷奥氏体最不稳定区。高速淬火油就是在油中加入添加剂，以提高特性温度，或增加油对金属表面的湿润作用，以提高其蒸汽膜阶段的热传导作用。如添加高分子碳氢化合物（气缸油、聚合物），使在高温下高聚合作用物质黏附在工件表面，降低蒸汽膜的稳定性，缩短蒸汽膜阶段。在油中添加磺酸盐、磷酸盐、酚盐或环烷酸盐等金属有机化合物，能增加金属表面与油的湿润作用，同时还可阻止可能形成的不能溶解于油的老化产物结块，从而推迟油渣形成。

为了满足热处理工艺要求，淬火油应具备以下性质：①较高的闪点和燃点，以减少火灾危险；②较低的黏度，减少随工件带出的损失；③不易氧化，老化缓慢；④在珠光体（或贝氏体）转变温度区间有足够的冷却速度。

但是用油作为淬火冷却介质，也有不可忽视的缺点。

① 造成环境污染。例如，我国每年约有 50000t 淬火油被工件带出污染水域；约有 9000t 油的蒸气或油烟会被排到大气中，从而污染空气。

② 安全性差，存在火灾隐患。

③ 随着使用时间延长，油的冷却性能逐渐变差，出现老化现象。

④ 对油槽的保养要求比较严格，如微量水对油的冷却特性有显著影响，并常常因此而产生淬火废品。因此，人们力求寻找淬火油的代用品。

淬火用油的种类有以下几种。

① 全损耗系统用油　采用加氢高黏度矿物基础油，精选防锈、防老化、抗泡、抗氧化、抗磨等进口复合添加剂，用科学配方调和而成，常用机油的牌号有 L-AN15（旧牌号 10 号机油）、L-AN22（20 号机油）、L-AN32（30 号机油）、L-AN100（100 号机油）等，牌号数

字越大，40℃下的黏度越大，闪点越高。在常温下使用的油，应选用黏度较低的 L-AN15（闪点≥130℃）或 L-AN22（闪点≥150℃）全损耗系统用油，使用温度应低于80℃；用于分级淬火时则应选用闪点较高的 L-AN100 全损耗系统用油（闪点≥180℃）。

② 普通淬火油　为了解决全损耗系统用油冷却能力较低、易氧化和老化等问题，可在全损耗系统用油中加入催冷剂、抗氧化剂、表面活性剂等添加物，制成普通淬火油。

③ 快速淬火油　在全损耗系统用油中加入效果更好的催冷剂，可制成快速淬火油。普通淬火油和快速淬火油中的添加剂会随着使用时间的增加而逐渐被消耗，其冷却能力也随之降低，因此需要经常测定和记录其冷却速度的变化情况，并加入新的添加剂进行校正。因而在选购时除了新油的冷却特性外，还应考虑其老化的快慢的情况。此外，由于添加剂很容易溶解于水，因而微量水（0.5%）被带入油槽中会使快速淬火油在高温范围内的冷却速度明显降低。因此，应重视淬火油槽的保养。

④ 光亮淬火油　油受热裂解得到的树脂状物质和形成的灰分黏附在工件表面，将影响加热后淬火工件的表面光亮度。应尽可能用一定分馏的石油产品作为基础油，而不用全损耗系统用油。以石蜡质原油炼制的矿油作为基础油比用苯酚质原油炼制的基础油性能稳定，工件淬火光亮效果更好。一般认为低黏度油的光亮度比高黏度油好，用溶剂精炼法比用硫酸精炼法精制的油光亮性好。生成聚合物和树脂越少，残碳越少，硫分越少，油的光亮性越好。在合理选择基础油的基础上，往基础油中加入催化剂即可制成光亮快速淬火油。常用的光亮添加剂有聚异丁烯二酰亚胺（0.5%～1%质量分数），二硫磷酸乙酯（1%质量分数）等。

⑤ 真空淬火油　真空淬火油是在低于大气压的条件下使用的。真空淬火油应具备饱和蒸气压低、光亮性好和冷却能力强等特点，是以石蜡基润滑油分馏，经溶剂脱蜡、溶剂精制、白土处理和真空蒸馏、真空脱气后，加入催冷剂、光亮剂、抗氧化剂等添加剂配制而成。

⑥ 分级淬火油和等温淬火油　分级淬火油和等温淬火油的使用温度为100～250℃，应具有闪点高、挥发性小、氧化安定性好等特点。

（4）高分子聚合物水溶液

水的冷却能力很大，但冷却特性很不理想，而油的冷却特性虽比较理想，但其冷却能力较低。为了得到冷却能力介于水、油之间，且冷却特性又比较理想的淬火介质，常在高分子聚合物水溶液中配以适量的防腐剂和防锈剂，配制成高分子聚合物淬火介质，使用时根据需要加水稀释成不同浓度的溶液，可以得到介于水、油之间或比油更慢的冷却能力。它不燃烧，没有烟雾，被认为是有发展前途的淬火油代用品。

采用高分子聚合物水溶液淬火时往往在工件表面形成一层聚合物薄膜，以改变其冷却特性。浓度越高，膜层越厚，冷速越慢。液温升高，冷速减慢，而加快搅动则使冷速加快。常用的高分子聚合物淬火冷却介质有聚乙烯醇（PVA）、聚二醇（PAG）、聚乙烯吡咯烷酮（PVP）、聚酰胺（PA）、聚乙二醇（PEG）、聚乙基噁唑啉（PEO）等。

PVA 是应用最早的高分子聚合物淬火冷却介质，我国在感应热处理喷射淬火中广泛应用。PVA 的主要缺点是使用浓度低（质量分数约为0.3%），冷速波动大，易老化变质，糊状物和皮膜易堵塞喷水孔，排放对环境有污染等。PVA 的组成（质量分数）：10%PVA＋1%防锈剂（三乙醇胺）＋0.2%防腐剂（苯甲酸钠）＋0.02%消泡剂（太古油）＋余量水。

PAG 也是一种在金属热处理行业中广泛应用的淬火介质，20 世纪60 年代由美国一家公司开发生产，具有独特的逆溶性，即在水中的溶解度随温度升高而降低。一定浓度的

PAG溶液被加热至一定温度后即出现PAG与水分离现象，该温度称为"浊点"。在淬火过程中利用PAG的逆溶性可在工件表面形成热阻层。通过改变浓度、温度、搅拌速度就可以对PAG水溶液的冷却能力进行调整。PAG水溶液的pH值对其浊点有影响，因而对冷却特性也有影响。PAG淬火介质系列的冷却能力覆盖了水、油之间的全部领域，并可以通过控制浓度和搅拌速度对其冷却速度进行调整，有良好的浸湿特性，工件冷却均匀性好，在长期使用中性能比较稳定。

PVP是一种白色粉状物，主要应用于高频感应淬火、火焰淬火等。中碳钢淬火时质量分数小于4%，高碳钢、合金钢淬火时质量分数为4%～10%；使用液温为25～35℃，使用中相对分子质量易变化，受淬火热冲击易分解；分解后的低分子聚合物要采用渗透膜分离，设备费用高，且检查、精制程度有困难。但它的使用浓度低，防裂能力强，具有消泡性、防锈性，容易管理；具有防腐能力；化学需氧量低，不污染环境；浓度可用折光仪测定，操作简便。

PAM是一种黄色液态高分子物质，其用于锻件淬火时质量分数为15%～20%，喷射淬火时质量分数为5%～8%，工作温度为25～40℃。采用折光仪或黏度计测定浓度。化学需氧量达$4×10^{-1}$mg/L，排放要严格控制。

PEG是一种比较新的淬火介质，主要应用于喷射淬火或浸入淬火。当工件冷却到350℃左右时，表面形成一层浓缩薄膜，可降低钢材在马氏体转变阶段的冷却速度，有效地防止淬火开裂。喷射冷却淬火时质量分数为5%～10%，浸入淬火时质量分数为15%～25%。PEG的冷却能力随浓度与液温变化有比较明显的改变。PEG的优点和特性：对皮肤没有刺激性；防锈性能优良，泡沫少；耐蚀性好；浓度用折光仪检查，操作简便；工件表面皮膜在水中容易去除；在搅拌烈度低时，冷却能力不发生大的变化。

PEO是具有逆溶性的高分子聚合物，其逆溶点在63℃以上，使用时质量分数可在1%～25%范围内调整，冷却性能覆盖水、油之间很大范围。因其黏度低，故工件带出量少。由于易于被生物分解，环保条件好，所以很有发展前途。

（5）水油混合液（乳化液）

最常用的乳化液是矿物油与水经强烈搅拌及振动而成，即一种液体以细小的液滴形式分布在另一种液体中，呈牛奶状溶液，故称乳化液，如果水形成外相，油滴在水中，则称油水乳化液。要使这种分布状态稳定，除了上述机械振动外，还应加入乳化剂。这种乳化剂作为表面活性物质富集在界面上，通过降低界面张力使乳化液稳定。

乳化液一般用于火焰淬火和感应淬火时的喷水冷却，一般要求包括：有高的稳定性，在使用和放置时间内不分解；喷射到工件表面上的乳化液急剧升温以及水部分汽化应不导致乳化液的破坏及产生多层离析；在工序间储存时能防止工件锈蚀等。

乳化液的冷却能力介于水、油之间，可通过调配浓度来进行调节。在喷射淬火时，由于抑制了蒸汽膜的形成，可使冷却能力提高。

3.2.3　无物态变化的淬火介质

这类介质主要指熔盐、溶碱及熔融金属，多用于分级淬火及等温淬火。其传热方式是依靠周围介质的传导和对流将工件的热量带走。无物态变化的淬火介质沸点高，在工件处于高温时冷却速度很高，而当工件接近介质温度时冷速则迅速降低，冷却能力介于水、油之间（表3.2）。

表 3.2　常用淬火介质的冷却能力

淬火介质	冷却能力/(℃/s)	
	650～-550℃	300～-200℃
18℃水	600	270
18℃10%NaCl 水溶液	1100	300
18℃10%NaOH 水溶液	1200	300
18℃10%Na_2CO_3 水溶液	800	270
矿物机油	150	30
菜籽油	200	35
200℃硝熔盐	350	10

它们多应用于等温淬火和分级淬火。以减少工件的变形，常用于处理形状复杂、尺寸小、变形要求严格的工件等。

介质的冷却能力除取决于介质本身的物理性质（如比热、导热性、流动性等）外，还和工件与介质间的温度差有关。

3.2.4　其他新型淬火介质简介

水作为淬火介质的主要缺点是低温区间的冷却速度过大，易引起工件的变形和开裂；而油的缺点则是在高温区的冷却能力太小，使过冷奥氏体容易分解。两者都不够理想。为此广大热处理工作者都在致力于寻求新的淬火介质，力图使其兼具水和油的优点，并且可以调节其浓度达到控制冷却速度的目的。现就几种新型淬火介质简要介绍如下。

（1）过饱和硝盐水溶液

其配比（质量分数）为：25%$NaNO_3$，20%$NaNO_2$，20%KNO_3，35%H_2O。该介质在高温区冷却能力比盐水小，但比油大，在低温区的冷却能力与油相似。因此，可以认为这类淬火介质综合了盐水和油的优点。

（2）水玻璃淬火剂

它是用水稀释成不同浓度的水玻璃（Na_2SiO_3）溶液，再在其中添加一种或多种碱类或盐类物质，通过调整其成分使之具有不同冷却速度。如"351"淬火剂的配比（质量分数）：7%～9%水玻璃，11%～14%NaCl，11%～14%Na_2CO_3，0.5%NaOH，其余为 H_2O。使用温度为 30～65℃，其冷却能力介于油、水之间，冷速可调，能作为淬火油的替代品，其缺点是对工件表面有一定腐蚀作用。

（3）氯化锌-碱水溶液

这种淬火剂的配比（质量分数）为：49%$ZnCl_2$、49%NaOH、2%肥皂粉，再加 300 倍 H_2O 稀释。其特点是使用时要搅拌均匀，使用温度为 20～60℃，在高温区冷速比水大，低温区冷速比水小，淬火后工件变形小，表面较光亮，适用于中小型形状复杂的中高碳钢制模具的淬火。

（4）合成淬火剂

其主要成分是 0.1%～0.4%聚乙烯醇水溶液，附有少量防腐剂（苯甲酸钠）、少量防锈剂（三乙醇胺）及少量消泡剂（太古油）而制成。这类淬火剂的特点是：使用温度为25～45℃，在高温区冷速与水相近，在低温区冷速比水小，淬火时在工件表面形成凝胶状薄膜，使沸腾与对流阶段延长，该膜在以后的冷却中自行溶解。提高合成淬火剂浓度可降低其冷却能力。其无毒、无臭、不燃，具有一定的防锈防腐能力，目前广泛应用于碳素工具钢、合金结构钢、轴承钢等材料的淬火。

（5）聚醚淬火剂

该淬火剂在美国称为"UconA"。聚醚淬火剂的主要成分为环氧乙烷与环氧丙烷。它的特点是能以任何比例互相溶解，故可通过调节浓度来控制冷却速度，因而有"万能淬火剂"之称，其主要缺点是价格昂贵。

3.3 钢的淬透性

对钢进行淬火以希望获得马氏体组织，但一定尺寸和化学成分的钢件在某种介质中淬火能否得到全部马氏体则取决于钢的淬透性。钢的淬透性是钢的重要工艺性能，也是选材和制订热处理工艺的重要依据之一。

3.3.1 淬透性的基本概念、实际意义及其影响因素

（1）淬透性的基本概念

钢的淬透性是指奥氏体化后钢在淬火时获得马氏体的能力，其大小用钢在一定条件下淬火所获得的淬透层深度和硬度分布来表示。一定尺寸的工件在某介质中淬火，其淬透层的深度与工件截面各点的冷却速度有关。如果工件截面中心的冷却速度高于钢的临界淬火速度，工件就会淬透。然而工件淬火时表面冷却速度最大，心部冷却速度最小，由表面至心部的冷却速度逐渐降低，见图3.9（a），只有冷却速度大于钢的临界冷却速度的工件外层部分才能得到马氏体［图3.9（b）中阴影部分］，这就是工件的淬透层。而冷却速度小于临界淬火速度的心部只能获得非马氏体组织，这就是工件的未淬透区。

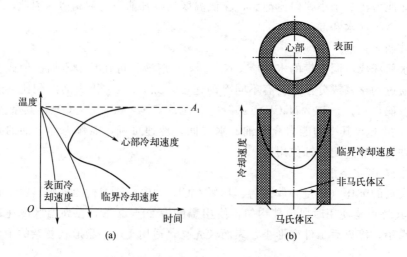

图3.9 工件不同截面冷却速度（a）和未淬透区示意图（b）

在未淬透的情况下，工件淬透层深度如何确定呢？理论上淬透层深度应该是全部淬成马氏体的区域，但实际工件淬火后从表面至心部马氏体数量是逐渐减少的。从金相组织上看，淬透层和未淬透区并无明显的界线，淬火组织中混入少量非马氏体组织（体积分数 $\varphi = 5\% \sim 10\%$ 的屈氏体），其硬度值也无明显变化。因此，金相检验和硬度测量都比较困难。当淬火组织中马氏体和非马氏体组织各占一半，形成"半马氏体区"时，显微观察极为方便，硬度变化最为剧烈（见图 3.10）。为测试方便，通常采用从淬火工件表面至半马氏体区距离作为淬透层深度。钢的半马氏体组织的硬度与其含碳量的关系如图 3.11 所示。研究表明钢的半马氏体组织的硬度主要取决于奥氏体中含碳量，而与合金元素关系不大。这样，根据不同含碳量钢的半马氏体组织硬度（图 3.10），利用测定的淬火钢件截面上硬度分布曲线（图 3.11），即可方便地测定淬透层深度。

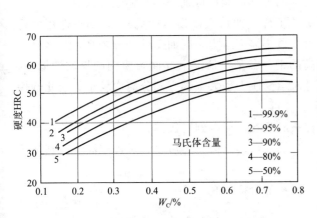

图 3.10　钢的淬火硬度与含碳量的关系　　　图 3.11　马氏体含量和硬度随深度的变化

由上所述，应当注意如下两组概念的本质区别：一是钢的淬透性与淬硬性的区别，二是淬透性和实际条件下淬透层深度的区别。淬透性是指钢在淬火时获得马氏体的能力，它反映钢的过冷奥氏体稳定性，即与钢的临界冷却速度有关，是钢的固有属性。从本质上说，淬透性是奥氏体所具有的一种特性，它取决于奥氏体的化学成分、晶粒度和均匀性。过冷奥氏体越稳定，临界淬火速度越小，钢在一定条件下淬透层深度越深，则钢的淬透性越好。而淬硬性表示钢淬火时的硬化能力，指钢在淬火后获得的马氏体组织所能达到的最高硬度，取决于马氏体中的含碳量。马氏体中含碳量越高，钢的淬硬性越高。显然，淬透性与淬硬性两者没有必然的联系。例如高碳工具钢的淬透性较差，但淬硬性却很高；而低碳合金钢淬透性很好，但淬硬性却不高。实际工件在具体淬火条件下的淬透层深度与淬透性也不是一回事。淬透性是钢的一种属性，相同奥氏体化温度下的同一钢种，其淬透性是确定不变的。其大小用规定条件下的淬透层深度表示。而实际工件的淬透层深度是指具体条件下测定的半马氏体区至工件表面的深度，它与钢的淬透性、工件尺寸及冷却介质的冷却能力等许多因素有关。淬透性与工件尺寸、冷却介质无关，它只用于不同材料之间的比较，是通过尺寸、冷却介质相同时的淬透层深度来确定的。例如，同一钢种在相同介质中淬火，小件比大件的淬透层深；一定尺寸的同一钢种，水淬比油淬的淬透层深；工件的体积越小，表面积越小，则冷却速度越快，淬透层越深。绝不能说，同一钢种水淬时比油淬时的淬透性好，小件淬火时比大件淬火时淬透性好。淬透性是不随工件形状、尺寸和介质冷却能力变化而变化的。

（2）淬透性的实际意义

钢的淬透性是正确选用钢材和制订热处理工艺的重要依据之一。工件在整体淬火条件下，从表面至中心是否淬透，对其力学性能有重要影响。如果工件淬透了，则其表里性能就均匀一致，能充分发挥钢材的力学性能潜力；如果未淬透，则表里的性能存在差异，尤其在回火后，心部的强韧性将比表层的低。因此多数结构零件都希望能在淬透的情况下使用。但是，也并非在任何情况下都要求淬透性越高越好，对于不同用途的工件，由于其受力情况不同，对工件表面和心部的力学性能要求不同，要求选用不同淬透性的钢种制造。

在拉伸、压缩或剪切应力的作用下，工件尺寸较大的零件，例如齿轮类、轴类零件，希望整个截面都能被淬透，从而保证零件在整个截面上的力学性能均匀一致，此时应选用淬透性较高的钢种制造。如果钢的淬透性低，工件整个截面不能被全部淬透，则从表面到心部的组织不一样，力学性能也不相同。此时，心部的力学性能，特别是冲击韧性很低。

另外，对于形状复杂、要求淬火变形小的工件（如精密模具、量具等），如果选用淬透性较高的钢，则可以在较缓和的介质中淬火，减小淬火应力，因而工件变形较小。

但是并非任何工件都要求选用淬透性高的钢，在某些情况下反而希望钢的淬透性低些。例如承受弯曲或扭转载荷的轴类零件，其外层承受应力最大，轴心部分应力较小，因此选用淬透性较小的钢，淬透工件半径的 1/3～1/2 即可。

表面淬火用钢也应采用低淬透性钢，淬火时只在表层得到马氏体。

焊接用钢也希望淬透性小，目的是避免焊缝及热影响区在焊后冷却过程中淬火得到马氏体，从而防止焊接构件的变形和开裂。

一般情况下，淬透性好的钢比淬透性差的钢的价格要高。

（3）影响淬透性的因素

① 钢的化学成分

a. 含碳量。共析钢的临界冷却速度最小，淬透性最好；亚共析钢随含碳量增加，临界冷速减小，淬透性提高；过共析钢随含碳量增加，临界冷却速度增加，淬透性降低。当加热温度低于 A_{ccm} 点时，含碳量低于 1% 以下，随含碳量增加，临界冷却速度下降，淬透性提高；含碳量高于 1% 时，则相反。当加热温度高于 A_{c3} 或 A_{ccm} 时，则随含碳量增加，临界冷却速度下降（图 3.12）。

b. 合金元素。合金元素对临界冷却速度的影响如图 3.13 所示。由图可见，除 Ti、Zr 和 Co 外，其他合金元素的加入会降低临界冷却速度，使过冷奥氏体的转变曲线右移，提高钢的淬透性，因此合金钢的淬透性比碳钢好。应当指出，多种合金元素同时加入钢中，其影响不是单个合金元素作用的简单叠加。例如单独加入钒（V），常导致钢淬透性降低，但与锰同时加入时，锰的存在将促使钒碳化物溶解，而使淬透性显著提高。

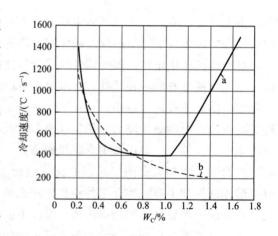

图 3.12　含碳量对碳钢临界冷却速度的影响

a—在正常淬火温度区间加热；b—高于 A_{c3} 温度加热

② 奥氏体晶粒度 奥氏体晶粒尺寸增大，会使淬透性提高。奥氏体晶粒尺寸对珠光体转变的推迟作用比对贝氏体的大。

③ 奥氏体化温度 提高奥氏体化温度，不仅能使奥氏体晶粒粗大，促使碳化物及其他非金属夹杂物流入，而且能使奥氏体成分均匀化，提高过冷奥氏体稳定性，从而提高淬透性。

④ 第二相及其分布 奥氏体中未溶的非金属夹杂物和碳化物的存在以及其大小和分布，影响过冷奥氏体的稳定性，从而影响淬透性。

此外，钢的原始组织、塑性变形和外力场等对钢的淬透性也有影响。

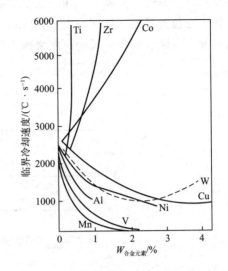

图 3.13　合金元素对碳钢临界冷却速度的影响

淬透性好的钢材经调质处理后，整个截面都是回火索氏体，力学性能均匀，强度高，韧性好；而淬透性差的钢表层为回火索氏体，心部为片状珠光体＋铁素体，心部强韧性差。因此，钢材的淬透性是影响工件选材和热处理强化效果的重要因素。图 3.14 为淬透性不同的钢经调质处理后力学性能的比较。

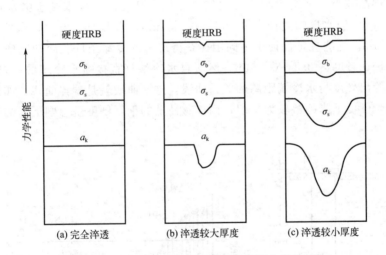

图 3.14　不同淬透性的钢经调质处理后力学性能

3.3.2　淬透性的测定方法

测量和表示淬透性的方法很多，下面介绍最常用的三种方法。

(1) 断口检验法

它是将预测淬透性的钢按规定尺寸制成标准试样，淬火后从中间横向打断后测量断面淬透层深度的方法，详见国家标准 GB/T 1299—2014《工模具钢》附录 B《非合金工具钢淬透性试验方法》规定。此法主要用来测定碳素工具钢的淬透性，低合金工具钢也可参照使用。具体方法如下：圆形试样直径为 20mm±0.5mm，长度为 75mm±0.5mm（图 3.15）。将试样加热到淬火温度，保温 15～30min 后，放入 20～30℃ NaCl 水溶液中淬火。淬火后，在圆形试样中心位置开槽，槽深为 1.5～2mm（图 3.15），在槽口背面将试样折断。通过测量试样抛光面在腐蚀后黑色区域的深度来确定钢的淬透层深度。

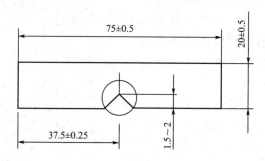

图 3.15　端口检验法试样尺寸（单位：mm）

（2）末端淬火法（端淬法）

该法为乔迈奈（Jominy）等于 1938 年建议采用的，因而国外常称为"Jominy test"（端淬试验），是目前世界上应用最广泛的淬透性试验法。图 3.16 为末端淬火法测定钢的淬透性的示意图。采用 $\phi 25mm \times 100mm$ 的标准试样，试验时将试样加热至规定温度奥氏体化后，迅速放入试验装置中喷水冷却。显然，试样喷水末端冷却速度最大，随着距末端距离的增加，冷却速度逐渐减小。其组织和硬度也发生相应的变化。试样末端至喷水口的距离应为（12.5±0.5）mm，喷水口的内径为（12.5±0.5）mm，水温 15～25℃，水柱自由高度调整为（65±10）mm。这些规定保证了不同钢种获得统一的冷却条件。冷却完毕后，沿试样轴线方向相对两侧面各磨去 0.4～0.5mm，然后自水冷端（直接喷水冷却的一端）1mm 处开始测定硬度，绘出硬度与水冷端距离的关系曲线，这一曲线就是端淬曲线，如图 3.16 所示。淬透性高的钢，硬度下降趋势较为平坦；而淬透性低的钢，硬度呈急剧下降的趋势。

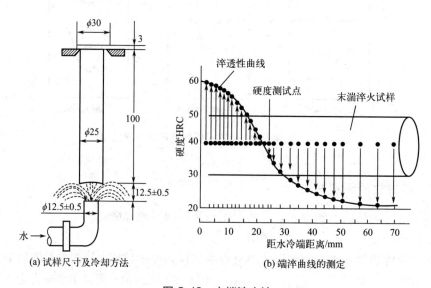

(a) 试样尺寸及冷却方法　　　　　(b) 端淬曲线的测定

图 3.16　末端淬火法

由于一种钢的化学成分允许在一定范围内波动，因而在一般手册中经常给出的不是两条曲线，而是一条带（图 3.17），它表示端淬曲线在此范围内波动，并称为端淬曲线带。因试样和冷却条件是固定的，所以试样上各点的冷却速度也是固定的。这样端淬试验法就排除了试样的具体形状和冷却条件的影响，归结为冷却速度和淬火后硬度之间的关系。有人测定了端淬试样距水冷端不同距离处冷至不同温度时的冷却速度，因此，也可以把距水冷端不同距离标成冷却速度。对一般钢来说，直接影响钢淬火效果的是 800～500℃ 温度范围内的冷却速度，所以有的端淬曲线横坐标标成该温度区所需冷却时间或平均速度，或 700℃ 的冷却速度。

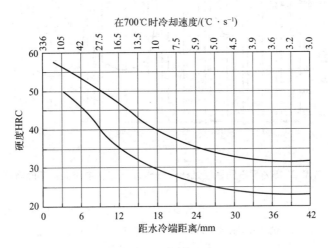

图 3.17　40Cr 钢的端淬曲线带

根据钢的淬透性曲线，钢的淬透性值通常用 $J\dfrac{HRC}{d}$ 来表示。其中 J 表示末端淬火法，d 表示至末端的距离（mm），HRC 表示该处测得的硬度值（HRC）。例如淬透性值 $J\dfrac{60}{5}$ 即表示在淬透性带上距末端 5mm 处的硬度值为 60HRC，$J\dfrac{45}{10\sim15}$ 即表示距末端 10～15mm 处的硬度值为 45HRC。显然 $J\dfrac{40}{6}$ 比 $J\dfrac{35}{6}$ 淬透性好。可见，根据钢的淬透性曲线，可以方便地比较钢的淬透性高低。

（3）临界直径法

将一组由被测钢制成的不同直径的圆形棒按规定淬火条件（加热温度、冷却介质）进行淬火，然后在中间部位垂直于轴线截断，经磨光，制成粗晶试样后，沿着直径方向测定自表面至心部的硬度分布曲线（图 3.18）。

随着试样直径增加，心部出现暗色易腐蚀区，表面为亮圈，且随着直径的继续增大，暗区愈来愈大，亮圈愈来愈小。与硬度分布曲线对应地观察，则发现该二区的分界线正好是硬度变化最大部位。分界线的区域为 50％马氏体和非马氏体的混合组织区，愈向外靠近表面，马氏体愈多，向里则马氏体急剧减少。分界线上的硬度代表马氏体区硬度，称为临界硬度或半马氏体硬度。

所谓淬火临界直径是指圆柱形试样在某种淬火介质中淬火时，心部刚好为半马氏体组织

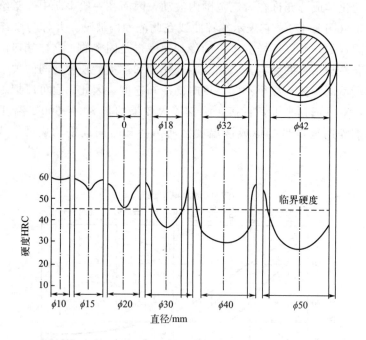

图 3.18 含碳 0.45% 钢不同直径试棒在强烈搅拌的水中淬火的断面硬度分布曲线

的最大圆柱形直径，用 D_0 表示。表示该种钢在该种淬火介质中能够完全淬透的最大直径。在相同的冷却条件下，D_0 越大，则钢的淬透性也越大（表 3.3）。

表 3.3 几种常用钢在水和油中淬火时的临界直径 单位：mm

钢号	水淬 D_0	油淬 D_0	心部组织（M 为马氏体）
45	10～18	6～8	50%M
60	20～25	9～15	50%M
40Mn	18～38	10～18	50%M
40Cr	20～36	12～24	50%M
18CrMnTi	32～50	12～20	50%M
T8～T12	15～18	5～7	95%M

由表 3.3 可见，不同材料由于淬透性不同，在相同淬火介质中淬火时，临界直径不同，淬火介质冷却能力越大，临界直径越大。相同材料在不同淬火介质中淬火时，临界直径也不一样。由此可见，某种材料的临界直径大小主要取决于淬火介质的冷却能力。因此在确定材料的临界直径时，需要知道在哪种淬火介质中淬火。

为了除去临界直径值中所包含的淬火介质淬冷烈度（冷却强度）的因素，用单一的数值来表征钢的淬透性。许多专家提出了理想临界直径的概念。理想临界直径是指在淬冷烈度为无限大的假想的淬火介质中淬火时的临界直径（试样能够淬透的最大直径）。利用理想临界直径可以很方便地将某种淬火条件下的临界直径换算成任何淬火条件下的临界直径（图 3.19）。

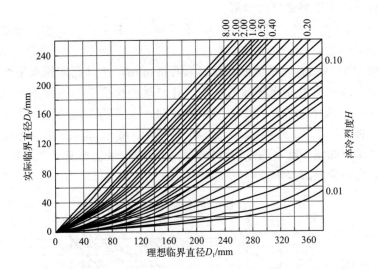

图 3.19　理想临界直径 D_1、实际临界直径 D_0 与淬冷烈度（冷却强度）H 关系曲线

3.3.3　淬透性在选择材料和制订热处理工艺时的应用

如果测定出不同直径钢棒在不同淬冷烈度的淬火介质中冷却时的速度，就可以根据钢的端淬曲线来选择和设计钢材及制订热处理工艺。

（1）根据淬透性曲线可以比较不同钢种的淬透性大小。

如比较 45 钢和 40Cr 钢的淬透性大小，可以先在半马氏体区硬度与钢的含碳量的关系曲线 [图 3.20（b）] 上找出不同钢种的半马氏体区硬度值，然后过此硬度值的点作一水平线与淬透性曲线相交 [见图 3.20（a）]，交点处对应的距离即为相应钢种的半马氏体区至水冷端的距离。该距离越大，钢的淬透性就越大。例如，45 钢半马氏体区至水冷端的距离大约为 3.3mm，而 40Cr 钢则为 10.5mm 左右，显然 40Cr 钢的淬透性比 45 钢大。

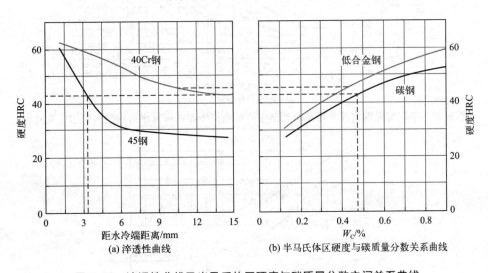

图 3.20　淬透性曲线及半马氏体区硬度与碳质量分数之间关系曲线

（2）淬透性曲线是正确选材的依据

【例题】有一圆柱形工件，直径 35mm，要求油淬（$H=0.4$），心部硬度大于 45HRC，试问能否采用 40Cr 钢？

解：根据图 3.21（b），在纵坐标上找到直径 35mm，通过此点作水平线，与标有"中心"的曲线相交，通过交点作横坐标的垂线，并与横坐标交于标有距水冷端距离 12.8mm 处。说明直径 35mm 圆体油淬时，中心部位的冷却速度相当于端淬试样距水冷端 12.8mm 处的冷却速度。再在图 3.22 横坐标上找到离水冷端距离 12.8mm 处，过该点作横坐标垂线，与端淬曲线带下曲线相交，通过交点作水平线，约与纵坐标交于 35HRC 处，此即为可得到的硬度位，它不合题意要求。

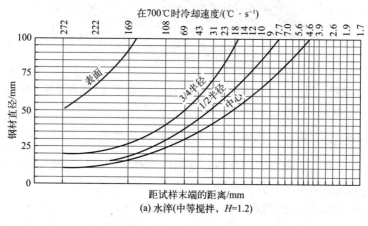

(a) 水淬(中等搅拌，H=1.2)

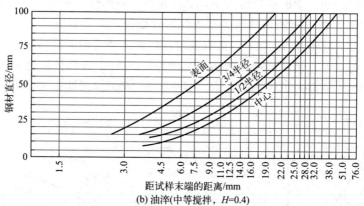

(b) 油淬(中等搅拌，H=0.4)

图 3.21　不同直径钢材淬火后从表面至中心各点与端淬试样离水冷段各距离的关系曲线

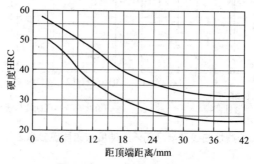

图 3.22　40Cr 钢端淬曲线

（3）根据淬透性曲线，求出不同直径棒材（或圆柱形工件）截面上的硬度分布

若选用 40Cr 钢制造 50mm 的轴，试求经水淬后其截面上的硬度分布曲线：

先在图 3.21（a）中找到钢材直径的水平线上与"表面""3/4 半径""1/2 半径"和"中心"曲线的交点，并由此找到它们相应的距试样末端的距离 d，然后利用这些 d 值在钢的淬透性曲线上（图 3.22）找到它们相应的硬度值。

（4）根据端淬试验曲线，确定热处理工艺。

例如在给定工件所用材料及淬火后硬度要求的情况下，选用淬火介质等。端淬法只适用于较低淬透性件或中等淬透性件。在超低淬透性钢中，在端淬试样距水冷端 5mm 范围内会发生硬度突降，淬透性的相互差别不甚明显。此时需用腐蚀的办法来进行比较，只要在测量硬度部位磨光、腐蚀，就可清楚地显示出被淬硬的区域。

对高淬透性钢，端淬曲线硬度降低很小，有的呈一水平线，因此不能用端淬法比较其淬透性。对这种钢来说，确定加热温度和冷却时间，常采用连续冷却转变图。

（5）淬透性与机械设计

由于钢的力学性能受淬透性的影响，因此设计人员在根据工件的服役条件和性能要求选材时，必须充分考虑淬透性的因素。

① 对于一些重要零件，如承受较大载荷的螺栓、拉杆、锤杆等，常常要求其心部和表面力学性能一致，因此应当选用能完全淬透的钢。

② 某些心部力学性能对于使用条件影响不大的零件，如仅承受弯曲和扭转的轴类零件，不需要完全淬透，因而可选用较低淬透性的钢，只要保证淬透层深度为工件半径的 1/3～1/2 即可。

③ 有些工件不能选用淬透性高的钢，例如需要焊接的工件，若选用高淬透性的钢，则易在焊缝热影响区内出现淬火组织，造成焊件的变形和开裂。

④ 由于工件的淬透层深度受到工件有效尺寸的影响，一些大尺寸工件往往不能淬透，并且工件截面尺寸越大，淬透层深度越小，因此，在机械设计中，不能将小尺寸试样的性能数据用于大尺寸工件的设计计算中。

⑤ 低淬透性钢制造的大尺寸工件，采用正火代替调质处理，不仅更为经济，而且性能也相差不大。

3.4 淬火应力、淬火变形及淬火裂纹

从淬火目的考虑，应尽可能获得最大的淬透层深度。因此，在钢种一定的情况下，采用的淬火介质的淬冷烈度愈大愈好。但是，淬火介质的淬冷烈度愈大，淬火过程中所产生的内应力愈大，这将导致淬火工件的变形，甚至开裂等。因此，在研究淬火问题时还应考虑工件在淬火过程中内应力的发生、发展及由此而产生的变形，甚至开裂等问题。

3.4.1 淬火应力

淬火时在工件中引起的内应力即淬火应力，是造成变形和开裂的根本原因。当内应力超过材料的屈服强度时便引起工件变形，当内应力超过材料的断裂强度时便造成工件开裂。

由于钢在热处理过程中的瞬时内应力的变化极为复杂，难以测量，故一般只能测量钢在热处理后所残存下来的内应力，即所谓"残余应力"，从残余应力可间接地分析钢在热处理

过程中的瞬时内应力变化。

根据内应力产生的原因不同，可分为热应力（温度应力）和组织应力（相变应力）两大类。

（1）热应力（温度应力）

众所周知，工件冷却时，其表面总是比心部冷却得快些，因而工件截面上存在一定的温差。由于温度较低的表面首先收缩，而温度较高的心部此时尚未收缩，或收缩较少，因此表面的收缩要受到心部的牵制，从而产生了内应力。这种由于不同部位的温度差异，导致热胀（或冷缩）的不一致所引起的应力称为热应力。

内应力的方向可分为轴向的、切向的和径向的三种。为简单起见，现仅讨论其轴向应力的变化。以圆柱形钢试样为例，在加热到 A_1 点以下进行冷却时（此时无组织转变），其热应力的变化如图 3.23 所示。由图 3.23 可知，在冷却开始阶段，表面比心部冷却快，温差逐渐加大。由于表面先冷却收缩，表面对心部产生压应力；心部反抗表面收缩对表面产生拉应力。拉应力和压应力总是共处于一个共同体中，它们互为依存的条件。继续冷却时，表层与心部的温差不断增大，故表层的拉应力和心部的压应力也随之增大。如果心部所受的压应力增大到足以超过钢在该温度下的屈服强度，便会使心部发生塑性变形，沿轴向缩短（而表层因温度较低，屈服强度较高，不易发生塑性变形），结果使试样截面上的应力有所松弛而不再增大。在进一步冷却过程中，因表层温度已较低，不再缩小，而这时心部由于和表面温差大，故流向表面热流比较大，温度下降得快。因此，在 $t_1 \sim t_2$ 这段时间内，心部相比表层有更大的收缩，使表层拉应力和心部的压应力趋于减小。直到 t_2 时刻时，内应力减至零。在 $t_2 \sim t_3$，试样

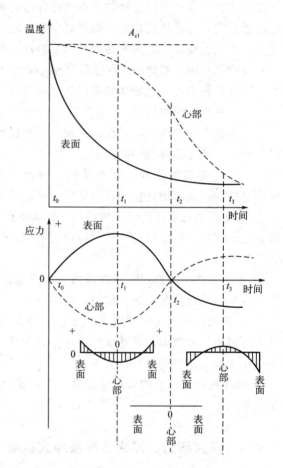

图 3.23　工件冷却时热应力变化示意图

截面上仍然存在着温差，心部还会继续收缩，而心部早先已被缩短，这样表层将会阻碍心部收缩到室温下应有的长度，结果就使表层由原来的受拉应力变为受压应力，而心部则恰好相反，亦即表层和心部的应力都转化为与冷却初期呈相反方向的应力，这种现象称为"热应力反向"。当心部逐渐冷却至室温时，表层所受的压应力和心部所受的拉应力也愈来愈大，由于在低温时钢的屈服强度已较高，塑性变形较为困难，故这种应力状态将一直保留下来，而成为残余压应力。综上所述，热应力变化规律是：冷却前期，表层受拉，心部受压；冷却后期，表层受压，心部受拉。

残余热应力在圆柱试样上三个方向的分布情况如图 3.24 所示，其中径向应力，心部为

拉应力，表面应力为零；轴向应力和切向应力，表面均为压应力，心部均为拉应力，特别是轴向拉应力相当大。这是热应力的分布特征。

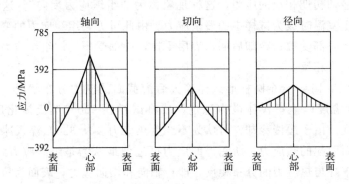

图 3.24 钢圆柱试样（ϕ44mm）在 700℃加热并水冷后残余热应力的分布

热应力是由于快速冷却时工件截面温差造成的。因此，冷却速度越大，热应力越大。在相同冷却介质条件下，淬火加热温度越高，截面尺寸、钢材热导率和线胀系数越大，工件内外温差越大，热应力越大。

（2）组织应力（相变应力）

经奥氏体化的钢件在淬火冷却时，由于表层冷却速度较快，其温度先降到 M_s 点，并发生马氏体转变，因为马氏体的比容比奥氏体大，故表层将先产生膨胀；但温度较高的心部此时尚未发生转变，这样表层的膨胀就会受到心部的牵制，其结果也会在工件中产生内应力，这种工件在冷却过程中，由于内外温差造成组织转变不同（表面和心部发生马氏体转变的不同时性），引起内外比体积的不同变化而产生的内应力称为组织应力。

同样以圆柱钢试样为例说明组织应力的变化和分布规律（图 3.25），为了把热应力分开，选用碳曲线很靠右的钢，以便在淬火加热温度以极缓慢的冷却速度降温至 M_s 点的过程中，不发生其他转变，因为冷却速度极慢，在冷却至 M_s 点时，工件内没有温差产生与存在，因而没有热应力产生。

淬火快速冷却时，试样表层先发生马氏体转变产生膨胀，但由于受到心部的牵制，将使表层产生压应力，而心部产生拉应力。当心部产生的拉应力大到足以超过该温度下的屈服强度时，心部将发生塑性变形，使心部沿轴向伸长；而表层温度较低，其屈服强

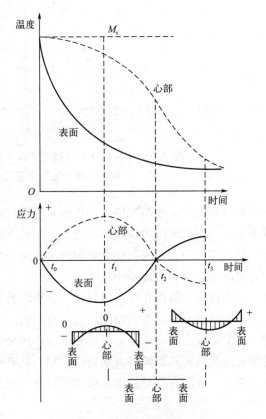

图 3.25 圆柱钢试样截面在冷却过程中组织应力的变化

度较高，不易发生塑性形变。继续冷却时，心部也发生马氏体转变而膨胀，此时表层将阻碍其膨胀，结果使表层由原来的受压应力变为受拉应力，而心部恰恰相反，亦即表层和心部的应力都转化为与冷却初期相反的应力，这种现象称为"组织应力反向"。这种应力状态将一直保留直到冷却至室温时成为试样中的残余应力。由此可见，组织应力的变化规律是：冷却前期，表层受压，心部受拉；冷却后期，表层受拉，心部受压。即组织应力的方向及其变化规律，正好与热应力相反。

图 3.26 表示 Fe-16Ni 合金圆柱形试样淬火后沿截面的应力分布状况。该合金的 M_s 点约为 300℃，在此温度以上奥氏体极为稳定，故将试样在 900℃ 奥氏体化后缓冷至 330℃，亦不发生任何转变。由于缓慢冷却，可认为不产生热应力。从 330℃ 淬入冰水中快冷时，如果也忽略因快冷而引起的热应力，所测得的应力可近似地认为是组织应力。与图 3.24 相比组织应力的分布正好与热应力的分布相反，即：轴向和切向应力，表面为拉应力，并且切向应力大于轴向应力，心部为压应力；径向应力，表面为零，心部则为压应力。这是组织应力分布的特征。

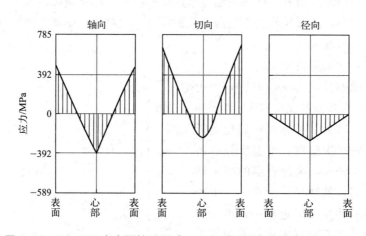

图 3.26 Fe-16Ni 合金圆柱试样（ϕ50mm）自 900℃ 缓冷至 330℃，
再在冰水中急冷至室温时残余组织应力的分布

组织应力的大小与工件在马氏体转变温度范围内的冷速有关。冷速愈大，截面上的温差就愈大，因而组织应力也愈大。此外，钢的含碳量愈高，马氏体的比容愈大，故组织应力愈大。但是有些高碳钢或高碳合金钢淬火后含有大量残余奥氏体，这将使其体积膨胀量减小，因为组织应力也相应地减小。

应当指出，钢件在淬火过程中，在组织转变发生之前往往只有热应力产生，但到 M_s 点以下则同时产生热应力和组织应力，且以组织应力为主。这两种应力综合的作用，便决定了钢件中实际存在的内应力。但这种综合作用是十分复杂的，在各种因素的作用下，有时因两者的方向相反而起着抵消或削弱的作用。只有搞清楚具体条件下起主导作用的是热应力还是组织应力，才能有针对性地采取措施减小内应力，从而达到控制零件变形和防止零件开裂的目的。

（3）影响淬火应力的因素

影响淬火应力的因素如下：

① 含碳量的影响　钢中含碳量增加，会使马氏体比体积增大，工件淬火后的组织应力

增加。但奥氏体中碳的含量增加，也会使 M_s 点下降，淬火后残留奥氏体量增多，又使组织应力减小。二者综合作用的结果是低碳钢淬火时，热应力起主导作用；随着含碳量的增加，从中碳钢至高碳钢热应力作用减弱，组织应力作用逐渐增大（图 3.27）。

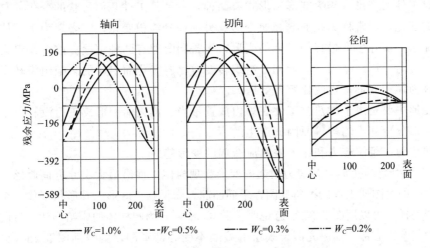

图 3.27　含碳量对含 Cr 钢圆柱淬火试样残余应力的影响（850℃，水淬）

② 合金元素的影响　钢中加入合金元素，其热导率下降，导致热应力和组织应力增大。多数合金元素使 M_s 下降，这使热应力作用增强。增加钢淬透性的合金元素，在工件没有完全淬透的情况下，有增大组织应力的作用。

③ 工件尺寸的影响　工件尺寸大小对内应力分布的影响，有以下两种情况。

a. 完全淬透的情况。工件尺寸大小主要影响淬火冷却过程中截面的温差，特别是在高温区工件表面与淬火介质温差大，冷却快，而工件尺寸越大，中心部位热量向表面的传导越慢，因而工件尺寸越大对高温区的温差影响越大。因此可以推得，当工件直径较小时，温差较小，热应力作用较小，应力特征主要为组织应力型；而在直径较大时，高温区的温差影响突出，热应力作用增强，因而工件淬火应力主要为热应力型。

由此可知，在完全淬透的情况下，随着工件直径的增加，淬火的残余应力将由组织应力型转化为热应力型。

b. 不完全淬透的情况。在工件没有完全淬透的情况下，除了前述的热应力和组织应力外，还会因表面淬硬部位是马氏体、未淬硬部位是非马氏体组织而产生组织不同的情况。由于组织不同，比体积不同，也将引起内应力。如仅考虑由于没有淬透而引起的应力，很显然，表面区为马氏体，比体积大，膨胀；而心部为非马氏体，比体积小，收缩。其结果是表面为压应力，心部为拉应力。由此可知，在不完全淬透的情况下，所产生的应力特性与热应力相类似。工件直径越大，淬硬层越薄，热应力特征越明显。

④ 淬火介质和冷却方法的影响　淬火介质的冷却能力，在不同工件冷却温度区间是不相同的，因此也影响淬火应力分布。冷却方法的影响也是如此。如果在 M_s 点以上的温度区间冷却速度快，而在温度低于 M_s 点区间冷却速度慢，则为热应力型，反之为组织应力型。

因此在选择淬火介质时，不仅要考虑其淬冷烈度，还要考虑其淬火冷却过程中不同温度区间的冷却能力。如此，通过合理选择淬火介质及淬火冷却方法就可控制淬火应力，防止变形和开裂。

3.4.2　淬火变形

（1）变形种类

淬火时工件的变形（淬火变形）形式有两种，一种是工件几何形状的变化，它表现为尺寸及外形的变化，通常称为扭曲或翘曲变形；另一种是体积变化，它表现为工件体积按比例地膨胀或缩小。实际生产过程中工件的变形，多是同时兼有两种情况。前者是淬火工件中热应力和组织应力作用的结果，后者则是组织转变时比容变化而引起的。把组织转变所引起的体积变化称为体积变形，也叫比容差效应。

扭曲变形主要是由于加热时工件在炉内放置不当、淬火前变形校正后没有定型处理、冷却时工件各部分冷却不均匀等原因而产生的。

（2）热应力、组织应力和比容差效应造成的变形趋向

① 热应力引起的变形　热应力引起的变形表现为使工件沿最大尺寸方向收缩，沿最小尺寸方向胀大，即力图使工件的棱角变圆，平面凸起，变得趋于球形，其形状好像一个真空中受内压的容器一样，可以用图 3.28 示意说明。图 3.28（a）为圆柱体的原始形状，带阴影线的部分为表层，其余为心部。如果先假设表层的冷缩不受心部牵制，就得到图 3.28（b）的情况，但事实上表层的冷缩必然受到强度低、塑性高的心部的牵制，如只考虑轴向应力的作用，此时表层受拉应力，而心部受压应力，心部在压应力作用下就会在轴向产生塑性压缩，使截面直径变粗，如图 3.28（c）所示；继续冷却，心部还要继续冷缩，这时整个圆柱体的高度还要进一步变小，直到心部冷却到室温时为止，最后，圆柱体就变成了图 3.28（d）所示的腰鼓形状。

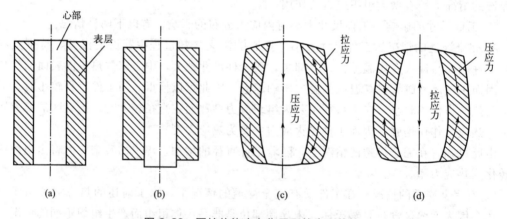

图 3.28　圆柱体热应力作用下的变形趋势

② 组织应力引起的变形　组织应力造成的变形趋向恰好和热应力相反，它表现为工件沿最大尺寸方向伸长，沿最小尺寸方向收缩，力图使工件棱角突出，平面内凹，其外形好像一个承受外压的真空容器一样，可以用图 3.29 示意说明。图 3.29（a）为圆柱体的原始形状，带阴影线的部分为表层，其余为心部。假设表层发生马氏体转变引起体积膨胀而不受心部的牵制，就得到图 3.29（b）的情况，但实际上表层的膨胀必然受到塑性高、强度低的心部的牵制，如果只考虑轴向应力的作用，这时表层受压应力，心部受拉应力，心部在拉应力作用下就会引起塑性伸长，并使截面直径缩小，见图 3.29（c）；继续冷却时，心部还要发生马氏体转变，这时整个圆柱体的高度还有进一步伸长的趋势，直到心部冷却到室温时为止。最后变成如图 3.29（d）所示的长鼓状。

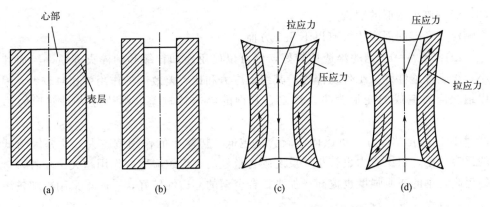

图 3.29　圆柱体组织应力作用下的变形趋势

③ 比容差效应引起的变形　由组织转变引起的比容变化，一般总是使工件的体积在各个方向上均匀地胀大或缩小。不过对带圆（方）孔的工件（尤其是壁厚较薄的）来说，当其体积增大或减小时，往往是高度、外径（外廓）和内径（内腔）等尺寸同时增大或缩小。内径（内腔）尺寸随体积的同步变化主要是由于体积变化时所引起的内腔周边长度的尺寸变化超过了壁厚方向上的尺寸变化所致。

热处理后组织中马氏体量越多，或者马氏体中碳含量越高，其体积胀大就越多；而残余奥氏体量越多，体积胀大就越少。因此热处理时可以通过控制马氏体与残余奥氏体的相对量来控制其体积变化。如果控制得当，则可使体积既不胀大也不缩小。

热应力、组织应力和比容差效应引起的变形可以用图 3.30 归纳说明，它可以作为分析工件变形规律的基本依据。

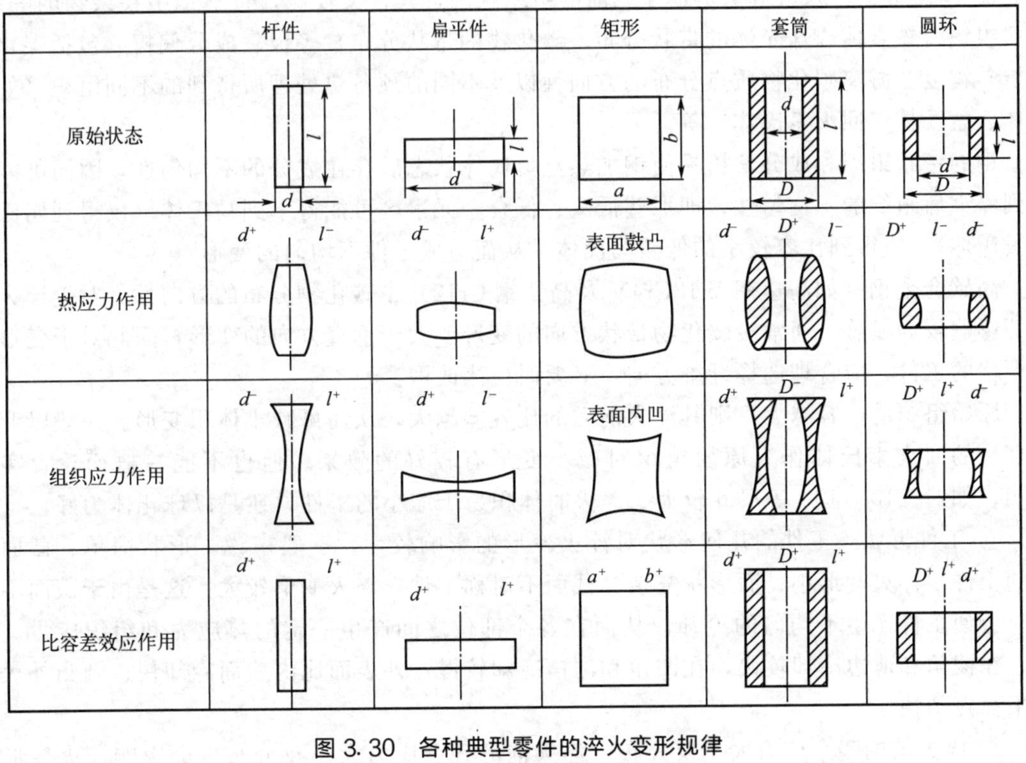

	杆件	扁平件	矩形	套筒	圆环
原始状态	l d	l d	b a	d l D	d D l
热应力作用	d^+ l^-	d^+ l^+	表面鼓凸	d^- D^+ l^-	D^+ l^- d^-
组织应力作用	d^- l^+	d^+ l^-	表面内凹	d^+ D^- l^+	D^+ l^+ d^-
比容差效应作用	d^+ l^+	d^+ l^+	a^+ b^+	d^+ D^+ l^+	D^+ l^+ d^+

图 3.30　各种典型零件的淬火变形规律

（3）影响淬火变形的因素

影响淬火变形的因素主要有以下几个方面：

① 钢的淬透性　若钢的淬透性较好，则可以使用冷却较缓和的淬火介质，因而其热应力较小；再则淬透性好，工件易淬透，其组织应力和比容差效应的作用就相对较大，因而一般是以组织应力造成的变形为主。反之，若钢的淬透性较差，则热应力对变形的作用就较大。

② 奥氏体的化学成分　奥氏体中碳含量越低，热应力的作用就越大，这是因为低碳马氏体的比容较小，组织应力也较小；反之碳含量越高，组织应力的作用越大。随着合金元素含量的提高，钢的屈服强度也提高；加之，合金钢的淬透性较好，一般均采用冷却较缓和的淬火介质，故淬火变形较小。

奥氏体的化学成分影响到 M_s 点的高低。M_s 点的高低对淬火冷却的热应力影响不大，但对组织应力却有很大影响。若 M_s 点较高，则开始发生马氏体转变时工件的温度较高，尚处于较好的塑性状态，因而在组织应力的作用下很容易变形。所以 M_s 点越高，组织应力对变形的影响就越大。如 M_s 点较低，则工件的温度较低而使塑性变形抗力增大，加之残余奥氏体量也较多，所以组织应力对变形的影响就较小，此时工件就易于保留由热应力引起的变形趋向。

③ 淬火加热温度　淬火加热温度提高，不仅使热应力增大，而且由于淬透性增加，也使组织应力增大，故将导致变形增大。

④ 淬火冷却速度　冷却速度越大，则淬火内应力越大，淬火变形也越大。但热应力引起的变形主要取决于 M_s 点以上的冷却速度，组织应力引起的变形主要取决于 M_s 点以下的冷却速度。

⑤ 原始组织　原始组织是指淬火前的组织状态，其含义较广，包括钢中夹杂物的等级、带状组织（铁素体或珠光体的带状分布、碳化物的带状分布）等级、成分偏析（包括碳化物偏析）程度、游离碳化物质点分布的方向性以及不同的预备热处理所得到的不同组织（如珠光体、索氏体、回火索氏体）等。

钢的带状组织和成分偏析易使钢加热至奥氏体状态后存在成分的不均匀性，因而可能影响到淬火后组织的不均匀性，即那些低碳、低合金元素区可能得不到马氏体（仅得到屈氏体或贝氏体），或得到比容较小的低碳马氏体，从而造成工件不均匀的变形。

高碳合金钢（如高速钢 W18Cr4V 及高铬钢 Cr12）中碳化物分布的方向性，对钢淬火变形的影响较为显著，通常沿碳化物带状方向的变形要大于垂直方向的变形，因此对于变形要求严格的工件，应合理选择纤维方向，必要时应当改锻。

原始组织的比容越大，则其淬火前后的比容差越大，从而可减小体积变形。一般以调质处理后的回火索氏体作为原始组织对减小变形有较好的效果。但也不能一概而论，实践表明，如对 T10、T12 等尺寸较大、淬火时体积易于缩小的工件，还是以球化体为好。

⑥ 工件形状　工件的几何形状对淬火变形的影响较大。一般来说，形状简单、截面对称的工件，淬火变形小；而形状复杂、截面不对称工件，淬火变形较大。这是由于截面不对称时会使工件产生不均匀的冷却，从而在各个部位之间产生一定的热应力和组织应力。通常，在棱角和薄边冷却较快，在凹角和沟槽冷却较慢；外表面比内表面冷却快；圆凸外表面比平面冷却快。

⑦ 淬火前的残余应力大小及分布　淬火前的残余应力大小及分布也会影响淬火变形的

程度，例如机械加工、焊接、校直等均能产生残余应力，如果淬火前不进行退火来消除应力，则淬火后变形可能增加。

总之，淬火变形是复杂多变的，影响因素很多，要防止或减小淬火变形必须从多方面入手采取措施。

3.4.3 淬火裂纹

工件冷却时，如其瞬时内应力超过该材料的断裂强度，则将产生淬火裂纹。因此产生淬火裂纹的主要原因是淬火过程中所产生的淬火应力过大。若工件内部存在着非金属夹杂物、碳化物偏析或其他割离金属的粗大第二相，以及由于各种原因存在于工件中的微小裂纹，则这些地方钢材强度减弱。当淬火应力过大时，也将自此而引起淬火裂纹。

实践中，往往根据淬火裂纹特征来判断其产生原因，从而采取措施预防其发生。

（1）淬火裂纹的类型

① 纵向裂纹　又称轴向裂纹，为沿着工件轴向方向由表面裂向心部的深度较大的裂纹，它往往在钢件完全淬透的情况下发生，形状如图 3.31 所示。这往往是由于冷却过快、组织应力过大而形成的。纵向裂纹的形成除了热处理工艺及操作等方面的原因外，原材料中热处理前的既存裂纹、大块非金属夹杂、严重碳化物带状偏析等缺陷，也是不容忽视的原因。因为这些缺陷的存在，既增加了工件内的附加应力，又降低了工件的强度和塑性。在 M_s 点以下尽量缓冷可有效地避免这种裂纹。

② 横向裂纹　横向裂纹常发生于大型轴类零件上，如轧辊、汽轮机转子或其他轴类零件。这类裂纹往往是在工件被部分淬透时，于淬硬层与未淬硬层间的过渡区产生的，如图 3.32 所示。其特征是垂直于轴线方向，由内往外断裂，属于热应力引起。大锻件往往存在着气孔、夹杂物、锻造裂纹和白点等冶金缺陷，这些缺陷作为断裂的起点，在轴向拉应力作用下断裂。

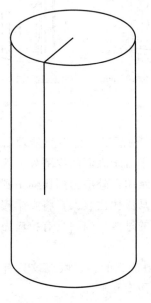

图 3.31　纵向裂纹

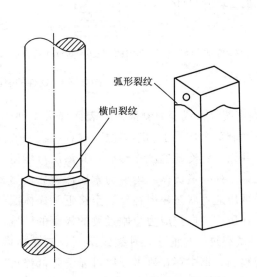

图 3.32　横向裂纹及其中的弧形裂纹

弧形裂纹

横向裂纹

其中弧形裂纹（图 3.32）主要产生于工件内部或尖锐棱角、凹槽及孔洞附近，成弧形分布。当直径或厚度为 80～100mm 的高碳钢制件淬火没有淬透时，表面受压应力，心部受拉应力，在淬硬层至非淬硬层的过渡区，出现最大拉应力，弧形裂纹就发生在这些地区。在尖锐棱角处，冷却速度快，全淬透，在向平缓部位过渡时，同时也向未淬硬区过渡，此处出现最大拉应力区，因此出现弧形裂纹。在销孔或凹槽部位或中心孔附近，冷却速度较慢，相应的淬硬层较薄，在淬硬过渡区附近拉应力也引起弧形裂纹。

③ 表面裂纹（或称网状裂纹）　这是一种分布在工件表面的深度较小的裂纹，其深度一般为 0.01～1.5mm（图 3.33）。裂纹分布方向与工件形状无关，但与裂纹深度有关。裂纹走向具有任意方向性，与工件的外形无关，许多裂纹相互连接构成网状裂纹，分布面积较大。当裂纹变深时，网状逐渐消失；当达到 1mm 以上时，就变成任意走向的或纵向分布的少数条纹了。

裂纹的形成与工件表层受二向拉力有关。当工件表层具有二向拉力且较大，表层又较脆，断裂强度较低时，容易形成这类裂纹。

表面脱碳的高碳钢工件淬火后极易形成表面裂纹。如 GCr15 轴承圈淬火时易形成表面裂纹。这是因为表面脱碳层淬火后，内层马氏体含碳量比表层高，这样表层形成的马氏体与内部的马氏体体积差大，使表面造成很大的多向拉应力。在某些合金钢中，脱碳油淬后便可能形成这种表面裂纹。一些在机械加工中未完全除去脱碳层的工件，在高频淬火或火焰淬火时也会形成表面裂纹。在生产实际中发现，40CrMnMo 锻件毛坯，因加工余量较小，粗加工后，仍留有黑皮（即脱碳层），淬火后在原黑皮处常发现表面裂纹。

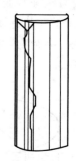

(a) 裂纹深度0.02mm　　(b) 裂纹深度0.4~0.5mm　　(c) 裂纹深度0.6~0.7mm　　(d) 裂纹深度1.0~1.3mm

图 3.33　钢件的表面裂纹

④ 剥离裂纹（或表面剥落）　表面淬火工件淬硬层的剥落以及化学热处理后沿扩散层出现的表面剥落等均属于剥落裂纹。这种裂纹一般产生在平行于表面的皮下处。例如某合金钢经渗碳并以一定冷却速度冷却后，其渗层可能得到以下组织：外层为屈氏体＋碳化物，次层为马氏体＋残余奥氏体，内层为索氏体或屈氏体。由于马氏体比容大，将发生膨胀，故马氏体层呈现压应力状态，但在外层至接近马氏体层的极薄的过渡层内则具有拉应力。剥离裂纹就产生在压应力向拉应力急剧过渡的极薄的区域内。

⑤ 显微裂纹　与前述几种裂纹不同，它是由微观应力造成的。显微裂纹只有在显微镜下才能观察到，钢中存在显微裂纹可显著降低淬火工件的强度和塑性。

（2）影响淬火开裂的因素

① 原材料缺陷　钢中存在白点、缩孔、大块的非金属夹杂物、碳化物偏析（尤其是像

高速钢、高铬钢等莱氏体钢中的碳化物易于出现大块堆积或呈严重带状、网状偏析）等，都可能破坏钢的基体的连续性，并造成应力集中，故均可能为裂纹的根源，机械加工留下的较深刀痕也有此影响。

② 锻造缺陷　如工件锻造不当，可能引起锻造裂纹，并在淬火时扩大。若淬火前已存在裂纹，淬火后在显微镜下观察时则往往可发现在裂纹两侧有较严重的脱碳现象，这是由于锻造和淬火加热所引起的；同时锻造裂纹内往往还有大量氧化物夹杂，这些都是分析判断锻造裂纹的依据。

③ 热处理工艺不当　淬火和回火工艺不当都会产生裂纹。

a. 加热温度过高，奥氏体晶粒将粗化，使淬火后马氏体也粗大，以致其脆性显著增大，易于产生淬火裂纹。

b. 加热速度过快或工件各部分的加热速度不均匀时，对于导热性差的高合金钢或形状复杂、尺寸较大的工件，很容易产生裂纹。

c. 在 M_s 点以下冷却过快时，很容易引起开裂，尤其是对高碳钢来说更为明显。例如，T8 钢采用水-油淬时，如在水中停留时间过久，使马氏体在快冷条件下形成，将很容易造成开裂。

d. 回火温度过低、回火时间过短或淬火后未及时回火，都可能引起工件的开裂。这是因为奥氏体向马氏体的转变在淬火后的一段时间内还可能继续进行，组织应力仍在不断增加，并且淬火后内应力还在不断地重新分布，可能会在某些危险断面处造成应力集中。因此对于大型工件，不仅淬火后需充分回火（消除内应力），而且回火后出炉温度最好不高于 150℃，并用覆盖保温的办法使其缓慢冷却到室温。

（3）减少淬火变形和防止淬火开裂的措施

根据以上分析，可概略地提出以下减少淬火变形和防止淬火开裂的措施。

① 正确选择材料和合理设计工件形状　对于形状复杂、截面尺寸悬殊的工件最好选用淬透性较好的合金钢，使之能在缓冷的淬火介质中冷却，以减小内应力。对形状复杂且精度要求较高的模具、量具等，可选用低变形钢（如 CrWMn、Cr12MoV 等）并分级或等温淬火。

在进行工件形状设计时应尽量避免截面厚薄悬殊、避免薄边尖角；在零件厚薄交界处尽可能平滑过渡，尽量降低轴类零件的长度和直径的比；对较大型工件，宜采用分离镶拼结构，以及尽量创造在热处理后仍能进行机械加工修整变形的条件。

② 正确地锻造和预备热处理　钢材中往往存在一些冶金缺陷，如疏松、夹杂、偏析、带状组织等，它们极易使工件在淬火时引起开裂和无规则变形，故必须对钢材进行锻造，以改善其组织。

锻造毛坯应通过适当的预备热处理（如正火、退火、调质处理、球化处理等）来获得满意的组织，以适应机械加工和最终热处理的要求。

对于某些形状复杂、精度要求较高的工件，在粗加工与精加工之间或淬火之前，还要进行消除应力退火。

③ 采用合适的热处理工艺　应尽量做到加热均匀，以减小加热时的热应力；对大型锻模及高速钢或高合金钢工件，应采用预热。

选择合适的淬火加热温度，一般情况下应尽量选择淬火的下限温度。但有时为了调整残余奥氏体量以达到控制变形量的目的，也可把淬火加热温度适当提高。

应正确选择淬火介质和淬火方法。在满足性能要求的前提下，应选用较缓和的淬火介质，或采用分级淬火、等温淬火等方法。在 M_s 点以下要缓慢冷却。此外，从分级浴槽中取出空冷时，必须冷却到 40℃ 以下才允许清洗，否则也易开裂。

淬火后必须及时回火，尤其是对形状复杂的高碳合金钢工件更应该特别注意。

④ 合理的热处理操作　重视热处理操作中的每一道辅助工序如堵孔、绑扎、吊挂、装炉等，以保证工件获得均匀的加热和冷却；并避免在加热时因自重而引起变形。

⑤ 使用压床淬火　对于一些薄壁圈类零件、薄板零件、形状复杂的凸轮盘和伞齿轮等，在自由状态冷却时，很难保证尺寸精度的要求。为此，可采用压床淬火，亦即将零件置于一些专用的压床模具中，在一定的压力下进行冷却（喷油或喷水），这样可保证零件的变形符合要求。

3.5　淬火工艺

淬火工艺规范包括淬火加热方式、加热温度、加热时间，及淬火介质和淬火方法等。

确定工件淬火规范的依据是工件图纸及技术要求、所用材料牌号、相变点及过冷奥氏体等温或连续冷却转变曲线、端淬曲线、加工工艺路线及淬火前的原始组织等。只有充分掌握这些原始材料，才能正确地制定淬火工艺规范。

3.5.1　淬火加热方式及加热温度的确定

（1）淬火加热方式

淬火一般是最终热处理工序。因此，应采用保护气氛加热或盐炉加热，只有一些毛坯或棒料的调质处理（淬火、高温回火）可以在普通空气介质中加热，因为调质处理后尚需机械切削加工，可以除去表面氧化、脱碳等加热缺陷。但是随着少无切削加工的发展，调质处理后仅是一些切削加工量很小的精加工，因而也要求无氧化，脱碳加热。

淬火加热一般是热炉装料。但对工件尺寸较大、几何形状复杂的高合金钢制工件，应该根据生产批量的大小，采用预热炉（周期作业）预热，或分区（连续炉）加热等方式进行加热。

（2）淬火加热温度

淬火加热温度的选择应以得到均匀细小的奥氏体晶粒为原则，以便淬火后得到细小的马氏体组织。淬火加热温度，主要根据钢的相变点来确定。对亚共析钢，一般选用淬火加热温度为 A_{c3} 以上 30～50℃，过共析钢则为 A_{c1} 以上 30～50℃。亚共析钢淬火加热温度若在 A_{c1}～A_{c3} 之间，淬火组织中除马氏体外，还保留一部分铁素体，使淬火后钢的强度、硬度降低。但淬火温度亦不能超过 A_{c3} 过多，以防止奥氏体晶粒粗化，淬火后获得粗大的马氏体。比 A_{c3} 点高 30～50℃ 的目的是使工件心部在规定加热时间内保证达到 A_{c3} 点以上的温度，铁素体能完全溶解于奥氏体中，奥氏体成分比较均匀，而奥氏体晶粒又不至于粗大。对于低碳钢、低碳低合金钢，如果采用加热温度略低于 A_{c3} 的亚温淬火，获得铁素体＋马氏体（5%～20%）双相组织，则既可保证钢具有一定强度，又可保证钢具备良好的塑性、韧性和冲压成型性。

对过共析钢来说，淬火加热温度在 A_{c1}～A_{c3} 之间时，加热状态为细小奥氏体晶粒和未溶解碳化物，淬火后得到隐晶马氏体和均匀分布的球状碳化物。这种组织不仅有高的强度和硬度、高的耐磨性，而且也有较好的韧性。淬火加热温度不能过高，首先，过共析钢淬火加热温度超过 A_{ccm} 时，碳化物将全部溶入奥氏体中，使奥氏体中的含碳量增加，降低钢的 M_s 和 M_f 点，淬火后残余奥氏体量增多，会降低钢的硬度和耐磨性；其次，淬火加热温度过高，奥氏体晶粒粗化，含碳量又高，淬火后易得到含有显微裂纹的粗片状马氏体，使钢的脆性增大；此外，高温加热下，淬火应力大，氧化脱碳严重，也会增大钢件变形和开裂倾向；最后，加热温度高，还会缩短炉子的使用寿命。

对于低合金钢，淬火温度亦应根据临界点 A_{c1} 或 A_{c3} 确定，考虑合金元素的作用，为了加速奥氏体化，淬火温度可偏高一些，一般为 A_{c3}（A_{c1}）以上 50～100℃。高合金工具钢含较多强碳化物形成元素，奥氏体晶粒粗化温度高，则可采取更高的淬火加热温度。含碳、锰量较高的本质粗晶粒钢则应采用较低的淬火温度，以防止奥氏体晶粒粗化。

确定淬火加热温度时，还应考虑工件的形状、尺寸、原始组织、加热速度、淬火介质和淬火方式等因素。

在工件尺寸大、加热速度快的情况下，淬火温度可选得高一些。因为工件大，传热慢，容易加热不足，所以淬火后得不到全部马氏体或淬硬层减薄。加热速度快，工件温差大，也容易出现加热不足。另外，加热速度快，起始晶粒细，也允许采用较高加热温度。在这种情况下，淬火温度可取 A_{c3} 以上 50～80℃，对细晶粒钢有时高于 A_{c3} 以上 100℃。对于形状较复杂、容易变形开裂的工件，加热速度较慢，淬火温度取下限。

考虑原始组织时，如先共析铁素体比较大，或珠光体片间距较大，为了加速奥氏体均匀化过程，淬火温度取得高一些。对过共析钢为了加速合金碳化物的溶解，以及合金元素的均匀化，也应采取较高的淬火温度。例如高速钢的 A_{c1} 点为 820～840℃，淬火加热温度高达 1280℃。

考虑选用淬火介质和淬火方式时，在选用冷却速度较低的淬火介质和淬火方法的情况下，为了增加过冷奥氏体的稳定性，防止由于冷却速度较低而使工件在淬火时发生珠光体型转变，常取稍高的淬火加热温度。

在实际生产中选择淬火加热温度时，除必须遵循上述一般原则外，还允许根据一些具体情况，适当地作些调整。例如：①如欲增大淬透层深度，可适当提高淬火温度；在进行等温淬火或分级淬火时也常常采取这种措施，因为热浴的冷却能力较低，这样做有利于保证工件淬硬（如 T10 钢制件，用水或盐水淬火，其淬火温度为 760～780℃，而采用硝盐浴分级淬火，常选为 800～820℃）。②如欲减少淬火变形，淬火温度应适当降低；当采用淬火能力较强的淬火介质时，为减少变形，也应这样做（如水淬时应比油淬的淬火温度低 10～20℃）。③当原材料有较严重的带状组织时，淬火温度应适当提高。④高碳钢的原始组织为片状珠光体时，淬火温度应适当降低（尤其是共析钢），因其片状渗碳体比球化体中的渗碳体更易于溶入奥氏体中。⑤尺寸小的工件，淬火温度应适当降低，因为小工件加热快，如淬火温度高，可能在棱角等处会引起过热。⑥对于形状复杂、容易变形或开裂的工件，应在保证性能前提下尽可能采用较低淬火温度。

3.5.2 淬火加热时间的确定

淬火加热时间应包括工件整个截面加热到预定淬火温度，并使之在该温度下完成组织转变、碳化物溶解和奥氏体成分均匀化所需的时间。因此，淬火加热时间包括升温和保温两段时间。在实际生产中，只有大型工件或装炉量很多情况下，才把升温时间和保温时间分别进行考虑。一般情况下把升温和保温两段时间统称为淬火加热时间。

当把升温时间和保温时间分别考虑时，由于淬火温度高于相变温度，所以升温时间包括相变重结晶时间，保温时间实际上只要考虑碳化物溶解和奥氏体成分均匀化所需时间即可。

淬火加热时间通常按照工件的最大厚度或者条件厚度（二者统称为计算厚度）来确定。最大厚度是指零件最厚截面的尺寸或叠放零件的总厚度，二者取其最大者；条件厚度是指零件的实际厚度乘以形状系数。

在具体生产条件下，淬火加热时间常用经验公式计算，通过试验最终确定。常用经验公式是

$$t = \alpha K D$$

式中，t 为淬火加热时间，min；α 为加热系数，min/mm；K 为装炉量修正系数；D 为零件有效厚度，mm。

加热系数 α 表示工件单位厚度需要的加热时间，其大小与工件尺寸、加热介质和钢的化学成分有关，见表 3.4。

表 3.4　常见钢的加热系数

工件材料	工件直径/mm	加热系数			
		<600℃箱式炉中加热	750～800℃盐炉中加热或预热	800～900℃箱式炉或井式炉中加热	1000～1300℃高温盐炉中加热
碳钢	≤50	—	0.3～0.4	1.0～1.2	—
	>50		0.4～0.5	1.2～1.5	
合金钢	≤50		0.45～0.50	1.2～1.5	1.5～1.8
	>50		0.50～0.55		
高合金钢	—	0.3～0.4	0.30～0.35	—	0.17～0.2
高速钢			0.30～0.35		0.16～0.18
			0.65～0.85		0.16～0.18

装炉量修正系数 K 是考虑装炉的多少而确定的，装炉量大时，K 值也应取得较大，一般由试验确定。工件有效厚度 D 的计算，可按下述原则确定：圆形截面取直径，正方形截面取边长，长方形截面取短边长，板件取板厚，套筒类工件取壁厚，圆锥体取距锥顶 2/3 高度处直径，球体取球径的 3/5 作为有效厚度 D。

影响保温时间的因素很多，主要有以下几点。

（1）钢的成分

钢中碳含量和合金元素含量增多，将使钢的导热性下降，故保温时间应增加；另外，由于合金元素比碳扩散慢，会显著延缓钢中的组织转变，故在实际生产中，高碳钢比低碳钢、合金钢比碳素钢、高合金钢比低合金钢的保温时间要长些。

（2）工件的形状和尺寸

对相同材料与形状的工件，当加热条件相同时，保温时间将随其有效厚度 D 的增大而延长，另外对于形状复杂或尺寸较大的碳素工具钢及合金工具钢，常在淬火加热前采用预热，以消除残余应力，缩短高温下保温时间以减轻氧化和脱碳及过热倾向。对碳钢及一般合

金钢，往往采取一次预热，其预热温度为 550～650℃；对高合金钢（如高速钢），往往采取两次预热，第一次为 600～650℃，第二次为 800～850℃。

（3）加热介质

不同加热介质的加热速度不同，因而保温时间也不相同。在一般生产中，铅浴炉加热速度最快，盐浴炉次之，空气电阻炉最慢。当其他条件相同时，三者的保温时间之比大致为 2：3：6。

（4）装炉情况

工件在炉中的放置及排列情况对其受热条件有明显影响，故装炉情况不同，其保温时间也不同。

（5）炉温

提高炉温，可缩短加热保温时间。快速加热已在生产上得到应用。该法是将工件放入比正常加热温度高约 100℃ 的炉中进行加热；为防止过热，须严格控制加热保温时间。

3.5.3 淬火介质及淬入方式的选择原则

（1）淬火介质的选择原则

淬火介质的选择，首先应按工件所采用的材料及其淬透层深度的要求，根据该种材料的端淬曲线，通过一定的图表来进行选择。其选择方法已在本章 3.3 节讲述。若仅从淬透层深度角度考虑，凡是淬冷烈度大于按淬透层深度所要求的淬冷烈度的淬火介质都可采用。但是从淬火应力变形开裂的角度考虑，淬火介质的淬冷烈度愈低愈好。综合这两方面的要求，选择淬火介质的第一个原则应是在满足工件淬透层深度要求的前提下，选择淬冷烈度最低的淬火介质。

结合过冷奥氏体连续冷却转变曲线及淬火本质选择淬火介质时，还应考虑其冷却特性，即淬火介质应作如下选择：在过冷奥氏体最不稳定区有足够的冷却能力，而在马氏体转变区其冷却速度却又很缓慢。

此外，淬火介质的冷却特性在使用过程中应该稳定，长期使用和存放不易变质，价格低廉，且无毒及无环境污染。

实际上很难得到能同时满足上述这些要求的淬火介质。在实践中，往往把淬火介质的选择与淬火方法的确定结合起来考虑。

（2）淬入方式的选择原则及淬入方法

淬火的方法甚多，为了保证产品质量，除应选择正确的淬火方法外，还要注意选用合适的淬入方式，其基本原则是：首先，淬入时应保证工件得到最均匀的冷却；其次，应以最小阻力方向淬入；此外，还应考虑工件的重心稳定。图 3.34 为上述原则具体化示例。

一般来说，工件淬入淬火介质时应采用下述操作方法：①厚薄不均的工件，厚的部分先淬入；②细长工件一般应垂直淬入；③薄而平的工件应侧放立着淬入；④薄壁环状零件应沿其轴线方向淬入；⑤具有闭腔或盲孔的工件应使腔口或孔向上淬入；⑥截面不对称的工件应以一定角度斜着淬入，以使其冷却比较均匀。

3.5.4 淬火方法及其应用

目前常用的淬火方法主要有以下几种。

（1）单液（直接）淬火法

它是最简单的淬火方法，是将加热至奥氏体状态的工件放入某种淬火介质中，连续冷却

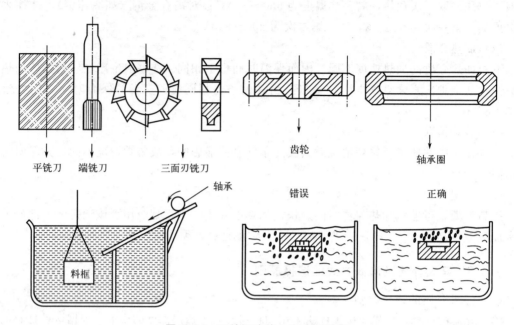

图 3.34 工件正确淬入方式示意图

至介质温度的淬火方法，见图 3.35（a）。这种方法常用于形状简单的碳钢和合金钢工件。对碳钢而言，直径大于 3～5mm 的工件应于水中淬火，更小的可在油中淬火。对各种牌号的合金钢，则以油为常用淬火介质。

由过冷奥氏体转变（等温或连续冷却）动力学曲线看出，过冷奥氏体在 A_1 点附近的温度区是比较稳定的。为了减小工件与淬火介质之间的温差，减小内应力，可以把欲淬火工件在淬入淬火介质之前先空冷一段时间，这种方法叫预冷淬火法。

（2）中断淬火法（双液淬火法）

该种方法是把加热到淬火温度的工件，先在冷却能力强的淬火介质中冷却至接近 M_s 点，然后转入慢冷的淬火介质中冷却至室温，以达到不同淬火冷却温度区间，并有比较理想的淬火冷却速度，见图 3.35（b）。这样既能保证获得较高的硬度和较大的淬透层深度又可降低内应力及防止发生淬火开裂。一般用水作快冷淬火介质，用油或空气作慢冷淬火介质，但较少采用空气。

中断淬火法的关键是控制工件的水冷时间。据经验总结，碳钢工件厚度在 5～30mm 时，其水冷时间可按每 3～4mm 厚度冷却 1s 来估算；对于形状复杂的或合金钢工件，水冷时间应减少到每 4～5mm 厚度冷却 1s。

这种方法的缺点是：对于各种工件很难确定其应在快冷介质中停留的时间，而对于同种工件，这时间也难控制。在水中冷却时间过长，将使工件某些部分冷却到马氏体点以下，发生马氏体转变，结果可能导致变形和开裂。反之，如果在水中停留的时间不够，工件尚未冷却到低于奥氏体最不稳定的温度，会发生珠光体型转变，导致淬火硬度不足。

此外，还应考虑：当工件自水中取出后，由于心部温度总是高于表面温度，若取出过早，心部储存的热量过多，将会阻止表面冷却，使表面温度回升，致使已淬成的马氏体回火，未转变的奥氏体发生珠光体或贝氏体转变。

由于迄今仍未找到兼有水、油优点的淬火介质，所以尽管这种方法在水中保持的时间较难确定和控制，但对只能在水中淬硬的碳素工具钢仍多采用此法。当然，这要求淬火操作者有足够熟练的技术。

中断淬火法也可以另种方式进行，即把工件从奥氏体化温度直接淬入水中，保持一定时间后取出，在空气中停留，心部热量的外传使表面又被加热回火，同时沿工件截面温差减小，然后再将工件淬入水中保持很短时间，再取出在空气中停留，如此往复数次，最后在油中或空气中冷却。这种方法主要用于碳钢制的大型工件，以降低在水中淬火时的内应力。显然这种方法不能得到很高的硬度。

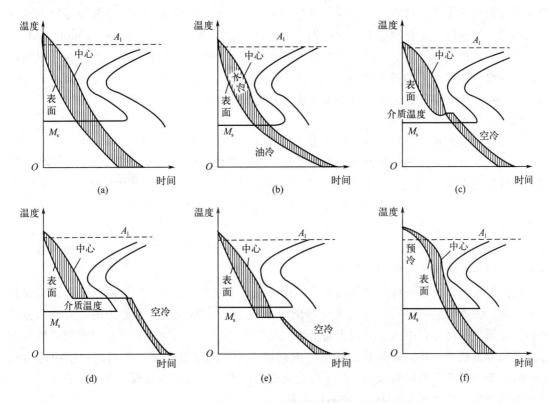

图 3.35　各种淬火方法示意图

（a）单液淬火法；（b）双液淬火法；（c）分级淬火法；

（d）贝氏体等温淬火法；（e）马氏体等温淬火法；（f）预冷淬火法

（3）分级淬火法

把工件由奥氏体化温度淬入高于该种钢马氏体开始转变温度的淬火介质中，在其中冷却直至工件各部分温度达到淬火介质的温度，然后缓冷至室温，发生马氏体转变，见图 3.35（c）。这种方法不仅降低了热应力，而且由于马氏体转变前，工件各部分温度已趋于均匀，因而马氏体转变的不同时现象也减少。

分级淬火只适用于尺寸较小的工件，对于较大的工件，由于冷却介质的温度较高，工件冷却较缓慢，因而很难达到其临界淬火速度。

某些临界淬火速度较小的合金钢没有必要采用此法，因为在油中淬火也不会造成很大内应力；反之，若采用分级淬火来代替油淬，其生产效率并不能显著提高。

淬火介质的温度可高于或略低于马氏体点，当低于马氏体点时，由于温度比较低，冷却较剧烈，故可用于较大工件的淬火。各种碳素工具钢和合金工具钢（$M_s = 200 \sim 250℃$）淬火时，分级温度选择在 250℃ 附近，但更经常选用 $120 \sim 150℃$，甚至 100℃。

分级温度选在低于 M_s 点时，是否还称为分级淬火，尚有待商榷。因为一般分级淬火的概念是在分级温度等温后，取出缓冷时才发生马氏体转变，但在低于 M_s 点的温度等温后已发生了大量马氏体转变。分级保持时间应短于在该分级温度下奥氏体等温分解的孕育期，但应尽量使工件内外强度均匀。

分级后处于奥氏体状态的工件，具有较大的塑性（相变超塑性），因而创造了进行工件的校直和校正的条件，这对工具来说具有特别重要的意义，因而高于 M_s 点分级温度的分级淬火，广泛地应用于工具制造业。对碳钢来说，这种分级淬火适用于直径 $8 \sim 10 \text{mm}$ 工具。

若分级淬火温度低于 M_s 点，因工件自淬火剂中取出时，已有一部分奥氏体转变成马氏体，上述奥氏体状态下的校直不能采用。但这种方法用于尺寸较大的工件（碳钢工具可达 $10 \sim 15 \text{mm}$ 直径）时不引起应力及淬火裂纹，故仍被广泛采用。

（4）等温淬火法

等温淬火有两种，分别为贝氏体等温淬火和马氏体等温淬火。

贝氏体等温淬火是将工件加热奥氏体化后，在下贝氏体转变温度区间（$400 \sim 250℃$）等温，然后取出空冷，使奥氏体转变为以下贝氏体为主要组织的淬火工艺，见图 3.35（d）。该方法的特点是保持较高强度的同时还具有较好的韧性，同时淬火变形也小。这是由于等温停留可显著减小热应力和组织应力，并且贝氏体的比体积小，淬火后残留奥氏体的数量较多。由于下贝氏体转变的不完全性，空冷到室温后往往获得以下贝氏体为主兼有相当数量的淬火马氏体与残留奥氏体的混合组织。

马氏体等温淬火法是将工件加热奥氏体化后，置于温度稍低于 M_s 点的淬火介质中保持一定时间，使钢发生部分马氏体转变，取出空冷，见图 3.35（e）。该工艺先形成的部分马氏体，在等温保持过程中转变为回火马氏体，使产生的组织应力减小，等温过程使工件各部分温度基本上趋于一致，在随后空冷时，继续形成的马氏体量不多，所引起的组织应力较小，因此变形和开裂的倾向很小，故又称为无变形淬火法。马氏体等温淬火常用于处理一些尺寸要求严格，而硬度在 60HRC 左右的工具。

（5）预冷淬火法

预冷淬火是将工件奥氏体化后先在空气中（或其他缓冷介质中）预冷一定时间，使工件的温度降低一些，再置于淬火介质中冷却的一种淬火方法，见图 3.35（f）。预冷的作用是减小工件各部分的温差，从而减少淬火变形和开裂的倾向，适用于厚薄差异较大的零件。掌握预冷的时间（指工件从炉中取出到淬火前停留的时间）是正确实施这种工艺的关键，一般根据经验来确定。

（6）喷射淬火法

这种方法就是向工件喷射水流的淬火方法。水流可大可小，视所要求的淬火深度而定。用这种方法淬火不会在工件表面形成蒸汽膜，这样就能够保证得到比普通水中淬火更深的淬硬层。为了消除因水流之间冷却能力不同所造成的冷却不均匀现象，水流应细密，最好工件同时做上下运动或旋转。这种方法主要用于局部淬火。用于局部淬火时，因未经水冷的部分冷却较慢，为了避免已淬火部分受未淬火部分残留热量的影响，工件一旦变为全黑，立即将整个工件淬入水中或油中。

3.5.5　冷处理

冷处理是将淬火后已冷却到室温的工件继续深冷至零下温度，使淬火后保留下来的残余奥氏体继续向马氏体转变，以达到减少或消除残余奥氏体的目的。冷处理主要适用于一些对精度要求高的高碳合金工具钢和经渗碳或碳氮共渗的结构钢零件，用来保证尺寸稳定性或提高硬度和耐磨性。

20 世纪 30 年代，人们发现将工具在阿尔卑斯雪山上放置一段时间后比较好用，并且用的时间更长。美国研究人员于 1965 年发现深冷处理可以使工模具刀具耐磨性增加，日本、德国等国诸多学者也相继开展了冷处理技术的研究工作，20 世纪 70 年代，美国在工模具、刀剪、量具上开始应用冷处理工艺，大范围应用是在 20 世纪 80 年代，目前美国和欧洲地区的模具、刀剪等行业已经普遍应用，并且有很多专业冷处理加工厂，利用现成的工艺为客户进行冷处理。瑞士军刀和吉列公司的剃须刀片均进行过冷处理。

吉列公司为了让剃须刀片变得坚韧且锋利，继续进行了几轮热处理。先将刀片放入热处理炉内进行加热，再放入冷水中淬火，还需要在低于 $-50℃$ 的温度下进行深冷处理，后再次对刀片进行加热，不断重复，剃须刀片就会变得锋利无比。

生产中常用的冷处理介质为干冰（固体 CO_2）＋酒精和液氮，其温度可达 $-78℃$ 和 $-195.8℃$，有时也用液氧（$-183℃$）和液氢（$-252.5℃$），也可用制冷机进行冷处理。常用冷处理介质及达到的温度见表 3.5 所示。需要注意的是冷处理应在淬火后及时进行。

表 3.5　冷处理介质及达到的温度

冷处理介质	达到的温度/℃
25％NaCl＋75％冰	-21.3
20％NH_4Cl＋75％冰	-15.4
干冰＋酒精	-78
液氧	-183
液氮	-195.2
液氢	-252.8

3.6　钢的回火

3.6.1　回火的定义与目的

回火是将淬火后的钢在 A_{c1} 以下温度加热，使其转变为稳定的回火组织，并以适当速度冷却到室温的过程。当钢全淬成马氏体再加热回火时，按其随着回火温度升高，内部组织结构的变化，分四个阶段进行：马氏体的分解，残余奥氏体的转变，碳化物的转变，α 相状态的变化及碳化物的聚集长大。

回火的目的是降低或消除淬火应力，提高韧性和塑性，获得硬度、强度、塑性和韧性的适当配合，以满足不同工件的性能要求。

3.6.2 回火工艺的选择与制订

解决回火工艺的选择与制订问题，必须了解淬火钢回火时的组织结构及性能的变化规律，其中包括回火脆性的问题。选择回火温度时，应避免选择第一类回火脆性的温度区间，而对具有第二类回火脆性的钢，应采取措施，抑制其出现。

（1）回火温度的选择和确定

工件回火后的硬度主要取决于回火温度，而回火温度的选择和确定主要取决于工件使用性能、技术要求、钢种及淬火状态。为了讲述方便，以下按回火温度区间来叙述这一问题。

① 低温回火（<250℃）　低温回火一般用于以下几种情况：

a. 工具、量具的回火。一般工具、量具要求硬度高、耐磨，有足够的强度和韧性。此外，如滚动轴承，除了上述要求外，还要求有高的接触疲劳强度，从而有高的使用寿命。对这些工具、量具和机器零件一般均用碳素工具钢或低合金工具钢制造，淬火后具有较高的强度和硬度。其淬火组织主要为韧性极差的孪晶马氏体，有较大的淬火内应力和较多的微裂纹，故应及时回火。这类钢一般采用180~200℃的温度回火，因为在200℃回火能使孪晶马氏体中过饱和固溶的碳原子沉淀析出弥散分布的ε碳化物，既可提高钢的韧性，又能保持钢的硬度、强度和耐磨性。而且在200℃回火后，大部分微裂纹已经焊合，可大大减轻工件脆裂倾向。低温回火以后得到隐晶回火马氏体及在其上分布的均匀细小的碳化物颗粒，硬度为61~65HRC。对高碳轴承钢，例如GCr15、GSiMnV等钢通常采用155~165℃的低温回火，可保证一定硬度条件下有较好的综合力学性能及尺寸稳定性。对有些精密轴承，为了进一步减少残余奥氏体量以保持工作条件下尺寸和性能稳定性，采用较高温度（200~250℃）和较长回火时间（约8h）的低温回火来代替冷处理，能取得良好效果。

b. 精密量具和高精度配合的结构零件。在淬火后进行120~150℃（12h，甚至几十小时）回火，目的是稳定组织及最大限度地减少内应力，从而使尺寸稳定。为了消除加工应力，多次研磨，还要多次回火。这种低温回火，常被称作时效。

c. 低碳马氏体的低温回火。低碳位错型马氏体具有较高的强度和韧性，经低温回火后，可以减少内应力，进一步提高强度和塑性。因此，低碳钢淬火以获得板条（位错型）马氏体为目的，淬火后均经低温回火。

d. 渗碳钢淬火回火。渗碳淬火工件要求表面具有高碳钢性能和心部具有低碳马氏体的性能。这两种情况都要求低温回火，一般回火温度不超过200℃。这样，其表面具有高的硬度和耐磨性，而心部具有高的强度，良好的塑性和韧性。

② 中温回火（350~500℃）　主要用于处理弹簧钢。回火后得到回火屈氏体组织。中温回火相当于一般碳钢及低合金钢回火的第三阶段温度区。此时，碳化物已经开始集聚，基体也开始恢复，第二类内应力趋于基本消失，因而有较高的弹性极限，又有较高的塑性和韧性。

应该根据所采用的钢种选择回火温度以获得最高弹性极限，以及与疲劳极限的良好配合。例如65钢，在380℃回火，可得最高弹性极限；而55SiMn在480℃回火，可获得疲劳极限、弹性极限及强度与韧性的良好配合。为了避免第一类回火脆性，不应采用在300℃左右的温度下回火。

③ 高温回火（＞500℃）　在这一温度区间回火的工件，常见的有如下几类：

a. 调质处理。即淬火加高温回火，以获得回火索氏体组织。这种处理称为调质处理，主要用于中碳碳素结构钢或低合金结构钢以获得良好的综合力学性能。一般调质处理的回火温度达600℃以上。

与正火处理相比，钢经调质处理后，在硬度相同条件下，钢的屈服强度、韧性和塑性明显地提高。

一般中碳钢及中碳低合金钢的淬透性有限，在调质处理淬火时常不能完全淬透。因此，在高温回火时，实际上为混合组织的回火。非马氏体组织在回火加热时仍发生变化，仅其组织转变速度比马氏体慢。这变化对片状珠光体来说，就是其中的渗碳体片球化。众所周知，在单位体积内渗碳体相界面积相同的情况下，球状珠光体的综合力学性能优于片状珠光体的，因此对未淬透部分来说，经高温回火后其综合力学性能也应高于正火的。调质处理一般用于发动机曲轴、连杆、连杆螺栓、汽车拖拉机半轴、机床主轴及齿轮等要求具有综合力学性能的零件。

b. 二次硬化型钢的回火。对一些具有二次硬化作用的高合金钢，如高速钢等，在淬火以后，需要利用高温回火来获得二次硬化的效果。从产生二次硬化的原因考虑，二次硬化必须在一定温度和时间条件下发生，因此有一最佳回火温度范围，此需视具体钢种而定。

c. 高合金渗碳钢的回火。高合金渗碳钢渗碳以后，由于其奥氏体非常稳定，即使在缓慢冷却条件下，也会转变成马氏体，并存在着大量残余奥氏体。渗碳后进行高温回火的目的是使马氏体和残余奥氏体分解，使渗碳层中的一部分碳和合金元素以碳化物形式析出，并集聚球化，得到回火索氏体组织，使钢的硬度降低，便于切削加工，同时还可减少后续淬火工序淬火后渗层中的残余奥氏体量。

高合金钢渗碳层中残余奥氏体的分解可以按两种方式进行：

一种是按奥氏体分解成珠光体的形式进行，此时回火温度应选择在珠光体转变碳曲线的"鼻部"温度以上，以缩短回火时间，例如20Cr2Ni4钢渗碳后在600～680℃温度进行回火；另一种是以二次淬火的方式使残余奥氏体转变成马氏体，例如18Cr2Ni4WA钢。因为18Cr2Ni4WA钢没有珠光体转变，故其残余奥氏体不能以珠光体转变的方式分解。此时若考虑残余奥氏体的转变，应该选用有利于促进马氏体转变的温度回火。

（2）回火时间的确定

回火时间应包括按工件截面均匀地达到回火温度所需的加热时间，以及按回火程度 M 参数达到要求回火硬度完成组织转变所需的时间，如果考虑内应力的消除，则尚应考虑不同回火温度下应力弛豫所需要的时间。M 参数表示回火温度和时间对回火程度的综合影响。

加热至回火温度所需的时间，可按前述加热计算的方法进行计算。

对达到所要求的硬度需要回火时间的计算，从 M 参数出发，对不同钢种可得出不同的计算公式。例如对50钢，回火后硬度与回火温度及时间的关系为

$$HRC = 75 - 7.5 \times 10^{-3} \times (\lg t + 11)\, T$$

对40CrNiMo的关系为

$$HRC = 60 - 4 \times 10^{-3} \times (\lg t + 11)\, T$$

式中，HRC为回火后所达到的硬度值；t 为回火时间，h；T 为回火温度，℃。

对以应力弛豫为主的低温回火时间长的可达几十小时。对二次硬化型高合金钢，其回火时间应根据碳化物转变过程通过试验确定。当含有较多残余奥氏体，而靠二次淬火消除时，

还应确定回火次数。例如 W18Cr4V 高速钢，为了使残余奥氏体充分转变成马氏体及消除残余应力，除了按二次硬化最佳温度回火外，还需进行三次回火。

高合金渗碳钢渗碳后，消除残余奥氏体的高温回火保温时间应该根据过冷奥氏体等温转变动力学曲线确定。如 20Cr2Ni4 钢渗碳后，高温回火时间约为 8h。

（3）回火后的冷却

回火后工件一般在空气中冷却。对于一些工模具，回火后不允许水冷，以防止开裂。对于具有第二类回火脆性的钢件，回火后应进行油冷，以抑制回火脆性。对于性能要求较高的工件，在防止开裂条件下，可进行油冷或水冷，然后进行一次低温补充回火，以消除快冷产生的内应力。

3.7 淬火新工艺的发展与应用

在长期的生产实践和科学试验中，人们对金属内部组织状态变化规律的认识不断深入。特别是从 20 世纪 60 年代以来，得益于透射电镜和电子衍射技术的应用，各种测试技术的不断完善，在马氏体形态、亚结构及其与力学性能的关系，获得不同形态及亚结构的马氏体的条件，第二相的形态、大小、数量及分布对力学性能影响等方面，都取得了很大的进展。建立在这些基础上的淬火新工艺也层出不穷，择要简述如下。

3.7.1 循环快速加热淬火

淬火、回火钢的强度与奥氏体晶粒大小有关，晶粒愈细，强度愈高，因而如何获得大于 10 级晶粒度的超细晶粒是提高钢的强度的重要途径之一。通过 α→γ→α 多次相变重结晶可使晶粒不断细化；提高加热速度，增多结晶中心也可使晶粒细化。循环快速加热淬火即为根据这个原理获得超细晶粒从而达到强化的新工艺。例如 45 钢，在 815℃ 的铅浴中反复加热淬火 4～5 次，可使奥氏体晶粒由 6 级细化到 12～15 级（图 3.36）；又如 20CrNi9Mo 钢，用 3000Hz、200kW 中频感应加热装置以 11℃/s 的速度加热到 760℃，然后水淬，使 σ_s 由 960MPa 增加到 1215MPa，σ_b 由 1107MPa，增加到 1274MPa，而延伸率保持不变，均为 18%。

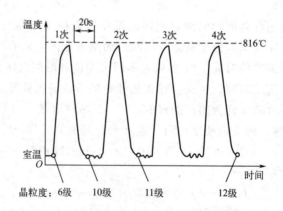

图 3.36　45 钢采用快速循环加热淬火法的工艺过程

3.7.2 高温淬火

这里的高温是相对正常淬火加热温度而言的。

低碳钢和中碳钢若用较高的淬火温度，则可得到板条马氏体，或增加板条马氏体的数量，从而获得良好的综合性能。

从奥氏体的含碳量与马氏体形态关系的实验证明，含碳量小于 0.3% 的钢淬火所得的全为板条马氏体。但是，普通低碳钢淬透性极差，要获得马氏体，除了通过合金化提高过冷奥氏体的稳定性外，还需要提高奥氏体化温度并加强淬火冷却。例如用 16Mn 钢制造五铧犁犁臂，采用 940℃在 10% 质量分数 NaOH 水溶液中淬火并低温回火，可获得良好效果。

中碳钢经高温淬火可使奥氏体成分均匀，得到较多的板条马氏体，以提高其综合性能。例如 SAE AISI 4340 钢，870℃淬油后，200℃回火，其 $\sigma_{p0.2}$ 为 1621MPa，断裂韧性 K_{IC} 为 67.6MPa·$m^{\frac{1}{2}}$，而在 1200℃加热，预冷至 870℃淬油后 200℃回火，$\sigma_{p0.2}$ 为 1586MPa，断裂韧性 K_{IC} 为 81.8MPa·$m^{\frac{1}{2}}$。若在淬火状态进行比较，高温淬火的断裂韧性比普通淬火的几乎提高一倍。金相分析表明，高温淬火避免了片状马氏体（孪晶马氏体）的出现，全部获得了板条马氏体。此外，在板条马氏体外面包着一层厚 100～200nm 的残余奥氏体，能对裂纹尖端应力集中起到缓冲作用，因而提高了断裂韧性。

3.7.3 高碳钢低温、快速、短时加热淬火

一般在低温回火条件下，高碳钢件虽然具有很高的强度，但韧性和塑性很低。为了改善这些性能，目前采用了一些特殊的新工艺。

高碳低合金钢，采用快速、短时加热。因为高碳低合金钢的淬火加热温度一般仅稍高于 A_{c1} 点，碳化物的溶解、奥氏体的均匀化，靠延长时间来达到。如果采用快速、短时加热，奥氏体中含碳量低，因而可以提高韧性。例如 T10V 钢制凿岩机活塞，采用 720℃预热 16min，850℃盐浴短时加热 8min 淬火，220℃回火 72min，使用寿命提高，平均进尺由原来的 500m 提高至 4000m。

如前所述，高合金工具钢一般采用比 A_{c1} 点高得多的淬火温度，如果降低淬火温度，使奥氏体中含碳量及合金元素含量降低，则可提高韧性。例如用 W18Cr4V 高速钢制冷作模具，采用 1190℃低温淬火，其强度和耐磨性比其他冷作模具钢高，并且韧性也较好。

3.7.4 亚共析钢的亚温淬火

亚共析钢在 A_{c1}～A_{c3} 之间的温度加热淬火称为亚温淬火，意为在比正常淬火温度低的温度下淬火。其目的是提高冲击韧性，降低冷脆转变温度及回火脆性。

有人研究了 35CrMnSi 钢不同淬火状态的冲击韧性及硬度与回火温度的关系，得到图 3.37 所示的关系。由图可见，经 930℃淬火＋650℃回火＋800℃亚温淬火的冲击韧性，随着回火温度的升高而单调提高，没有回火脆性。亚温淬火能提高冲击韧性及消除回火脆性的原因尚不清楚。有人认为主要是由于其中残存着铁素体，脆化杂质原子 P、Sb 等在铁素体富集。

有人研究了直接应用亚温淬火（不是作为中间处理的再加热淬火）时淬火温度对 45Cr、40Cr 及 60Si2 钢力学性能的影响，发现在 A_{c1} 到 A_{c3} 之间的淬火温度对力学性能的影响有一

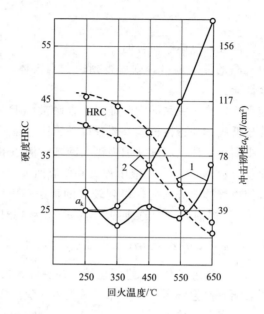

图 3.37 35CrMnSi 钢不同淬火状态的冲击韧性及硬度与回火温度的关系

1—930℃淬火；2—930℃淬火＋650℃回火＋800℃淬火

极大值；在 A_{c3} 以下 5～10℃处淬火时，硬度、强度及冲击韧性都达到最大值，且略高于普通正常淬火；而在稍高于 A_{c1} 的某个温度淬火时冲击韧性最低。研究专家认为这可能是由于淬火组织为大量铁素体及高碳马氏体。

显然，亚温淬火对提高韧性、消除回火脆性有特殊重要的意义。它既可在预淬火后进行，也可直接进行。淬火温度究竟应选择多高？实验数据尚不充分，人们的看法不完全一致，但是为了保证足够的强度，并使残余铁素体均匀细小，亚温淬火温度以选在稍低于 A_{c3} 的温度为宜。

3.7.5 等温淬火的新发展

近年来的大量实践证明，在同等硬度或强度条件下，等温淬火的冲击韧性和断裂韧性比淬火低温回火的高。因此，人们在工艺上为获得下贝氏体组织作了很多努力，发展了不少等温淬火的方法，现简单介绍如下。

（1）预冷等温淬火

该法采用两个温度不等的盐浴，工件加热后，先在温度较低的盐浴中进行冷却，然后转入等温淬火浴槽中进行下贝氏体转变，再取出后空冷。该法适用于淬透性较差或尺寸较大的工件。用低温盐浴预冷以增加冷却速度，可以避免高温冷却时发生部分珠光体或上贝氏体转变。例如 0.5％C＋0.5％Mn（质量分数）钢制 3mm 厚的收割机刀片，用普通等温淬火硬度达不到要求，而改用先在 250℃盐浴中冷却 30s，然后移入 320℃盐浴中保持 30min，则达到要求。

（2）预淬等温淬火

将加热好的工件先淬入温度低于 M_s 点的热浴以获得大于 10％（质量分数）的马氏体，然后移入等温淬火槽中等温进行下贝氏体转变，取出空冷，再根据性能要求进行适当的低温回火。当预淬中获得的马氏体量不多时，也可以不进行回火。

该法是利用预淬所得的马氏体对贝氏体的催化作用，来缩短贝氏体等温转变所需时间，因而该法适用于某些合金工具钢下贝氏体等温转变需要较长时间的场合。在等温转变过程中，预淬得到的马氏体进行了回火。

（3）分级等温淬火

在进行下贝氏体等温转变之前，先在中温区进行一次（或二次）分级冷却的工艺。该工艺可减少热应力及组织应力，工件变形开裂倾向性小，同时还能保持强度、塑性的良好配合，适合于高合金钢（如高速钢等）、复杂形状工具的热处理。

3.7.6 其他淬火方法

此外，还有液氮淬火法，即将工件直接淬入−196℃的液态氮中。因为液氮的汽化潜热较小，仅为水的1/11，工件淬入液氮后立即被气体包围，没有普通淬火介质冷却的三个阶段，因而变形、开裂较少，冷速比水大5倍。液氮淬火可使马氏体转变相当完全，残余奥氏体量极少，可以同时获得较高的硬度、耐磨性及尺寸稳定性；但成本较高，只适用于形状复杂的零件。

流态化床淬火的应用也日益广泛，因其冷却速度可调（相当于空气到油的冷却能力），且在表面不形成蒸汽膜，故工件冷却均匀，挠曲变形小。由于冷却速度可在相当于空冷至油冷的范围内调节，因而可实现程序控制冷却过程。它可以代替中断淬火、分级淬火等规程来处理形状复杂、变形要求严格的重要零件及工模具。

3.8 淬火、回火缺陷及其预防、补救

3.8.1 淬火缺陷及其预防、补救

钢件淬火时最常见的缺陷有淬火变形、开裂、氧化、脱碳、硬度不足或不均匀、表面腐蚀及过烧，以及其他按质量检查标准规定金相组织不合格的组织缺陷等。

（1）淬火变形、开裂

关于变形、开裂的预防办法，应该根据产生的原因来采取措施。这里讲述一些应该注意的问题。

① 均匀加热及正确加热 工件形状复杂或截面尺寸悬殊时，常因加热不均匀而变形。为此，工件在装炉前，对不需淬硬的孔及对截面突变处，应采用石棉绳堵塞或绑扎等办法以改善其受热条件。对一些薄壁圆环等易变形零件，可设计特定淬火夹具。这些措施既有利于加热均匀，又有利于冷却均匀。

工件在炉内加热时，应均匀放置，防止单面受热，应放平，避免工件在高温塑性状态因自重而变形。对细长零件及轴类零件尽量采用井式炉或盐炉垂直悬挂加热。限制或降低加热速度，可减少工件截面温差，使加热均匀。因此对大型锻模、高速钢及高合金钢工件，以及形状复杂、厚薄不均、要求变形小的零件，一般都采用预热加热或限制加热速度的措施。

合理选择淬火加热温度，也是减少或防止变形、开裂的重要问题。选择下限淬火温度，减少工件与淬火介质的温差，可以降低淬火冷却高温阶段的冷却速度，从而可以减少淬火冷却时的热应力。另外，也可防止晶粒粗大，可以防止变形开裂。

有时为了调节淬火前后的体积变形量，也可适当提高淬火加热温度。例如有些高碳合金钢，如 CrWMn、Cr12Mo 等，常通过调整加热温度改变其马氏体转变点，进而改变残余奥氏体含量，用以调节零件的体积变形。

② 正确选择冷却方法和冷却介质　基本原则是：a. 尽可能采用预冷，即在工件淬入淬火介质前，尽可能缓慢地冷却至 A_r 附近以减少工件内温差；b. 在保证满足淬透层深度及硬度要求的前提下，尽可能采用冷却缓慢的淬火介质；c. 尽可能减慢在 M_s 点以下的冷却速度；d. 合理地选择和采用分级或等温淬火工艺。

③ 正确选择淬火工件浸入淬火介质的方式和运行方向　基本原则是：a. 淬火时应尽量保证能得到最均匀的冷却；b. 沿最小阻力方向淬入。

大批量生产的薄圆环类零件，及薄板形零件、形状复杂的凸轮盘和伞齿轮等，在自由冷却时，很难保证尺寸精度的要求。为此，可以采取压床淬火，即将零件置于专用的压床模具中，再加上一定的压力后进行冷却（喷油或喷水）。由于零件的形状和尺寸受模具的限制，因而能使零件的变形限制在规定的范围之内。

④ 进行及时、正确的回火　在生产中，有相当一部分工件并非在淬火时开裂，而是由于淬火后未及时回火而开裂。这是因为在淬火停留过程中，存在于工件内的微细裂纹在很大的淬火应力作用下，融合、扩展，以至于其尺寸达到断裂临界裂纹尺寸，从而发生延时断裂。实践证明，淬火不冷却到底并及时回火，是防止开裂的有效措施。对于形状复杂的高碳钢和高碳合金钢，淬火后及时回火尤为重要。

工件的扭曲变形可以通过校直来校正，但必须在工件塑性允许的范围之内。有时也可在回火加热时用特定的校正夹具进行校正。对体积变形有时也可通过研磨加工来修正，但这仅限于孔、槽尺寸缩小，外圆增大等情况。淬火中体积变形往往是不可避免的，但只要通过试验掌握其变形规律，就可根据其胀缩量在淬火前成型加工时适当加以修正，继而在淬火后得到合乎要求的几何尺寸。工件一旦出现淬火裂纹，不能补救。

（2）氧化、脱碳、过热及过烧

这类缺陷已在前面 1.2 节、2.5 节介绍过，不再重复。

（3）硬度不足

造成淬火工件硬度不足的原因有：

① 加热温度过低，保温时间不足。检查金相组织，在亚共析钢中可以看到未溶铁素体，工具钢中可看到较多未溶碳化物。

② 表面脱碳引起表面硬度不足。磨去表层后所测得的硬度比表面高。

③ 冷却速度不够，在金相组织上可以看到黑色屈氏体沿晶界分布。

④ 钢材淬透性不够，大截面工件不能完全淬透。

⑤ 采用中断淬火时，在水中停留时间过短，或自水中取出后，在空气中停留时间过长再转入油中，因冷却不足或自回火而导致硬度降低。

⑥ 工具钢淬火温度过高，残余奥氏体量过多，影响硬度。当出现硬度不足时，应分析其原因，采取相应的措施。其中对于因加热温度过高或过低而引起的硬度不足，除了要对已出现缺陷进行回火，再重新加热淬火补救外，还应严格管理炉温测控仪表，定期按计量传递系统进行校正及检修。

（4）硬度不均匀

即工件淬火后有软点，产生淬火软点的原因有：

① 工件表面有氧化皮及污垢等；

② 淬火介质中有杂质，如水中有油，使淬火后产生软点；

③ 工件在淬火介质中冷却时，冷却介质的搅动不够，没有及时赶走工件的凹槽及大截面处形成的气泡而产生软点；

④ 渗碳件表面碳浓度不均匀，淬火后硬度不均匀；

⑤ 淬火前原始组织不均匀，例如有严重的碳化物偏析，或原始组织粗大，铁素体呈大块状分布。

对前三种情况，可以进行一次回火，再次加热，在恰当的冷却介质及冷却方法的条件下淬火补救；对后两种情况，如淬火后不再加工，则一旦出现缺陷，很难补救。对尚未成型加工的工件，为了消除碳化物偏析或粗大，可用不同方向的锻打来改变其分布及形态。对粗大组织可再进行一次退火或正火，使组织细化及均匀化。

（5）组织缺陷

有些零件，根据服役条件，除要求一定的硬度外，还对金相组织有一定的要求。例如对中碳钢或中碳合金钢淬火后马氏体尺寸的大小的规定，可按标准图册进行评级，马氏体尺寸过大，表明淬火温度过高，称为过热组织。对游离铁素体数量也有规定，过多表明加热不足，或淬火冷却速度不够。其他，如工具钢、高速钢，也相应地对奥氏体晶粒度、残余奥氏体量、碳化物数量及分布等有所规定。对这些组织缺陷也均应根据淬火具体条件分析其产生原因，采取相应措施预防及补救。但应注意，有些组织缺陷尚和淬火前原始组织有关，例如粗大马氏体，不仅淬火加热温度过高可以产生，还可能通过淬火前的热加工所残留的过热组织遗留下来，因此，在淬火前应采用退火等办法消除过热组织。

3.8.2　回火缺陷及其预防、补救

常见的回火缺陷有硬度过高或过低、硬度不均匀，以及回火产生变形及脆性等。

回火硬度过高、过低或不均匀，主要由于回火温度过低、过高或炉温不均匀所造成。回火后硬度过高还可能由于回火时间过短。显然对这些问题，可以采用调整回火温度等措施来控制。硬度不均匀的原因，可能是由于一次装炉量过多，或选用加热炉不当所致。如果回火在气体介质炉中进行，炉内应有气流循环风扇，否则炉内温度不可能均匀。

回火后工件发生变形，常由于回火前工件内应力不平衡、回火时应力松弛或产生应力重分布所致。要避免回火后变形，可以采用多次校直、多次加热，或采用压力回火（定形回火）。

高速钢表面脱碳后，在回火过程中可能形成网状裂纹。因为表面脱碳后，马氏体的比容减少，以致产生多向拉应力而形成网状裂纹。此外，高碳钢件在回火时，如果加热过快，表面先回火，比容减少，也会产生多向拉应力，进而产生网状裂纹。回火后脆性的出现，主要由于所选回火温度不当，或回火后冷却速度不够（第二类回火脆性）所致。因此，防止脆性的出现，应正确选择回火温度和冷却方式。一旦出现回火脆性，对第一类回火脆性，可以通过重新加热淬火，然后另选温度回火的方法消除；对第二类回火脆性，可以采取重新加热回火，然后加速回火后冷却速度的方法消除。

习题

1. 某厂采用 9Mn2V 钢制造的模具，原设计要求硬度为 53～58HRC，采用 790℃油淬后在 200～220℃回火的工艺。但该工艺处理的工件在使用时经常脆断。后来将工艺改为 790℃加热后在 270～290℃硝盐槽中停留 4h 后空冷，硬度为 50HRC，寿命显著提高，不再发生脆断。试分析原因。

2. 选用 40Cr 钢制造 ϕ60mm 的轴，试画出经水淬后其截面上的硬度分布曲线。

3. 高速工具钢淬火后为什么需要进行三次以上回火？在 560℃回火得到什么组织？是否是调质处理？能否用一次长时间回火代替？

参考文献

[1] 樊东黎，徐跃明，佟晓辉 . 热处理工程师手册 [M].2 版，北京：机械工业出版社，2005.

[2] 夏立芳 . 金属热处理工艺学 [M].5 版，哈尔滨：哈尔滨工业大学出版社，2012.

[3] 胡光立，谢希文 . 钢的热处理（原理和工艺）[M].5 版，西安：西北工业大学出版社，2016.

[4] 崔忠圻，覃耀春 . 金属学与热处理 [M].2 版，北京：机械工业出版社，2016.

[5] 赵乃勤 . 热处理原理与工艺 [M]. 北京：机械工业出版社，2012.

[6] GROSSMANN M A，BAIN E C. Principles of heat treatment [M]. 5th ed. Ohio：ASM International，1964.

[7] 中国机械工程学会热处理学会《热处理手册》编委会 . 热处理手册　工艺基础 [M].3 版 . 北京：机械工业出版社，2001.

[8] CIAS W W. Phase transformation kinetics and hardenability of low-carbon boron-treated steels [J]. Metallurgical Transactions，1973，4：603-614.

[9] 冶金工业部钢铁研究院 . 合金钢手册：上册　第三分册 [M]，北京：冶金工业出版社，1972.

[10]《钢的热处理裂纹和变形》编写组 . 钢的热处理裂纹和变形 [M]. 北京：机械工业出版社，1978.

[11]《钢铁热处理》编写组 . 钢铁热处理 [M]. 上海：上海科学技术出版社，1977.

第4章
表面淬火

在表面工程技术中，表面淬火也是常用的一种表面强化处理工艺，而且其不需要外加其他材料，主要依靠自身显微组织与晶体结构的变化来进行表面改性。表面淬火技术工艺简单、效果显著，在工业生产中得到广泛应用。

4.1 表面淬火的目的、分类及应用

实际工作过程中，很多零件会经受弯曲、扭转等交变载荷、冲击载荷及摩擦，在此条件下工作的零件，由于其表面承受应力比内部高，要求表面必须具有高的强度、硬度和耐磨性，而心部又要有足够的塑性和韧度，仍保持着淬火前的组织状态（调质或正火状态）。表面淬火是常用的强化金属表面的热处理工艺之一，它是将工件表面有限深度范围内结构加热至相变点以上，然后迅速冷却，在工件表面有限深度范围内达到淬火目的的一种热处理工艺。

4.1.1 表面淬火的目的

表面淬火是在不改变工件化学成分和心部组织的情况下，使工件表面一定深度内结构快速加热奥氏体化、快速冷却获得马氏体组织，从而获得表面硬而耐磨、心部有足够塑性和韧性的工件。

4.1.2 表面淬火的分类

根据表面淬火的定义，要在工件表面有限深度内达到相变点以上温度，必须给工件表面以极高的能量密度来加热，保持表面和内部的极大温差。根据加热方法的不同，常用的表面淬火工艺可分为以下几类。

（1）感应表面淬火

即感应加热表面淬火，它基于电磁感应理论，使工件在交变磁场下做切割磁感线运动，

在工件的表面会形成感应电流，并以涡流的形式存在，使工件的表面温度升高，当达到淬火温度时，在冷却介质的作用下，迅速冷却至室内温度，以此实现提高工件强度、提高耐磨性、延长工件寿命等目的。根据电流频率不同，可分为工频、中频、超声频、高频、超高频感应表面淬火等。

（2）火焰表面淬火

即火焰加热表面淬火，是用温度极高的可燃气体火焰直接加热工件表面的表面淬火方法。常用混合气体有氧-乙炔、氧-煤气、氧-丙烷、氧-天然气等。

（3）电接触表面淬火

低电压大电流的电极引入工件并与之接触，以电极与工件表面的接触电阻发热来加热工件表面的淬火方法。

（4）电解液表面淬火

工件作为一个电极（阴极）插入电解液中，利用阴极效应来加热工件表面的淬火方法。

（5）激光表面淬火

以高能量激光作为能源极快速加热工件表面且工件表面能够自冷硬化的淬火工艺，适合工件表面的局部硬化。

（6）电子束表面淬火

通过电子流轰击金属表面，使电子流和金属中的原子碰撞来传递能量进行加热的方法。

（7）等离子束表面淬火

通过高能等离子束流对工件表面的快速扫描，使表面一定深度范围内快速升温至相变温度以上，然后靠工件自身冷却，表面一定深度内达到相变硬化的效果，获得良好的表面耐磨性。本工艺和激光表面淬火近似，适合工件表面的局部硬化。

4.1.3　表面淬火的应用

上述几种表面淬火工艺中，感应表面淬火工艺应用最广。一般而言，碳的质量分数为 $0.25\%\sim1.20\%$ 的中高碳钢及其合金钢，以及基体相当于中碳钢的普通灰铸铁、球墨铸铁、可锻铸铁、铸造非铁合金均可以实现表面淬火，但中碳钢和球墨铸铁是最适合于表面淬火的材料。这是由于中碳钢经过预备热处理（正火或调质）以后再进行表面淬火，既可以保证心部有较高的综合力学性能，又能使表面具有较高的硬度（>50HRC）和耐磨性、一定的耐蚀性。高碳钢虽然表面淬火后表面硬度及耐磨性很高，但心部的塑性与韧性较低，只能用于较小冲击与交变载荷下工作的工具、量具及高冷硬轧辊，表面淬火获得的力学性能优势不能真正有效发挥。低碳钢由于表面强化效果不显著，很少采用表面淬火工艺。

随着当前计算机技术及数值计算方法的发展，表面淬火的应用范围越来越广泛，应用需求不仅仅是为了提高零件的耐磨性，还向提高零件的抗疲劳性、力学性能及延长使用寿命等多方面发展。

为更充分发挥表面淬火工艺的优越性，人们开发出低淬透性钢及限制淬透性钢。低淬透性钢是通过提高钢中碳的质量分数（$0.55\%\sim0.65\%$）来提高钢的强度及耐磨性，同时严格控制钢中合金元素的含量以降低钢材淬透性。表面淬火后，其淬透层深度可控制在 $1.5\sim2.5$mm 范围内。限制淬透性钢则是在低淬透性钢的基础上适当提高合金元素的含量，增加一定的淬透性，并加入 Ti（$W_{Ti}=0.06\%\sim0.12\%$），以阻碍奥氏体晶粒长大。限制淬透性钢在尺寸为 $\phi40\sim60$mm 的工件上可以得到 $5\sim7$mm 的均匀淬透层，因此广泛适用于重载汽车上的一些重要零件，如万向节、十字轴、曲轴、齿轮等。

4.1.4 表面淬火技术与常规淬火技术的区别

表面淬火技术与常规淬火技术的主要区别是前者在表面淬火时加热速度和冷却速度都很快，从而在相变过程中表现出自己的特点。具体来说，体现在以下几点：

① 提高加热速度使钢的 A_{c3} 和 A_{ccm} 大幅度提高，但使 A_{c1} 升高有限。快速加热还会使奥氏体晶粒及其中的亚结构显著细化。加热速度很快时，甚至会使钢产生无扩散奥氏体相变。A_{c3} 和 A_{ccm} 的提高可以防止过热现象的发生，所以表面淬火加热温度可比常规淬火加热温度更高些。

② 快速加热条件下，渗碳体难以充分溶解，形成的奥氏体成分也会相当不均匀。这些不均匀的奥氏体实际上包括未溶碳化物、高碳偏聚区（原珠光体区）、贫碳区（原铁素体区），它们不但可以促进过冷奥氏体分解，缩短奥氏体转变孕育期，而且在快速降温过程中分别形成低碳马氏体区和高碳马氏体区域，甚至有时淬透层还可能有铁素体存在，造成显微硬度的微观不均匀。因此，表面淬火处理前常需要进行预备热处理（调质、正火、球化退火处理等），使碳化物或自由铁素体均匀、细小分布，以便有利于快速加热时奥氏体的均匀化。

③ 快速加热和快速冷却使奥氏体来不及充分长大，奥氏体晶粒变细。

④ 加热速度越快，表面淬透层由于细晶强化、弥散强化、位错强化、固溶强化等强化因素的存在，显微硬度越高。

⑤ 表面淬火属于快速、非平衡的相变过程，在回火时组织转变速度加快，故在要求相同硬度时，快速加热淬火后的回火温度一般应比普通回火温度略低。

4.2 感应表面淬火

感应加热表面淬火（感应表面淬火）是利用感应电流通过工件产生的热效应，使工件表面局部加热，继而快速冷却，以获得马氏体组织的工艺。

感应淬火技术属于感应热处理的范畴，其实质是利用电流磁效应理论和电磁感应理论。其原理是：交流电作用时，线圈邻近区域会有感应磁场的形成，金属材料或工件在磁场影响下产生涡流，由于电流的热效应，工件外围的温度升高，当温度达到材料的临界点后，迅速利用冷却介质对其进行冷却，得到所需的残余应力、淬透层深度和硬度，从而提高工件的力学性能，达到淬火目的。

用于感应淬火的钢材，宜选用本质细晶粒钢。要求较高机械强度的零件或要求有较高耐磨性的零件需进行调质处理作为预备热处理；一般感应淬火零件需先进行正火处理；对于要求较低或只要求提高耐磨性的零件，也可以不做预备热处理。

用于感应淬火的铸铁材料原始组织，涉及珠光体含量、形态、石墨类型、磷共晶和渗碳体的含量及某些元素成分等。常用于感应淬火的灰铸铁应以珠光体为基体，要严格控制铸铁中的 S、P、C、Si、Mn 等元素含量，淬火前的组织主要控制珠光体含量和粗细、磷共晶和渗碳体含量及石墨粗细。球墨铸铁一般也是以珠光体为基体，珠光体含量要求大于 75%（体积分数），珠光体形态以细片状为佳；对球化率、碳化物和磷共晶的含量也有一定要求，一般碳化物和磷共晶的总含量不超过 3%（体积分数）。

感应淬火热处理有许多优点，如热处理质量优良、热效率高、生产效率高、采用水或水基淬火剂能保证清洁生产等，而且控制精准，特别适合材料的局部热处理，如曲轴的表面热处理。

感应淬火热处理具有许多突出的特点：

① 优良的热处理质量　感应淬火能得到硬度高的表面和韧性好的心部，使工件得到优良的综合性能，特别是优良的抗疲劳性能。由于加热时间短，表面氧化皮很少，更少出现脱碳现象。

② 热效率高　感应加热电效率比常规热处理高出一倍以上，节能效果好。

③ 局部热处理　感应加热能精确地控制热处理部位，可大量用于局部热处理。

④ 快速热处理　感应淬火的加热时间以秒计，生产节拍短，能与机加工工序吻合，因此感应热处理设备大量安排在生产线或自动线上。

⑤ 清洁热处理　感应淬火通常不需要保护气氛，使用的淬火冷却介质一般为水或水基淬火冷却介质，淬火时没有油烟，劳动条件及生产环境好。

4.2.1　感应加热基本原理

（1）感应加热的物理基础

将导电工件放在通有交变电流的感应圈中，在交变电流所产生的交变磁场作用下工件将产生感应电动势。电流透入深度随着工件材料的电阻率的增加而增加，随工件材料的磁导率及电流频率的增加而减小。

在感应加热过程中，如图 4.1 所示，当感应线圈中通过一定频率的交流电流 I 时，根据电流的磁效应，感应线圈附近将有交替变化的环绕磁场 Φ 产生，该磁场对临近线圈的金属工件表层材料产生电磁感应作用，随之将有感应电流（涡流）I_f 在该部分材料中出现。根据焦耳定律，工件表层及其次表层受涡流影响从而进行感应加热，将工件表层及其深度方向加热到材料奥氏体化临界点 A_{c1}（过共析钢奥氏体化终了温度）或 A_{c3}（亚共析钢奥氏体化终了温度）以上。随后以较大冷速（超过临界冷速）将工件淬火部位的温度降低到 M_s（奥氏体向马氏体转变的开始温度）以下或保持在 M_s 附近，完成过冷奥氏体向马氏体（或贝氏体）转变。因此，工件感应淬火部位表层及其次表层的材料性能（硬度及残余应力等）发生变化，从而对工件进行表面组织改性处理，提高其表层力学性能。

当导体中通入直流电时，电流在导体中的均匀分布；当通入交流电时，电流会集中在导体表面，使得表面电流密度较内层大。因此当对金属工件进行感应加热时，涡流将在靠近工件表面的位置集中且电流密度在深度方向急剧下降。除此之外，通入的交流电源频率越高，这种现象越严重，这就是感应加热涡流的集肤效应。

金属工件中感生的涡流频率与感应线圈中电流频率相同，方向相反，相应的感应电势 e 为

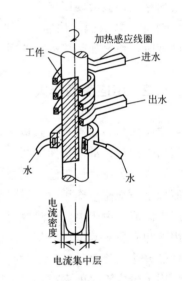

图 4.1　电磁感应加热原理示意图

$$e = -K \frac{\mathrm{d}\phi}{\mathrm{d}t}$$

式中，K 为比例系数；ϕ 为工件上感应电流回路所包围面积上的磁通量；$\mathrm{d}\phi/\mathrm{d}t$ 为磁通变化率。

工件中的涡流 I_f 的大小取决于感应电势 e 及涡流回路中的电抗 z，即

$$I_\mathrm{f} = \frac{e}{z} = \frac{e}{\sqrt{R^2 + X_\mathrm{L}^2}} A$$

式中，R 为材料电阻；X_L 为感抗。

由于电抗 z 值很小，涡流可以达到很大。

导体横截面上电流密度从表面到中心按指数规律递减：

$$J_x = J_0 \mathrm{e}^{-x\sqrt{\frac{\mu f \pi}{\rho}}}$$

式中，J_x 为距表面 x 处的电流密度，$\mathrm{A/m^2}$；J_0 为导体表面电流密度（最大值），$\mathrm{A/m^2}$；x 为距表面的距离，mm；μ 为被加热导体材料的磁导率，H/m；f 为电流频率，Hz；ρ 为导体材料的电阻率，$\Omega \cdot \mathrm{cm}$。

工程上规定，从导体表面到 $37\%J_0$（$\frac{1}{\mathrm{e}}$ 值）处的深度称为电流透入深度，用 δ（单位 mm）表示。可以求出

$$\delta = 5.03 \times 10^4 \sqrt{\frac{\rho}{\mu f}} \tag{4.1}$$

由式（4.1）可见，电流透入深度 δ 随工件材料的电阻率 ρ 增加而增加，随工件材料的磁导率 μ 及电流频率 f 的增加而减小。故而，可根据工件要求的淬透层深度来选择电流频率。

钢在感应加热时，电阻率 ρ 随温度的升高而增加，而当温度升高到 A_c1 与 A_c3（或 A_ccm）之间时，钢的磁导率将急剧降低，此时对应的加热速度也将迅速变缓，因此表面不容易过热。换句话说，感应电流加热钢表面的物理过程是一个最高加热速度不断向表层内部推移直到电流透入深度 δ 的透入式加热过程，它具有加热迅速、热损失小、热效率大（有效功率约占总功率的 60%）、淬透层过渡区较窄、淬透层压应力大等工艺特点，因此在表面淬火技术中应用最为广泛。

大量感应淬火应用实践表明，钢中电流透入深度 δ 的计算可以使用以下简化公式：

20℃时：

$$\delta_{20} = \frac{20}{\sqrt{f}}$$

800℃时：

$$\delta_{800} = \frac{500}{\sqrt{f}}$$

如果采用中频发电机或晶闸管变频电源，当电流频率为 $2500 \sim 8000\mathrm{Hz}$ 时（中频淬火），淬透层深度为 $2 \sim 5\mathrm{mm}$；当电流频率为 $200 \sim 300\mathrm{kHz}$ 时（高频淬火），淬透层深度为 $0.5 \sim 2\mathrm{mm}$；当电流频率为 $50\mathrm{Hz}$ 时（工频淬火），淬透层深度为 $10 \sim 15\mathrm{mm}$。

（2）感应加热的物理过程

钢的电阻率随着加热温度的升高而增大。通常把 20℃时的电流透入深度称为"冷态电流透入深度"。当钢由室温加热至居里温度（A_2）时，μ 值急剧减小，而 ρ 增加不多，在 $800 \sim 900$℃时，各类钢的电阻率基本相等，约为 $10^{-4}\Omega \cdot \mathrm{cm}$，可以看出高温下电流透入深度急剧增加。通常把 800℃时的电流透入深度称为"热态电流透入深度"。

如图 4.2 所示，感应加热开始时，工件处于室温，电流透入深度很小，仅在表面薄层内进行加热。表面温度升高，薄层有一定深度，当温度超过磁性转变点（或珠光体转变成奥氏体）时，此薄层变为顺磁体，交变电流产生的磁力线移向与之毗连的内侧铁磁体处，使涡流也移向内侧铁磁体处，导致表面电流密度下降；而在紧靠顺磁体层的铁磁体处，电流密度剧增，此处迅速被加热，温度也很快升高。此时工件截面内最大电流密度的位置由表面向心部逐渐推移，同时对工件自表面向心部依次加热，这种加热方式称为透入式加热。当变成顺磁体的高温层的厚度超过热态电流透入深度后，涡流不再向内部推移，而是按照热态特性分布，继续加热时，电能只在热态电流透入层范围内变成热量，此层的温度继续升高。与此同时，由于热传导的作用，热量向工件内部传递，加热层厚度增加，这时工件内部的加热和普通加热相同，称为传导式加热。传导式加热易引起过热，且效率较低。

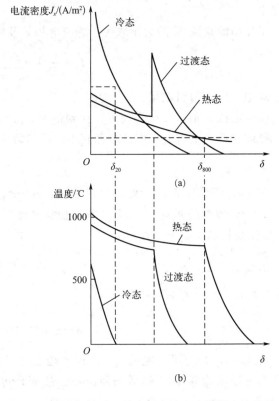

图 4.2　感应加热时工件表面电流密度与温度的关系

与传导式加热相比，透入式加热除表面不宜过热外，还具有热损失小、效率高、加热迅速等特点，所以实际应用中，尽量采用透入式加热方式。

（3）感应加热时的相变

① 感应加热的特点

a. 感应热处理不同于常规热处理和其他表面热处理，感应热处理的热能直接在被加热体内部产生，这种加热特点决定了表面温度的变化和沿被加热体截面上的温度分布。

b. 在采用合适的电流频率、合理结构的感应器时，加热速度比其他热处理快，一般均在几十分之一至几秒内完成整个热处理过程，其加热速度可达几百至上千摄氏度每秒。这种高速度加热对相变过程起着极其重要的作用。与常规热处理的穿透加热比较，感应加热几乎没有保温时间。在加热过程中由于受到材料物理性能变化的影响，加热速度不是一个常数。

② 快速加热对临界点位置的影响　加热速度对相变温度、相变动力学和相变组织都会产生影响。

感应加热时珠光体转变成奥氏体的相变过程也和其他热处理相变一样，在加热动力学曲线上呈现为一段水平或倾斜线，相当于相变进行最强烈的时期。转变起始点以及转变过程可根据温度以及转变阶段所停留的时间来判断。决定相变过程速度和转变开始所需过热度的主要因素有两点：一是相的自由能差的消失和产生，二是原子的扩散速度。这两种因素的作用方向是一致的，均趋向于减少原始状态稳定性和加速转变过程。因此，不需要较大的过热度。图 4.3 所示为共析钢加热速度与临界点 A_{c1} 的关系。由图 4.3 可见，转变开始温度 A_{c1s} 的升高是有限的，即使以 $10^7℃/s$ 的加热速度加热，A_{c1s} 也仅升高到 840℃。但是，加热速度对转变终了温度 A_{c1f} 有显著的影响：加热速度在 $10^2℃/s$ 时，A_{c1f} 为 950℃；以 $10^5℃/s$ 速度加热时，A_{c1f} 突然上升到 1050℃左右；当加热速度为 $10^6℃/s$ 时，A_{c1f} 可升高到 1100℃ 左右。这是碳扩散控制的相变在高速加热条件下过渡到无扩散相变的特征。

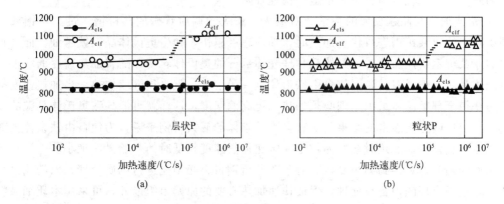

图 4.3 共析钢加热速度与临界点 A_{c1} 的关系

（a）原始组织为片状珠光体；（b）原始组织为粒状珠光体

亚共析钢在加热速度很大时，相变首先完成珠光体向奥氏体的转变，这是因为珠光体组织弥散度较高，而后发生剩余铁素体向奥氏体的转变。因此，必须注意铁素体转变是在一半以上金属体积（珠光体）已转变成奥氏体而使材料失去磁性以后发生的，也就是说，必须考虑相变区域内居里点以上的加热速度。

铁素体的溶解不随加热速度改变而改变，但是它的溶解速度随加热速度的增加而变缓，溶解完时的最后温度随着加热速度的增大而增大。

根据奥氏体形成的动力学可知，在连续加热时，相变温度不仅取决于加热速度，还取决于材料的原始组织。加热速度越大，A_{c3}、A_{ccm} 越移向高的温度范围，相变结束温度也向更高的温度范围移动。

③ 快速加热对钢的居里点位置的影响　钢的居里点相当于钢完全丧失磁性的温度。铁素体的磁性转变温度与加热速度无关，这是因为在任何加热速度下，剩余的铁素体都要在高于这个与加热速度无关的温度内完成转变。当 $W_C<0.5\%$ 时，转变发生在 768℃。

$W_C>0.5\%$ 的亚共析钢的原始组织中，大部分是珠光体。因此，在通过 A_{c1} 时，大部分金属由于珠光体的转变而丧失磁性，所以这一段的磁性转变点取决于珠光体的转变温度。

过共析钢磁性丧失主要取决于珠光体的转变。而绝大多数的珠光体都是在接近 A_{c1} 温度时发生的。因此，过共析钢的居里点线实际上与加热速度无关。

④ 快速加热对钢的奥氏体均匀化的影响　快速加热时奥氏体的形成过程与缓慢加热转变时不同，珠光体到奥氏体的转变不是在恒定温度下完成的，而是在 A_{c1} 以上的一个温度区间内完成的。转变温度越低，可能形成的奥氏体的碳浓度越高；随着温度升高，可以形成碳浓度较低的奥氏体。因此，共析钢快速加热时，全部完成铁素体到奥氏体相变后，仍然残留着渗碳体。同样在亚共析钢中，自由铁素体向奥氏体转变时，也随着加热速度的提高，转变温度上升，形成的奥氏体碳浓度降低。在同样温度下，奥氏体中碳浓度的不均匀性随加热速

度的增加而加大，随加热温度的升高，不均匀性减小。

此外，快速加热时，材料的原始组织及材料中的合金元素对奥氏体的均匀化影响很大。原始组织越粗大，加热速度越快，奥氏体中碳浓度的不均匀状况越严重。在感应热处理实践中，常常用提高加热温度的方法来获取较均匀的淬火组织。一般合金元素在奥氏体中的扩散速度比碳要慢得多，为达到合金元素的均匀化就需要加热到更高的温度，但这容易造成过热。因此，一般来说，高合金钢不适于快速加热淬火。

⑤ 快速加热与晶粒长大的关系　对退火、正火和调质状态的共析钢、过共析钢或淬火和调质状态的亚共析钢进行快速加热时，加热速度越快，初生奥氏体晶粒就越细。而对正火组织的亚共析钢快速加热时，开始只是珠光体部分的奥氏体转变，随着加热速度的增大，初始奥氏体晶粒变细。但是，要使自由铁素体进一步溶解，就必须继续加热。当加热速度很大时，为获得全部奥氏体组织，则必须加热到更高的温度，这样就可能导致奥氏体晶粒的显著增大。综合这两方面因素的结果，对有自由铁素体的亚共析钢来说，为使自由铁素体全部完成奥氏体转变，快速加热时初始晶粒不一定比加热速度较低时的初始晶粒细小。

快速加热时，为得到细小晶粒，对于亚共析钢材料必须先进行调质处理，以消除自由铁素体。除选择合理的预备热处理，保证快速加热必要的原始组织以外，可采用本质细晶粒钢作为感应加热用钢，以获得细小晶粒度。

4.2.2　感应表面淬火后的组织与性能

（1）感应表面淬火后的组织特征

感应表面淬火后的组织与钢种、淬火前的原始组织、淬火加热时沿截面温度的分布等因素有关。例如，淬火前为正火状态的 45 钢，感应表面淬火后的组织为：表层为马氏体（M）；向内为铁素体（F）＋马氏体；再向内为铁素体＋珠光体（P）＋马氏体；心部为原始组织铁素体＋珠光体。如图 4.4 所示。

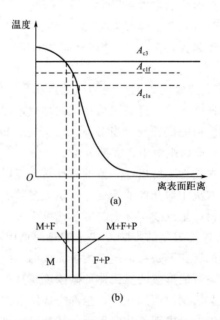

图 4.4　正火态 45 钢沿截面温度分布（a）和感应淬火后的金相组织（b）

从以上组织分析可以看出，亚共析钢感应淬火后的显微组织可分为三个区域：表面完全淬火层、过渡层、心部原始组织。

如果淬火前为调质状态的 45 钢，由于调质态回火索氏体（S'）为粒状渗碳体均匀分布在铁素体基体上的均匀组织，表面淬火后不会出现由于碳浓度大、成分不均匀所造成的淬火组织的不均匀。感应淬火后的组织为：表层（A 区）为 M；向内（B 区）为粒状 P+M；再向内（C 区）为 S'进一步回火软化；心部（D 区）原始组织为 S'。图 4.5（b）为调质态 45 钢感应淬火后沿截面的硬度分布，可以看出，在 C 区由于温度高于原调质回火温度但又低于临界点，因此发生进一步回火，导致这个区域的硬度低于调质态基体的原始硬度，且加热速度越快，沿截面的温度梯度越陡，该区域越小。

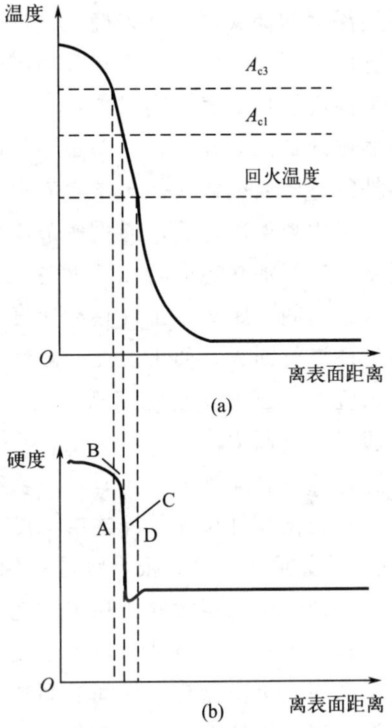

（2）感应表面淬火后的性能

① 表面硬度高　快速加热、激冷淬火后表面硬度比普通淬火高。主要与奥氏体晶粒细化、奥氏体成分不均匀、非平衡加热与冷却时的残余应力较大等因素有关。

② 耐磨性高　工件表面淬火后的耐磨性比常规淬火更高。主要与细晶强化、弥散强化、表面压应力等因素有关。

③ 疲劳强度高　采用正确的表面淬火工艺，可显著提高零件抗疲劳性能，降低缺口敏感性。主要与表面强度提高、表面形成很大的残余压应力等因素有关。

图 4.5　调质态 45 钢沿截面温度分布（a）和感应淬火后沿截面硬度分布（b）

4.2.3　感应表面淬火工艺

感应表面淬火工件的加工路线一般为：锻造（或铸造）→预备热处理→机械粗加工→调质→半精加工→表面淬火→低温回火→磨削加工。

感应表面淬火工艺流程如图 4.6 所示。其中，预先调质处理的主要目的，一方面是为感应表面淬火做好组织准备，同时也使工件在整个截面上具备良好的力学性能，而且预备热处理还确定了心部的最终组织。工件的加热温度对淬透层性能影响很大。实践表明，感应淬火时存在最佳的温度范围，在该范围内加热工件所得到的强度与硬度性能可以比普通淬火要高

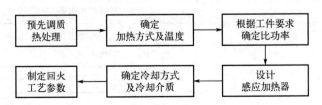

图 4.6　感应表面淬火工艺流程图

223HRC。高频淬火时，比功率（即单位面积上供给的电功率）的大小对工件的淬火加热过程有重要影响。当工件尺寸一定时，比功率越大，加热速度越快，工件表面能达到的温度也越高。比功率太低将导致加热不足，加热层深度增加，过渡区增大。比功率大小要综合考虑淬透层深度和淬火区温度来确定。

感应表面淬火的加热方式分为同时加热方式和连续加热方式两种。同时加热方式为通电时使工件需硬化的表面同时加热；连续加热方式是在加热过程中感应器与工件相对运动使工件表面逐渐加热。在设备功率足够大时，应尽量采用同时加热法。连续加热法一般用于长轴类零件的感应表面淬火。与常规淬火类似，感应表面淬火的冷却过程也需要淬火介质，但生产上常采用喷射冷却法，通过调节淬火介质（一般为水）的喷射压力、温度与时间来控制冷却速度。连续加热感应表面淬火时，还可以通过改变喷水孔与工件轴向间的夹角，或改变喷水孔与轴向间的距离、工件移动速度等来调整预冷时间、控制冷却速度。感应表面淬火后，要对工件进行回火。回火温度一般略低于常规工艺淬火时的温度，以便使淬透层保持有较高的残余应力。也可以通过控制喷射时间，使工件内层的残余热量传到淬透层，达到一定温度，使工件自回火。

选择感应表面淬火工艺时，主要有以下注意事项与要求。

（1）根据零件尺寸及淬透层深度的要求，合理选择设备

① 设备频率　主要根据淬透层深度来选择。一般采用透入式加热，但所选用频率不宜过低，否则需用相当大的比功率才能获得所要求的淬透层深度，且无功损耗太大。当现有设备频率满足不了上述条件时，可采用下述弥补办法：在感应加热前预热以增加淬透层厚度，调整比功率或感应器与工件间的间隙等。

根据感应加热电流频率的高低，可分为高频（100～500kHz）、超声频（20～60kHz）、中频（1～10kHz）及工频（50Hz）。不同频率电流透入深度不同。频率越高，电流透入深度越浅；频率越低，透入深度越深。

表 4.1 是基于电流频率的感应淬火类别及应用领域。

表 4.1　基于电流频率的感应淬火类别及用途

名称	频率范围	加热深度/mm	主要用途
工频感应淬火	50Hz～1kHz	10～20	大型工件的穿透加热及其表面淬火等
中频感应淬火	1～20kHz	3～10	淬透层需求较深的工件，如大直径轴类、大直径壁厚管材、大模数齿轮、大型轴承等的加热
超声频感应淬火	20～40kHz	2～3	中等直径工件的深层加热，较大直径的薄壁管材淬火、焊接、中等模数齿轮、中小型轴承表面淬火等
高频感应淬火	40～200kHz	1～2	小型工件的深层加热、小型轴承滚道表面淬火等
超高频感应淬火	＞200kHz	0.1～1	局部极小部位、小型工件的表面淬火等

② 比功率　比功率是指感应加热时工件单位表面积上所吸收的电功率。在频率一定时，比功率愈大，加热速度愈快；当比功率一定时，频率愈高，电流进入愈浅，加热速度愈快。

比功率的选择主要取决于频率和要求的淬透层深度。在频率一定时，淬透层较浅的，选用较大比功率（透入式加热）；在层深相同情况下，设备频率较低的可选用较大比功率。因为工件上真正获得的比功率很难测定，故常用设备比功率来表示。设备比功率为设备输出功率与零件同时被加热的面积比，在实际生产中，比功率还要结合工件尺寸大小、加热方式，以及试淬后的组织、硬度及淬透层分布等做最后的调整。

（2）合理选择淬火加热温度

比功率确定后，感应加热温度主要取决于加热时间。由于感应加热速度快，奥氏体转变在较高温度下进行，奥氏体起始晶粒较细，且一般不进行保温，为了在加热过程中能使游离第二相充分溶解，允许并要求感应表面淬火采用较高的淬火加热温度。一般高频加热淬火温度可比普通加热淬火温度高 $30\sim200℃$。加热速度较快的，采用较高的温度。淬火前的原始组织不同，也会影响淬火加热温度。调质处理的组织比正火的均匀，可采用较低的温度。

一般以淬透层的显微组织作为评定淬火加热温度合理与否的依据。如淬透层中得到中针或粗针马氏体时，则温度过高；若出现不完全淬火组织，则温度过低。

（3）合理选择冷却方式和冷却介质

冷却方式有喷射冷却、流水冷却和浸入冷却三种。连续加热法常用喷射冷却，同时加热法采用喷射冷却、流水冷却和浸入冷却法。

常用的淬火冷却介质有水、聚乙烯醇水溶液、聚丙烯醇水溶液、乳化液和油。对碳钢及球铁件，喷射法常用介质为水；对合金钢及形状较复杂或易畸变的工件，可采用聚乙烯醇水溶液、聚丙烯醇水溶液或乳化液。喷射法可通过控制水压、水温、喷射时间等方式控制冷速。为避免变形及开裂，可采用预冷淬火或间断冷却。对细薄工件或复杂合金钢工件，为减小畸变，可采用埋油加热并在油中淬火的方式。

（4）合理选择回火工艺

感应加热淬火后的工件，一般应回火后才能使用，且一般在 4h 内进行回火，合金钢应在更短时间内回火。表面淬火后一般只进行低温回火，其目的是降低残余应力和脆性，而又不至于降低硬度。一般采用的回火方式有炉中回火、自回火和感应加热回火。

炉中回火一般适用于尺寸小、形状复杂、壁薄、淬透层浅的工件，此外采用连续加热表面淬火的工件（除特别长、大的工件以外），一般也采用炉中回火。炉中回火必须及时，回火温度一般为 $150\sim180℃$，时间为 $1\sim2h$；

自回火就是对加热完成后的工件进行一定时间和压力的淬火冷却介质喷射冷却后停止冷却，工件淬火后尚未完全冷却，从而利用在工件内残留的热量进行回火。自回火是广泛采用的回火工艺，工艺简单，节省能源与设备。自回火的主要缺点是工艺不易掌握，消除淬火应力不如炉中回火。目前保证自回火质量最常用的方法是控制喷射液的压力与喷射时间，也可借助测温笔来测定工件的表面温度。

感应加热回火是将已淬火的工件重新进行感应加热以达到回火的目的。其适合于连续加热淬火的长轴工件，可与淬火流程紧密连在一起。为了降低过渡层的拉应力，加热层的深度应比淬透层深一些，故常用中频或工频加热回火。感应加热回火比炉中回火加热时间短，显微组织中碳化物弥散度大，因此得到的钢件耐磨性高，冲击韧性较好，而且易形成流水线。感应加热回火要求加热速度小于 $15\sim20℃/s$，要得到同样硬度，感应回火的加热温度要比炉中回火高。由于其时间短、效率高，且回火组织弥散度高，强化效果及抗冲击效果比炉中回火要更好。

4.2.4 感应热处理件的质量检查

工件的质量检查非常重要，一般来说，感应热处理前和感应热处理后都要进行工件的质量检查。

（1）感应热处理前的质量检查

感应热处理前的质量检查，是对工件感应热处理前应达到的技术要求、工件外观及实现感应热处理所必需的辅助工序的检查。其目的是确保工件正常地进入感应热处理工序，保证安全生产，避免工件不必要的报废。检查内容有：

① 感应热处理前的工件必须完成所有应有的工序，无漏工序现象；

② 必须保证工件达到感应热处理前要求的尺寸公差范围及形状；

③ 在感应热处理前，需清除掉工件表面的油污、锈蚀、氧化皮、毛刺等；

④ 必要时，应对感应热处理前的材料化学成分、硬度、原始组织进行检查。

（2）感应热处理后的质量检查

感应热处理后的检查，主要采用生产现场的日常质量检查与定期金相全面检查相结合的检查制度。

① 生产现场的日常质量检查 由专职检查员检查、操作工人自检和相互检查三种形式配合进行。主要项目有表面质量、表面硬度、淬透层深度、变形量等。

② 定期金相全面检查 必须在批量生产时进行，且工艺参数（电参数、热参数、淬火介质温度、压力、材料成分等）有较稳定的重复性。

大批量工件成批生产前必须做小批量试生产，全面检查合格后才能按工艺生产。在正常生产条件下，每月定期检查 1~2 次，以确定工艺的准确性。

批量生产的情况下，当更换设备关键元件（如淬火变压器、淬火感应器等）或关键部分功能衰减引起工艺参数变更时，必须对工件进行全面金相检查，以验证工艺，并进行相应调整。

（3）感应热处理件的质量检查方法

① 表面质量 工件表面不能有淬火裂纹（可通过磁粉探伤或其他无损检测方法）、锈蚀和影响使用性能的伤痕等缺陷。

② 表面硬度 工件表面淬火后的硬度应满足技术要求。单件或小批量生产时，应全部检查工件的硬度；批量生产时，一般按 5%~10% 的比例检查硬度；大批量生产时，可根据工艺卡规定的比例检查。

检查时，一般可采用洛氏硬度计进行，较大或复杂工件可采用便携式硬度计或笔式硬度计，难以用硬度计测试的形状不规则的区域如沟槽内淬硬区，可用锉刀检查，必要时用金相解剖法测试样块硬度进行核对。

③ 有效淬透层深度 通常采用硬度法和显微组织观察法测定。方法可参见 GB/T 5617—2005《钢的感应淬火或火焰淬火后有效硬化层深度的测定》。常用零件的淬透层（有效硬化层）深度如表 4.2 所示。

表 4.2 常用零件的淬透层深度

零件类型	淬透层深度
汽车拖拉机齿轮表面耐磨	1~2mm

续表

零件类型	淬透层深度
需要磨削的轴类	3～5mm
承受扭转疲劳的轴类	直径的 10%～20%
直径大于 40mm 的轴类	直径的 10%
直径小于 40mm 的轴类	直径的 20%

④ 金相组织　一般在放大 400 倍的金相显微镜下进行。根据 JB/T 9204—2008《钢件感应淬火金相检验》，钢制工件淬透层金相组织共分 10 级，1～2 级是过热组织，3～7 级为合格组织，8～10 级为加热不足（或冷却不足）组织。

⑤ 变形量及裂纹　要根据工件的技术要求进行检查，不应影响以后的机械加工及使用要求。如轴类变形主要为挠曲变形，通常可用中心架和百分表来测量；齿轮类工件主要检查齿向的变形量；齿环类工件变形主要为内孔和端面的平面度等。

有特殊要求的工件必须按照工件的技术要求进行淬火裂纹的检查，一般采用磁粉检测和荧光检测，磁粉检测后的工件应经过退磁处理后再进入下道工序。

4.2.5　感应热处理件常见质量问题及产生原因

① 硬度不足　单位表面功率低；加热时间短；加热表面与感应器间隙过大；加热结束至冷却的时间过长；喷液时间短；喷液供应量不足或喷液压力低；淬火介质冷却慢等。

② 硬度不均匀如软点、软带　由加热、冷却不均匀导致，如感应器结构不合理、喷水孔堵塞或喷水孔过少、喷水角度小、工件旋转速度与移动速度不协调、喷水孔角度不一致、材料原始组织不良等。

③ 淬透层深度过高或过低　材料含碳量偏高或偏低；温度偏低或偏高；回火时间不当；淬火冷却介质的成分、压力、温度选择不当；材料表面脱碳；淬火加热温度低等。

④ 开裂　加热温度过高、不均匀；冷却介质冷速过快；工件淬透性偏高、成分偏析、含有害元素、存在缺陷；零件结构设计不合理。

⑤ 表面灼伤　感应器结构不合理；加热时间过长；工件带有尖角、孔、槽；表面有缺陷；感应器与工件短路等。

4.2.6　感应表面淬火技术的局限性

感应表面淬火技术是迄今为止国内外使用最为普遍的表面淬火技术，在机械行业齿轮和各种轴类零件的表面淬火中得到非常广泛的应用。但该技术仍存在如下局限性：

① 与普通淬火相比，设备的成本较高。

② 感应加热时，容易使零件的尖角棱边处过热，即导致所谓"尖角效应"。

③ 对于一些形状复杂的零件，感应表面淬火难以保证所有的淬火面都能获得均匀的表面淬透层。

4.2.7　应用实例

感应热处理具有加热速度快、节能、氧化脱碳少、污染少、易于实现流水生产、质量稳定等特点，在国内外机器制造行业，特别是汽车、拖拉机行业得到广泛应用。

（1）曲轴的感应热处理

曲轴是汽车发动机内重要组成部分，工作过程中曲轴承受交变的弯曲力矩和扭转载荷，长时间服役下容易造成曲轴的磨损和断裂，因此在设计曲轴时要求其轴颈表面有足够的硬度且耐磨，有较好的抵抗弯曲扭转的性能，并且芯部要有高的韧度。曲轴进行表面感应加热淬火热处理，能使曲轴表面形成合理的淬透层和残余应力分布，能够显著地提高轴颈表面的抗磨损能力及曲轴的弯曲疲劳强度。某型号的曲轴外观如图 4.7 所示。

汽车曲轴常用材料有调质钢 42CrMo、35CrMo、40Cr 等，非调质钢 38MnVS6、48MnV、C38N2 等，以及球墨铸铁 QT600-2、QT700-2、QT800-2 等，这些材质都可以感应淬火。在进行选材及感应淬火工艺设计时，需根据产品设计中有关数据，如曲轴载荷、发动机转速、发动机服役条件等确定曲轴服役条件，选用材料时应综合分析，在满足性能要求的前提下优先选择球墨铸铁和非调质钢，以降低生产成本。

图 4.7　某型号曲轴外观　　　　　图 4.8　曲轴感应淬火时的加热效果

曲轴生产中大量采用感应淬火工艺，技术及经济指标非常好。感应淬火仍然是目前曲轴首选的强化技术，曲轴感应淬火时的加热效果如图 4.8 所示。

钢曲轴经感应淬火＋低温回火后，与调质态相比，疲劳强度可提高 134％，并可大大提升轴颈表面的耐磨性；感应淬火生产率高、清洁且易于流水线生产；节能降耗，比其他热处理能耗降低 80％以上；曲轴变形小，氧化脱碳少，能减少机械加工工作量等。

预备热处理设计非常重要，要考虑不同的预备热处理对感应淬火的影响，才能将材料和热处理工艺的性能发挥到最佳状态。其中调质钢应通过调质处理得到细小均匀组织；而非调质钢可以利用 V、Ti 等元素细化晶粒，降低成本的同时还能够提高各项力学性能。在制定感应淬火热处理工艺时，要根据工件的组织特点加以分析，充分利用其优点，避免其不足。球墨铸铁曲轴基体为珠光体，以片状为好，感应淬火前的组织有正火态和铸态两种。

在制定感应淬火热处理工艺时，钢曲轴要求淬透层组织主要为针状回火马氏体，不应出现游离铁素体；球墨曲轴允许在球状石墨附近有少量未溶铁素体，但不能呈环状。其余的指标还有淬透层深度、表面硬度、淬火变形量等。

（2）汽车后桥半轴的感应热处理

汽车后桥半轴是传递转矩的重要零件，不仅承受扭动转矩，而且承受作用在车轮上下、前后、左右的负载引起的弯矩。因此需要具有足够的强度和表面硬度。

我国常用半轴材料有 45 钢、40Cr、40MnB、42CrMo 等；国外常选用 S48C、S50C、SCM440H 等钢材。

半轴热处理工艺包括调质处理、中频感应热处理、调质后再中频感应热处理。

某型号汽车后桥半轴材料为 40MnB，感应热处理要求为：调质处理后的硬度为 229～269HBW，机加工后再中频感应淬火和回火，淬透层深度 4～7mm，淬火硬度 52～63HRC。淬透层分布见图 4.9，经大功率中频感应淬火和自回火后，当淬透层深度为半轴直径的 10%～15% 时，在表面会产生 200～600MPa 的残余压应力，能显著提高表面的疲劳强度，大大提升疲劳寿命。

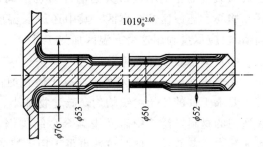

图 4.9　某型号汽车后桥半轴及淬透层分布

4.3　其他种类表面淬火

4.3.1　火焰表面淬火

火焰表面淬火即火焰加热表面淬火，是将氧-乙炔火焰或其他气体火焰喷射到工件表面，使表面迅速加热到淬火温度，然后将一定的冷却介质喷射到加热表面或是将工件浸入到冷却介质中进行淬火的一种工艺方法。火焰表面淬火必须满足供给表面的热量大于自表面传给心部及散失的热量，以便达到所谓"蓄热效应"。

（1）火焰表面淬火的优缺点

优点是：

① 设备简单、使用方便、成本低；

② 不受工件体积大小的限制，可灵活移动使用，适合现场操作；

③ 淬火后表面清洁，无氧化、脱碳现象，变形也小。

其缺点是：

① 表面容易过热；

② 较难得到小于 2mm 的淬透层深度，只适用于火焰喷射方便的表层上；

③ 所采用的混合气体有爆炸危险；

④ 自动化程度低，产品质量波动较大。

（2）火焰的结构及其特性

火焰表面淬火要求具有较快的加热速度（一般 1000℃/min 以上），这就要求燃料必须具有较高的发热值，且来源容易，价格低廉，储存使用方便，安全、可靠、污染小等。一般可用下列混合气体作为燃料：

① 煤气和氧气（1：0.6）；

② 天然气和氧气（1：1.2 至 1：2.3）；

③ 丙烷和氧气（1：4 至 1：5）；

④ 乙炔和氧气（1：1 至 1：1.5）。

不同混合气体所能达到的火焰温度不同，最高为氧-乙炔焰（3100℃），最低为氧-丙烷焰（2650℃）。通常用氧-乙炔焰，简称氧炔焰。乙炔和氧气的比例不同，火焰的温度不同。乙炔与氧气的比例不同，火焰的性质也不同，可分为还原焰、中性焰或氧化焰。火焰分三区：焰心、还原区及全燃区。其中还原区温度最高（一般距焰心顶端2～3mm处温度达最高值），应尽量利用这个高温区加热工件。

（3）火焰表面淬火工艺

火焰表面淬火加热速度快，奥氏体化时间短，晶粒细小，奥氏体化温度向高温方向推移。要求工件的原始组织均匀，碳化物细小。工件最好先进行正火或调质处理。火焰表面淬火适用的材料广泛，中碳及中碳合金结构钢、工模具钢、马氏体不锈钢等都可以采用火焰表面淬火，灰铸铁、球墨铸铁也可采用火焰表面淬火工艺。加热时，火焰表面淬火加热温度要比普通淬火高20～30℃，一般钢件的火焰表面淬火温度为A_{c3}＋（80～100）℃，铸铁的火焰表面淬火温度为 $[730+28W(Si)-25W(Mn)]$℃。

火焰表面淬火淬透层深度一般为2～6mm，若要获得更深的淬透层，往往引起工件的严重过热，且易产生淬火裂纹。

火焰表面淬火后也需要及时回火。回火温度和时间取决于工件化学成分及热处理技术条件。一般情况下，回火温度为180～220℃，保温时间为1.2h。工件淬火表面磨削后，最好进行第二次回火，炉内处理，温度一样，时间减少一半，可进一步降低淬火应力。

（4）火焰表面淬火常见缺陷及对策

① 淬火开裂　淬火开裂是火焰表面淬火的常见缺陷，尤其是齿轮进行火焰淬火时，极易在齿顶处出现密集裂纹。为避免裂纹产生，可选用乳化剂代替纯水作为淬火剂，并避免起头与收尾的重叠，应留有5～10mm软带；火焰应距边缘或尖角5～10mm，以避免淬火应力过大。

② 硬度不足或不均匀　硬度不足的原因主要有材料碳含量偏低、加热温度不够、冷却不良等；硬度不均匀主要原因是火孔大小不一、火孔堵塞、喷水孔堵塞等。可根据具体原因采取相应对策。

③ 熔化　移动速度慢或停顿时，可引起淬火表面烧熔。此外，尖角、孔边也极易烧熔。轻微熔化可用砂轮打磨修复。

④ 畸变　火焰表面淬火极易变形，特别是板状工件单面淬火。可通过改善加热条件、调整喷嘴尺寸等减少淬火变形，对单面淬火工件，可采用夹具固定、淬火后长时间回火消除应力的方法减少变形，并可采用加热校直方法恢复工件尺寸精度。

4.3.2　激光、电子束、等离子束表面淬火

利用高能束进行材料表面改性是20世纪70年代初发展起来的新技术。可以通过采用激光束、电子束、等离子束等热源对材料表面照射或注入表面，使材料表层发生成分、组织及结构变化，从而改变材料的表面性能。

高能束表面改性的共同特点是：能源能量密度极高，采用非接触式加热，热影响区小，对工件基体材料的性能及尺寸影响小，工艺可控性强，便于实现自动化控制。

4.3.2.1　激光表面淬火

（1）激光淬火原理

激光表面淬火（简称激光淬火）又称激光相变硬化，原理是利用聚焦后的激光束照射到

钢铁材料表面，使其温度快速升高到相变点以上，激光移开后，由于仍处于低温的内层材料的快速导热作用，表面迅速冷却发生马氏体相变。激光是一种亮度极高，单色性和方向性极强的光源。激光加热和一般加热方式不同，它是利用激光束由点到线、由线到面地以扫描方式来实现。常用扫描方式有两种：一种是以轻微散焦的激光束进行横扫描，它可以单程扫描，也可以交叠扫描；另一种是用尖锐聚焦的激光束进行往复摆动扫描。表面淬火时最主要的是控制表面温度和加热深度，因而用激光扫描加热的关键是控制扫描速度和功率密度。如果扫描速度太慢，温度可能迅速上升到超过材料的熔点；如果功率密度太小，材料又得不到足够的热量，会导致达不到淬火所需要的相变温度，或者停留时间过长，加热深度过深，会导致不能自行冷却淬火。

（2）激光淬火的特点

激光淬火原理与感应表面淬火、火焰表面淬火相似，只是其能量密度更高，加热速度更快，不需要淬火介质，工件变形小，淬透层深度和加热轨迹更易控制，易于实现自动化。

① 加热速度快，淬火不用冷却剂　因为激光具有很高的能量密度，故可使金属表面在百分之几甚至千分之几秒内升高到所需淬火温度。由于升温快、加热集中，因而停止照射时可以把热量迅速传至周围未被加热金属，被加热处可以迅速冷却，达到自行淬火的效果。由于加热速度极快，故可以得到超细晶粒。

② 可以进行局部的选择性淬火　由于激光具有高的方向性和相干性，可控性能特别好，可用光屏系统传播和聚焦，因此，可以按任何复杂的几何图形进行局部选择性加热淬火，而不影响邻近部位的组织和光洁度。对一些拐角、狭窄的沟槽、齿条、齿轮、深孔、盲孔表面等用光学传导系统和反射镜可以很方便地进行加热淬火。

③ 几乎没有变形　加热冷却速度极快，表面畸变小，疲劳强度高。

（3）激光淬火工艺

① 工件表面预处理　各种材料对激光的吸收差别很大，波长越短，材料表面光谱吸收率越高。由于激光加热是一种光辐射加热，因而工件表面吸收的热量除与光的强度有关外，还和工件表面黑度有关。一般工件表面光洁度很高，反射率很大，吸收率几乎为零。为了提高吸收率，通常都要对表面进行黑化处理，即在欲加热部位涂上一层对光束有高吸收能力的薄膜涂料。常用涂料有磷酸锌盐膜，磷酸锰盐膜、炭黑、氧化铁粉等，但以磷酸盐膜为最好。

采用喷（刷）涂料进行激光淬火前的表面预处理简单方便，涂料由骨料、粘结剂、稀释剂等组成，可使激光光谱吸收率达到 85％～90％以上。

② 激光淬火工艺参数　主要工艺参数有：激光输出功率（P）、激光功率密度（Q）、光斑面积（S）、扫描速度（v）与作用时间（t）等。其中，激光功率密度与激光输出功率、光斑面积的关系符合下式：

$$Q = \frac{P}{S}$$

激光淬透层深度（H）与主要工艺参数的关系应符合下式：

$$H \propto \frac{P}{Sv}$$

激光扫描方式分为搭接、衔接和间隔三种，常用于工件的局部、间隔式表面淬火处理。原始组织一般要求晶粒细小、均匀。可选择退火、正火、调质或淬火＋回火作为预备热处理。选择激光淬火工艺参数时，须充分考虑材质、原始状态、预处理方法、性能要求、工作尺寸及形状等因素，确定激光功率、光斑面积、扫描速度等工艺参数。

③ 激光器种类　依据激光器的特点不同，激光淬火可分为 CO_2 气体激光淬火和固体激光淬火。CO_2 气体激光器主要由工作物质、光学谐振腔、风机、热交换器、电源、真空泵等几部分组成。固体激光器的发光介质是固体材料，包括各种特种晶体和光纤。近年来，半导体激光器、盘片激光器、光纤激光器等固体激光器的发展，极大改变了激光表面工程技术领域的发展面貌。

两类激光器用于激光淬火时的主要差别在于：CO_2 气体激光的波长为 $10.6\mu m$，金属对其表面的反射率比较高，因此在激光淬火之前需要对金属表面进行黑化处理，以便增强金属对激光束的吸收率。而固体激光的波长比较短（半导体激光的波长约为 808nm，光纤激光与 Nd∶YAG（掺钕钇铝石榴石）激光的波长为 $1.06\mu m$），金属基体对其吸收率比较高，因此一般不需要进行预处理。

（4）激光淬透层组织及性能

钢铁材料经激光淬火后，表层分为硬化区、热影响区（过渡区）和基体三个区域，一些典型材料的激光淬火层组织如表 4.3 所示。

表 4.3　典型材料的激光淬透层组织

材料		硬化区	过渡区	基体
碳钢	20	板条马氏体	马氏体＋细珠光体	珠光体＋铁素体
	45	细小板条马氏体	马氏体＋屈氏体（调质态）隐针马氏体＋屈氏体＋铁素体（退火态）	珠光体＋铁素体
	T10	针状马氏体＋残留奥氏体	马氏体＋屈氏体＋渗碳体	珠光体＋渗碳体
合金钢	42CrMo	隐针马氏体	马氏体＋回火索氏体＋珠光体	珠光体＋铁素体
	GCr15	隐针马氏体＋合金碳化物＋残留奥氏体	隐针马氏体＋回火屈氏体＋回火索氏体＋合金碳化物	回火马氏体＋合金碳化物＋残留奥氏体
	W18Cr4V	隐针马氏体＋未溶碳化物＋残留奥氏体	隐针马氏体＋回火屈氏体＋回火索氏体＋碳化物颗粒	回火马氏体＋合金碳化物＋残留奥氏体
铸铁	HT200	马氏体＋残留奥氏体＋未溶石墨带	马氏体＋珠光体＋片状石墨	珠光体＋片状石墨＋少量磷共晶
	QT600-3	马氏体＋残留奥氏体＋球状石墨	马氏体＋珠光体＋球状石墨	珠光体＋球状石墨

图 4.10、图 4.11 展示了不同种类的激光单程扫描及交叠扫描的热影响区及淬透层的形貌。从图 4.10（a）、图 4.11 可以看出，散焦激光束单程扫描的表面淬火区形貌为月牙形，中间深度大，两侧深度小，说明散焦激光束中间温度最高，向两侧逐渐降低，这种月牙形淬火条纹在使用过程中，随着磨损的增加，表面淬火面积急剧减小，表面耐磨性也会下降，影响使用寿命；图 4.10（b）所示交叠扫描性能稍好（前后两次激光扫描带 1 和 2 有一定搭接

区域），但中间仍会有软带，导致性能不稳定；而图 4.10 （c）摆动的尖锐聚焦光束单程扫描能获得近似梯形的淬火区域，这种组织在后续的磨损过程中，由于淬火强化，体积变化较小，耐磨性能好，能够在较长时间内保持相对稳定，效果最好。

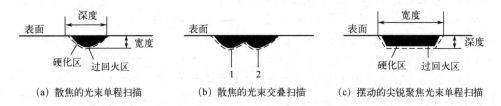

(a) 散焦的光束单程扫描　　　　(b) 散焦的光束交叠扫描　　　　(c) 摆动的尖锐聚焦光束单程扫描

图 4.10　不同聚集程度的激光束扫描产生的热影响区

图 4.11　散焦激光束单程扫描淬透层形貌

激光淬火后，硬度比常规淬火更高，晶粒有明显的细化作用，耐磨性提升，残余压应力能使表面疲劳寿命明显提升，基于以上特点，激光淬火现已进入规模化生产应用阶段。例如汽车上可锻铸铁转向器壳体内壁用激光淬火可得宽 1.5～2.5mm、深 0.25mm 的淬透层，耐磨性可增加 10 倍；其他如曲轴颈圆弧处的局部，及阀座、阀门杆、缸套、导轨、弹簧、工模具、齿轮、石油管道内壁、精密仪器等均可采用激光表面淬火。可以预料，今后的激光热处理将会进一步发展。

4.3.2.2　电子束表面淬火

电子束表面淬火（简称电子束淬火）与激光淬火一样，通过高能束加热工件表面，使其表面迅速升温至淬火温度，然后自激冷却得到马氏体相变。电子束淬火功率密度可达 10^4～$10^5 W/cm^2$，加热速度 10^3～$10^5 ℃/s$。电子束表面淬火加热冷却速度很快，会使表面马氏体组织细化，硬度较高，同时，表层输入能量会对淬透层深度产生明显影响。

电子束可以聚焦和转动，因而有与激光相同的加热特性。和激光加热相比较，电子束加热效率高，消耗能量是所有表面加热中最小的；而激光加热的电效率低，成本较高，仅优于渗碳，大功率激光器维护也比较复杂。但激光加热除了激光器本身外，无特殊要求，而电子束系统需要有一定真空度。电子束加热工件表面无须特殊处理，而激光加热工件表面要进行发黑处理。激光具有极高的可控性能，可精确地瞄准加热部位，电子束的可控性则较激光差。

4.3.2.3　等离子束表面淬火

（1）等离子束淬火概述

等离子束表面淬火简称等离子束淬火，是采用氩气或氮气等气体放电形成的压缩电弧等离子束流对钢铁表面进行快速扫描，随着材料自激冷却，扫描带表面一定深度范围内发生马氏体相变获得淬火硬化效果的工艺。可以看出，等离子束淬火和激光淬火、电子束淬火近似，都能使工件在自激冷却的条件下马氏体化。

（2）等离子束淬火基本原理与设备

如前所述，等离子束淬火是采用氩气或氮气等形成的压缩电弧等离子束流（见图 4.12）对钢铁表面进行快速扫描，扫描带表面不发生熔融凝固而获得淬火硬化效果的工艺，即等离子束淬火工艺过程为：等离子束加热→表面温度达相变点以上→冷却后奥氏体转变成马氏体。等离子束淬火一般采用直流电，直流等离子束流功率大，电弧温度高，弧焰流速快，能量集中。等离子束淬火时加热速度极快，相变在很大的过热度下进行，形核率很大。又因为加热时间很短，碳原子的扩散及晶粒的长大受到限制，所以得到的奥氏体的晶粒小而不均匀，易得到隐

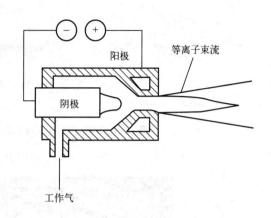

图 4.12　等离子束流产生原理示意图

针或细针马氏体组织。另外，等离子束流在距喷嘴同一距离下，从弧柱中心到边缘，温度呈递减分布，见图 4.13（a），金属中第二相随着温度的递减，其溶解过程的特征在淬火组织中均能表现出来；同时从图 4.13（b）可看出，距离喷嘴越远，等离子束流流速越低。

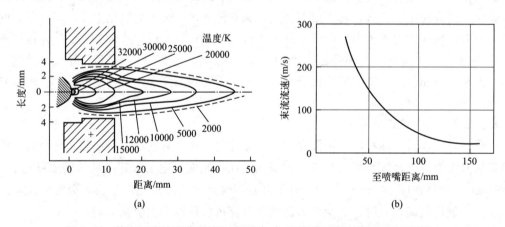

图 4.13　等离子束流温度梯度示意图（a）和等离子束流流速示意图（b）

直流压缩电弧等离子体作为一种常用高能束流，使等离子束淬火具有比常规淬火更高的表面硬度和强化效应，同时淬透层内残留有相当大的压应力，从而增加了表面的疲劳强度；但是目前等离子束淬火也存在不可避免的缺陷，即容易形成月牙形淬火条纹（图 4.14），这是由于等离子束截面的功率密度分布对淬火效果有重要的影响。圆柱形等离子弧由于中心温度高且扫描距离长，淬火硬化深度很不均匀，中心深度大，硬化带边缘硬化深度急剧减小，因此硬化带随使用磨损过程急剧变窄，有效硬化面积减小，磨损性能变差。与激光淬火相比，激光束为矩形，光斑中的功率保持基本均匀或边缘较高。激光淬火通过优化工艺参数，有望获得近似矩形的硬化断面，使其在磨损过程中始终保持硬化带的面积不变。

图 4.14 等离子束淬火的月牙形淬火条纹

很多等离子发生气和保护气都选用氩气，主要原因如下：氩气与氢气、氮气相比，原子量大，热导率小，且氩气为单原子气体，不吸收分解热。因此，氩气容易电离，容易形成电离度高，且有良好稳定性的等离子束流。此外，氩气是惰性气体，与各种金属均不发生化学反应，也不溶解于各种金属，它对防止电极、喷嘴氧化烧损有益。用氩气作保护气，所需空载电压最低，且因其携热性差，热导率小，弧柱较短，可以有很高的热效率。而且在惰性气体中，它的成本最低。

（3）等离子束淬火工艺的影响因素

① 喷嘴孔径　主要影响弧柱直径和温度，从而影响淬火条纹的宽度和淬火效率。

② 电极内缩量　以电极与喷嘴距离作为间接衡量标准，对电极烧损有很大影响。内缩量太小，气流冲击和电极的化合作用会使电极损耗严重；内缩量太大，喷嘴出口处电弧截面增加，电弧变粗，电弧穿透力减弱。

③ 电极端头形状　不宜太尖或太钝。一般尖锥角取和喷嘴压缩角相同。

④ 弧长　弧长增加，电弧电压增加，等离子弧利用效能减少，热辐射损耗增加，气体保护作用减弱。

⑤ 工作气体流量　气体流量增加，一方面，电弧电压增加，电弧功率会有所提高；另一方面，气体流量增加，使电弧压缩程度增加，能量更集中。但气流增加有一定限度，过大会导致电离困难，电弧熄灭。

⑥ 喷嘴到表面的距离　随着距离的增加，电弧电压将随之增加；等离子弧暴露在空间的长度增大，热辐射损耗增加，气体保护作用减弱，电弧发散，淬火条纹宽度加大，热影响区扩大。

⑦ 扫描螺距和扫描速度　需要根据工件的淬火要求选择，基本原则是保证淬火过程能够顺利进行，同时保证工件的耐磨效果。

表 4.4 是常用的几种表面淬火工艺的比较，从中可以看出，等离子束淬火具有较大的工艺优势，综合应用效果较好。

表 4.4　几种常见的表面淬火工艺特征比较

项目	表面淬火工艺			
	火焰淬火	高频感应淬火	激光淬火	等离子束淬火
功率密度/(W/cm²)		10^2	$10^3 \sim 10^5$	10^3
加热时间/s	$10 \sim 100$	$1 \sim 10$	<1	1
淬透层深度/mm	$2 \sim 6$	$0.5 \sim 2.5$	$0.1 \sim 0.2$	$0.1 \sim 0.5$

续表

项目	表面淬火工艺			
	火焰淬火	高频感应淬火	激光淬火	等离子束淬火
生产成本	低	适中	较高	适中
工艺特点	操作方便，但大面积淬火均匀性较差	淬透层深度调节方便，适合大批量生产	淬火部位精确可控，易于实现自动化。重叠淬火有回火软带	

（4）等离子束淬火的应用

等离子束淬火的工艺优势是使工件表面形成由超细马氏体组成的淬透层，具有比常规淬火更高的表面硬度和强化效应，表面淬透层残留压应力，增加表面疲劳强度。故等离子束淬火适用于高硬度淬透层，要求内韧外硬且变形小的零件表面，最为合适的场合就是小面积的局部表面；但是它也可用来处理复杂的和较大的零件，且无需淬火介质。

适用于等离子束淬火的金属材料主要有中碳调质钢和球墨铸铁类，如普通碳素结构钢——35、40、45、50 钢等，合金结构钢——40Cr、45MnB、30CrMo、42CrMo、42SiMn、5CrMnMo、5CrNiMo 等，铸铁类如灰铸铁、球墨铸铁、合金球墨铸铁等。

在等离子束淬火过程中，由于高温奥氏体中的固溶体的分布差异较大，存在大量碳的过饱和微观区域，在淬火后，组织中存在大量残余奥氏体。与整体淬火相比，等离子束表面淬火组织中残余奥氏体量要大得多，而奥氏体是一个相对软相，等离子束淬火硬度却比常规淬火硬度高，这其实并不矛盾，是因为：等离子束表面淬火中的残余奥氏体是被强化了的奥氏体，一定量的合金碳化物溶解于残余奥氏体中，由于位错强化、固溶强化机制，残余奥氏体在一定程度上得到强化。

使用过程中，淬火条纹具有较高硬度，淬火条纹以外的表面硬度相对较低，韧性相对较好。硬度较低的部分可形成储油槽，在摩擦过程中润滑油不易丢失，容易带入啮合表面，容易形成流体润滑，最大限度地改善润滑条件。随载荷的增加，实际接触面积变大，摩擦因数随之降低。

图 4.15　等离子束淬火气缸套内壁各种类型淬火条纹

利用这一特点对零件表面实施等离子束淬火，可以提高材料的耐磨性和抗疲劳性能。而且，由于等离子束表面淬火速度快，进入工件内部的热量少，由此带来的热畸变小（畸变量为高频淬火的 $1/3 \sim 1/10$）。因此，可以减少后道工序（校正或磨制）的工作量，降低工件的制造成本。此外该工艺为自激冷却方式，是一种清洁卫生的热处理方法。研究表明，利用等离子束表面淬火对铸铁、碳钢、合金钢的典型零件的处理，都能显著提高其使用性能和延长使用寿命，如内燃机的气缸套（见图 4.15）和摇臂件、汽车挂车无芯滚道、喷塑机丝杠、工模具、机床导轨、换热器生产线的轧辊等零件，均取得了良好的应用效果。

【等离子束淬火应用实例——等离子束表面淬火等耐磨处理技术】

等离子束截面的功率密度分布对淬火效果有重要的影响，如上所述，圆柱形等离子弧中心温度高且扫描距离长，淬火硬化深度很不均匀，中心深度大，硬化带边缘硬化深度急剧减小（见图 4.14），造成硬化带随使用磨损过程急剧变窄，硬化带间的软带变宽，有效硬化面积减小，磨损性能变差。

在这种情况下，如果增大等离子束输出功率或降低等离子束扫描速率使硬化深度加深，则极易使硬化带中心线处出现烧蚀沟，熔融部分凝固后表面硬度波动较大，易出现裂纹。为了改善这种状态，可将等离子矩喷嘴改为宽弧扁形，将等离子弧压缩为扁弧，使其截面温度分布变得较为平缓，从而获得近似梯形的硬化带截面，这样使用磨损过程中硬化带不会再急剧变窄，改善了等离子束淬火硬化效果。

另外，以常规等离子束表面淬火的基本工艺为前提，在应用中又提出了气缸套等耐磨处理工艺。在内燃机工作时，爆发行程时，气缸套上死点区域瞬间工作温度可达几千摄氏度，下部区域正常工作温度在七八十摄氏度，温度波动很小；下部具良好润滑效果，上部对润滑油有刮干作用；上部为吸、压、爆、排工作腔，爆发行程后将产生大量烟尘，在吸气行程中有可能从空气中吸入灰尘或其他硬质点颗粒，对上内表面产生严重颗粒磨损，而下部颗粒物相对较少。因此会出现以下现象：逐渐失效过程中，形成上大下小的倒喇叭状，引起振动、活塞环加速磨损、动力不足、烧机油等。故对气缸套的要求是上部应更耐磨些。而普通等离子束表面淬火工艺的主要问题有：强化扫描轨迹与活塞之间的配对摩擦不合理；气缸套内表面的上部位与下部位采用统一的处理工艺，不符合等耐磨性的要求；扫描轨迹单一，不能满足各种工艺的要求。

为了进一步优化使用性能，可做以下改进措施：

① 改变扫描处理速度　加热功率不变，上部位扫描速度减小，处理轨迹加深，提高硬度；下部位扫描速度增大。既达到等耐磨性，又提高了效率。

② 改变扫描轨迹间隔　上部位采用较密的扫描轨迹，下部位采用较稀疏的扫描轨迹。

③ 改变加热功率　根据不同的处理部位随之改变输入能量。

④ 适当改变加热距离　恒流控制时，加热距离越近，其加热功率越大。

⑤ 改进扫描轨迹　由平行螺旋线改成交叉网格、波浪线、正余弦曲线或者以上扫描线混合使用。

经过以上改进的等耐磨处理具有以下优点：

① 强化处理方面　提高处理速度同时不降低质量，可降低处理成本，使处理过程的热变形更小。

② 使用方面　使气缸套内表面的磨损均匀化，避免出现磨损后的上喇叭口形状；提高发动机气室的密封性能；减少发动机的运行噪声。

习题

1. 请简述感应加热基本原理及特点。

2. 请简述 45 调质钢经高频感应表面淬火后组织和性能变化。

3. 请比较高频感应加热、等离子束加热和激光加热特点及应用。

参考文献

[1] 夏立芳. 金属热处理工艺学 [M].5 版. 哈尔滨：哈尔滨工业大学出版社，2012.

[2] 侯旭明. 热处理原理与工艺 [M].2 版. 北京：机械工业出版社，2015.

[3] 沈庆通，梁文林. 现代感应热处理技术 [M]. 北京：机械工业出版社，2008.

[4] 梁瑶瑶. 电磁感应淬火表面性能模拟及参数优化研究 [D]. 河北：燕山大学，2022.

[5] 郑金涛. 机体滚动轴承套圈感应淬火组织模拟与性能调控研究 [D]. 河南：河南科技大学，2020.

[6] 潘邻. 现代表面热处理技术 [M]. 北京：机械工业出版社，2017.

[7] 曾晓雁，吴懿平. 表面工程学 [M].2 版. 北京：机械工业出版社，2017.

[8] 李宗键. 曲轴电磁感应淬火及材料力学性能预测模拟研究 [D]. 北京：北京理工大学，2016.

[9] 郝巧玲. 气缸套等离子多元共渗"等耐磨"处理可行性研究 [J]. 热加工工艺，2008（16）：68-70.

[10] 齐俊平，王新华，王守忠. 气缸套等离子束淬火/渗硫层"等耐磨性"试验研究 [J]. 车用发动机，2023，（3）：35-39.

第5章

化学热处理

5.1 化学热处理概述

5.1.1 化学热处理定义及目的

将金属制件放在特定的活性介质中，加热保温使一种或几种元素渗入它的表层，改变其表面的化学成分和组织，以达到改变表面性能、满足技术要求的热处理工艺称为化学热处理。简单说是向金属的表面渗入某种元素的热处理工艺。化学热处理既改变表面的化学成分，又改变其组织。表面淬火只改变表面组织，而不改变表面成分。

金属的化学热处理的目的是通过改变金属表面的成分和组织获得单一材料难以获得的性能或进一步提高制件的使用性能。如中低碳钢或合金钢经表面渗碳或碳氮共渗、淬火回火后，钢的表面具有高的硬度和耐磨性，而心部保持良好的塑韧性。这一性能是单一中低碳钢或合金钢得不到的。对高速钢刀具，进行高温回火后，再进行软氮化或渗氮处理，可进一步提高高速钢表面耐磨性和耐腐蚀性能。对于高温工作的发动机叶片，通过表面渗铝处理，可提高工件表面抗氧化和耐腐蚀性能。

5.1.2 化学热处理方法

化学热处理常用方法有渗入法和沉积法。

① 渗入法 在金属零件表面渗入某种元素，如渗碳、渗氮、渗硼、渗铝、碳氮共渗等。被渗元素可以溶于 Fe 形成固溶体或与 Fe 形成化合物，从而改善工件表面性能。

② 沉积法 将具有某种特殊性能的化合物直接沉积于基体表面，如物理气相沉积、化学气相沉积。通过在金属零件表面沉积一层涂层，改变工件表面的性能。

5.1.3 化学热处理特点

（1）不受工件几何形状的限制　即任何几何形状复杂的工件经过化学 热处理后，均可获得沿其轮廓分布的均一的表面化学热处理层；

（2）具有较好的工艺性　如开裂倾向较小、处理温度范围较宽、对冷却介质的敏感性较小等；

（3）经济效益好　廉价的钢材经化学热处理后可获得表面性能好的工件，经化学热处理的碳钢件的表层性能不亚于同类合金钢的性能；

（4）能获得具有特殊性能的表面层　如耐腐蚀性、耐磨性等。

5.1.4 化学热处理分类

化学热处理根据分类方法不同，有多种分类方法。

① 以渗入元素命名　渗金属，渗非金属。

② 按渗入金属/非金属元素数量分类　金属单元渗：渗 Al、Cr、Ti、Nb、V、Zn。金属多元渗：渗 Al+Si、Al+Cr、Al+V、Al+Cr+Si。非金属单元渗：渗 C、N、B、O、S、Si 等。非金属多元渗：渗 C+N、O+N、O+ C+N。

③ 按渗入元素对表面性能作用分类　提高渗层强度及耐磨性：渗 C、N、B、Nb、V 等。提高抗氧化性、耐高温：渗 Al、Cr。提高抗啮合、抗擦伤能力：渗 S、N 等。提高耐腐性能：渗 N、Si、Zn。

④ 按介质的物理状态分类　固体渗：如固体渗 C、固体渗 B 等。液体渗：如盐溶炉渗 B，或 B、C、N 共渗，渗 Al 等金属。气体渗：如渗 C 和 C、N 共渗。

根据不同元素在金属表面作用，金属表面渗入不同元素后，可以获得不同性能。因此金属化学热处理最常见的就是以渗入的不同元素来命名。表 5.1 列出了常用化学热处理方法渗入元素种类及适用范围。

表 5.1　常用化学热处理方法及其适用范围

名称	渗入元素	适用范围
渗碳	C	用来提高钢件表面硬度、耐磨性及疲劳强度，一般用于低碳钢零件，渗层较深，一般为 1mm 左右
渗氮	N	用来提高金属的硬度、耐磨性、耐腐蚀性及疲劳强度，一般常用于中碳钢耐磨结构零件，不锈钢，工、模具钢，铸铁等也广泛采用渗氮。一般渗层深度为 0.3mm 左右，渗氮层有较高的热稳定性
碳氮共渗（包括低温碳氮共渗）	C、N	用来提高工具的硬度、耐磨性及疲劳强度，高温碳氮共渗一般适用于渗碳钢，并用来代替渗碳，温度低于渗碳，变形小。低温碳氮共渗适用于中碳结构钢及工模具钢
渗硫	S	耐磨，提高抗咬合磨损能力，适用钢种较广，可根据钢种不同，选用不同渗硫方法
硫氮共渗	S、N	兼有渗 N 和渗 S 的性能，适用范围及钢种与渗氮相同
硫氰共渗	S、N、C	兼有渗 S 和碳氮共渗的性能，适用范围与碳氮共渗相同

名称	渗入元素	适用范围
碳氮硼三元共渗	C、N、B	高硬度、高耐磨性及一定的耐蚀性能，适用于各种碳钢、合金钢及铸铁
渗铝	Al	提高工件抗氧化及抗含硫介质腐蚀的能力
渗铬	Cr	提高工件抗氧化、耐腐蚀能力及耐磨性
渗硅	Si	提高工件抗各种酸腐蚀的性能
渗锌	Zn	提高铁的抗化学腐蚀及有机介质中的腐蚀的能力

5.2 化学热处理基本原理

5.2.1 化学热处理的基本过程

金属化学热处理过程是一个复杂的过程，一般常把它看成由渗剂中的反应，渗剂中的扩散，渗剂与被渗金属表面的界面反应，被渗元素原子的扩散和扩散过程中的相变等过程所构成。其基本过程大致分为三个阶段：①分解阶段：渗剂中的化学反应分解出渗入元素的活性原子。②吸收阶段：活性原子被金属表面吸收。③扩散阶段：渗入原子在金属基体内达到一定浓度后从工件表面向内部扩散。

如在钢的表面气体渗氮时，通入氨气后，氨气首先在钢表面分解，产生活性氮原子：

$$2NH_3 \Longrightarrow 3H_2 + 2[N] \tag{5.1}$$

氮原子被钢表面吸收，渗入钢件表面进行渗氮。氮与钢表面产生界面反应，单原子以间隙原子形式固溶于铁素体中，当氮的浓度超过在该温度下铁素体的固溶极限时，氮原子和铁原子形成铁氮化合物。

渗金属时也可以类似反应表示，扩散是界面反应产生的原子渗入金属表面后向钢件内部的迁移过程。

化学热处理过程有时可以只有扩散过程，例如用热浸法渗金属时，就是把工件浸在熔融的金属中，直接吸附金属原子并向内部扩散。

5.2.2 化学热处理渗剂及其在化学热处理过程中的化学反应机制

化学热处理的渗剂一般由含有欲渗元素的物质组成，有时还须按一定比例加入一种催渗剂，以便从渗剂中分解出含有被渗元素的活性物质。渗剂必须具有一定活性。但不是所有含有被渗元素的物质均可作为渗剂，而作为渗剂的物质应该具有一定的活性。所谓渗剂的活性就是在界面反应中易于分解出被渗元素原子的能力。例如普通气体渗氮就不能用 N_2 作为渗氮剂，因为 N_2 在普通渗氮温度下不能分解出活性氮原子。

催渗剂是促进含有被渗元素的物质分解或产生出活性原子的物质，它仅是一种中间介质，本身不产生被渗元素的活性原子。例如固体渗碳时，除了炭粒以外，还须加碳酸钡和碳酸钠，这里的碳酸钡和碳酸钠就是催渗剂，碳酸钡和碳酸钠在渗碳前后没有变化，仅在渗碳过程中把炭粒变成活性物质 CO。渗碳过程发生基本化学反应如下。

在达到渗碳温度后

$$Na_2CO_3 \overset{\triangle}{=\!=\!=} Na_2O + CO_2$$

$$BaCO_3 \overset{\triangle}{=\!=\!=} BaO + CO_2$$

上述反应分解出的 CO_2 在碳粒表面与碳发生反应：

$$CO_2 + C =\!=\!= 2CO$$

生成的 CO 在钢件表面发生界面反应：

$$2CO =\!=\!= CO_2 + [C]$$

形成活性的碳原子，碳原子在钢件表面渗入 γ-Fe 中。

钢件表面渗碳完成后，在冷却过程中形成碳酸钠和碳酸钡：

$$Na_2O + CO_2 =\!=\!= Na_2CO_3$$

$$BaO + CO_2 =\!=\!= BaCO_3$$

由上述反应可见，碳酸钠和碳酸钡在渗碳前后没有变化，只是在渗碳过程中把炭粒变成活性 CO 物质。

化学热处理时渗剂分解出被渗元素活性原子的反应有以下几类。

① 分解反应　如普通气体渗碳、渗氮时：

$$CH_4 =\!=\!= 2H_2 + [C]$$

$$2NH_3 =\!=\!= 3H_2 + 2[N]$$

② 置换反应　如渗金属时：

$$MeCl_x + Fe \longrightarrow FeCl_3 + Me$$

③ 还原反应　如渗金属时：

$$MeCl_x + H_2 \longrightarrow FeCl_3 + Me$$

不论何种反应，其分解出被渗元素的能力均可根据质量作用定律确定。根据质量作用定律，每一反应的平衡常数在常压下取决于温度，当温度一定时，平衡常数也一定，主要取决于参加反应物质的浓度（液态反应）或分压（气态反应）。因此，影响渗剂活性的因素首先是渗剂本身的性质，在渗剂一定的条件下，影响渗剂活性的因素是温度和分解反应前后参与反应物质的浓度或分压。

在第 1 章中已讲述了渗碳、脱碳条件，气氛碳势愈高，渗碳能力愈强，活性愈高。当以 CO 作为渗碳剂时，随着 CO 的含量增加，渗碳能力增强。当 CO 含量一定时，随着温度的提高，渗碳能力降低。以甲烷作为渗碳剂时，随着甲烷含量的增加，渗碳能力增加；随着加热温度的提高，渗碳能力也提高。甲烷含量很低时，其渗碳能力就很强。例如在 900℃、甲烷含量（体积分数）为 5% 时，其碳势相当于渗碳体的碳浓度，而在同样温度下一氧化碳含量（体积分数）要达到 98% 左右时，才能达到相当于渗碳体浓度的碳势。因此，甲烷的活性很强，在渗碳时只能通入少量甲烷，否则碳势太高，分解出来的碳来不及被钢件表面吸收，会在工件表面沉积炭黑，阻碍渗碳过程的进行。

5.2.3　化学热处理的吸附过程及其影响因素

化学热处理时，界面反应是和金属表面对渗剂的吸附过程紧密相关的。固体表面对气相的吸附作用按其作用力的性质不同可分为两类，即物理吸附和化学吸附。

（1）物理吸附

是固体表面对气体分子的凝聚作用，吸附速度快，达到平衡也快。吸附的大多数为多分子层，固体晶格与气体分子间没有电子的转移和化学键的生成。随着温度的升高，吸附在固体表面上的分子离开固体表面（即解吸现象）愈多。

（2）化学吸附

与物理吸附不同，化学吸附在吸附过程中的结合力类似化学键力，而且有明显选择性。化学吸附的只能是单分子层，吸附的发生需要活化能，吸附速度随着温度的提高而增大。一般化学热处理的吸附过程随着温度的提高而增大。

吸附能力还和工件表面活性有关。所谓工件表面活性，也就是吸附和吸收被渗活性原子能力的大小。工件表面光洁度愈差，吸附和吸收被渗原子的表面愈大，活性愈强。若工件表面新鲜，即工件表面既没有氧化也没有沾污，则表面原子的自由键力场完全暴露，会增加捕获被渗元素气体分子的能力，因而增大表面活性。目前化学热处理常采用卤化物作净化物，在化学热处理过程中靠其对工件表面的轻微侵蚀作用，除去工件表面氧化膜等沾污物，降低工作表面光洁度，以提高表面活性，促进化学热处理过程。

5.2.4 化学热处理的扩散过程

扩散指金属表面溶入被渗元素后，该元素浓度增加，形成浓度差，发生迁移现象。金属表面溶入被渗元素的原子后，表面该种元素的浓度增加。因而表面与内部存在着浓度差，要发生原子迁移现象，被渗元素的原子由浓度高处向低处迁移，即发生了扩散。在化学热处理中，扩散现象一般有以下几种。

（1）纯扩散

纯扩散指渗入元素原子在母相金属中形成固溶体，在扩散过程中不发生相变或化合物的形成和分解。这种扩散现象多数发生在化学热处理过程的初期，或发生在渗剂活性不足以使渗入元素在工件表面达到钢中饱和浓度的场合。如碳钢渗碳，渗碳温度在930℃左右，根据铁碳二元合金平衡状态图，在930℃时，碳在奥氏体中最大溶解度为1.2%。在一般渗碳工艺中，表面渗碳层的碳含量在0.8%～1.0%，因此在渗碳过程中，碳在奥氏体中只进行扩散，不发生相变。

在化学热处理中，渗入元素原子在金属中形成的固溶体有两种：①当渗入元素是金属元素（铝、铬、硅、锌等）时，其与原金属形成置换固溶体［图5.1（a）］；②当渗入元素为原子半径较小的非金属元素（C、N、B）时，其与金属形成间隙固溶体［图5.1（b）］。

在化学热处理过程中，被渗元素在扩散层内各个区域的浓度是变化的，随着时间而发生变化，且沿着扩散方向的浓度梯度也不相同，因此，被渗元素在扩散层中的扩散是一个不稳定的过程，其扩散过程可用菲克第二定律来描述。在扩散系数为常数时，有

$$\partial C/\partial t = D(\partial^2 C/\partial^2 x) \tag{5.2}$$

式中，$\partial C/\partial t$ 为浓度变化速率，即扩散速度；$\partial C/\partial x$ 为在 x 方向的浓度梯度；D 为扩散系数。

在化学热处理中，存在以下两种情况。

一种是被渗元素被工件表面快速吸收，表面浓度很快达到界面反应平衡浓度，这时化学热处理过程主要取决于被渗元素的扩散速度，称为扩散控制型。将下列初始条件 $t=0$，$x=0$，$C=C_0$ 和边界条件 $t=t$，$x=\infty$，$C=0$ 带入式（5.2）可得

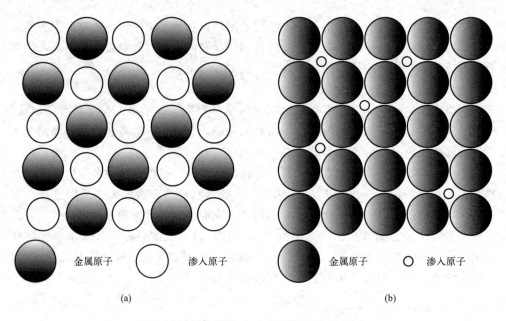

金属原子　　○ 渗入原子　　　　　金属原子　　○ 渗入原子

(a)　　　　　　　　　　　　　　(b)

图 5.1　置换固溶体（a）和间隙固溶体（b）

$$C（x，t）=C_0\left[1-\mathrm{erf}（x/2\sqrt{Dt}）\right] \tag{5.3}$$

式中，$\mathrm{erf}（x/2\sqrt{Dt}）$为高斯误差积分函数，由以上方程可知，被渗元素在扩散层中的浓度主要取决于扩散层的位置及扩散时间。由式（5.3）可以得到以下结论：

① 渗层深度与扩散时间的关系　渗层指在钢的表面渗入某种元素后，从表面向内保持该元素较高浓度的距离。

渗层深度与扩散时间满足以下方程式：

$$\delta^2=K_1t$$

式中，δ为渗层深度；K_1为常数；t为扩散时间。说明渗层深度δ与扩散时间t呈抛物线关系（图 5.2），延长化学热处理时间，相邻区域的浓度差减小，扩散速度逐渐降低；随时间延长，扩散浓度的增加值也越来越少（先快后慢）。

② 渗层深度与保温温度的关系

$$\delta^2=K_2\mathrm{e}^{-Q/RT}$$

式中，K_2为常数；Q为被渗元素的扩散激活能；R为气体常数；T为绝对温度。由上式可见渗层深度与温度呈指数关系，因而温度对深度的影响，远比扩散时间对深度的影响强烈（图 5.2）。

③ 渗层深度与表面浓度的关系　表面浓度

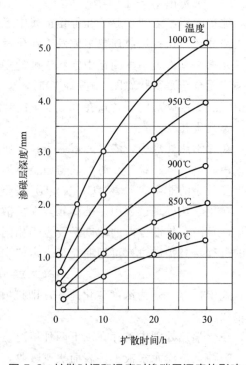

图 5.2　扩散时间和温度对渗碳层深度的影响

和保温温度愈高，渗层深度愈深（图 5.3）。

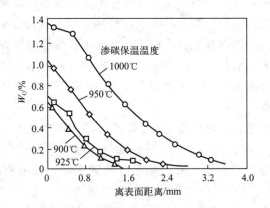

图 5.3　渗碳层深度与表面浓度（含碳量）、渗碳保温温度之间关系

另一种情况是化学热处理过程中表面不能立刻达到平衡浓度，此时渗层的增长速度取决于界面反应速度和金属中该元素的扩散速度，这种化学热处理过程称为混合控制型。由于该种情况计算比较复杂，在此不再讨论。

（2）带来相变的扩散和反应扩散

当渗剂的活性非常高，与之平衡的渗入元素的浓度大于该温度下的固溶度极限时，可能出现以下三种情况。

第一种情况是发生相变，即由固溶度较低的固溶体转变成固溶度较高的固溶体，例如铁的渗铬过程，这种扩散称为带来相变的扩散。

第二种情况是当被渗元素与渗剂平衡的浓度高于该温度固溶体的固溶度极限时，由固溶度较低的固溶体转变成固溶度更高的化合物，这种扩散称为反应扩散。例如钢的渗氮形成 ε 相氮化物，Fe 渗硼形成 FeB 都属于这一类。

第三种情况是合金钢渗碳或在铁中同时进行渗入碳、氮二元素的扩散过程。合金钢（例如铬钢）渗碳时，若碳浓度超过该渗碳温度下碳在 γ 铁中的固溶度极限，则将出现碳化物。但此时碳化物可以从奥氏体（γ 铁）中析出而成。奥氏体和碳化物二相共存状态存在于扩散层中，因为此时根据相律，尚允许奥氏体成分发生变化，即在奥氏体中存在浓度梯度，维持碳扩散的进行。因为渗碳温度一般较高，故碳化物呈球状分布于奥氏体基底上。随着碳浓度的提高，碳化物数量增加，直至与渗碳剂平衡。

5.2.5　加速化学热处理过程的途径

由于化学热处理过程一般持续时间较长，耗费大量能源，因此如何加速化学热处理过程，多年来一直是化学热处理研究的重要方向之一。化学热处理过程的加速，可以从加速化学热处理的基本过程来达到。加速化学热处理基本过程的方法可以是物理的方法，也可以是化学的方法，因而出现所谓物理催渗法与化学催渗法。

物理催渗法是利用温度、气压，或者利用电场、磁场及辐射，或者利用机械的弹塑性变形及弹性振荡等物理因素来加速渗剂的分解，活化工件表面，提高吸附和吸收能力，以及加速渗入元素的扩散等的方法。化学催渗的方法是在渗剂中加入一种或几种化学试剂或物质，促进渗剂的分解过程，去除工件表面氧化膜等阻碍渗入元素吸附和吸收的物质，利用加入的物质与工件表面的化学作用，活化工件表面，提高元素的渗入能力。

一般来说，化学催渗的方法只能加速渗剂的分解，提高工件表面的吸收能力，从而提高工件表面渗入元素的浓度。它对扩散过程的加速作用，仅是提高工件表面渗入元素的浓度，对扩散过程起决定作用的扩散系数无直接作用。一般化学热处理对渗入元素表面的浓度均有一定要求，不能过高。故一般化学催渗方法常和物理催渗方法结合使用，即利用化学催渗方法提高工件表面渗入元素的浓度，利用物理方法提高扩散系数，加速扩散过程。

（1）物理催渗法分类

目前利用物理因素加速化学热处理过程的基本方法有如下几种。

① 高温化学热处理　即提高化学热处理的加热温度，来促进化学热处理过程。一般来说，对某一种化学热处理过程如果提高加热温度，都将促进吸附和扩散。特别是对扩散过程，因为扩散系数 D 与化学热处理过程的绝对温度成指数关系，故提高温度将显著加速化学热处理过程。必须注意，提高化学热处理的温度不是随意的。

首先它受到该种化学热处理的目的及过程的性质限制。以渗氮为例，渗氮的目的是提高表面硬度和耐磨性，提高疲劳强度，同时对工件变形又有严格限制，一般渗氮温度不能高于共析温度 590℃。否则，渗层中将出现共析组织硬度剧降，表面 ε 相过厚，出现脆性，同时变形也将增大。

其次它受到钢种的限制，例如把渗碳温度提高到 1000℃ 以上，则可显著加速渗碳过程。但是这只能适用于含有细化奥氏体晶粒 V、Ti 等元素的钢，对本质粗晶粒钢，将引起奥氏体晶粒的急剧长大，使渗碳后钢中出现非正常组织，使力学性能变坏。

最后，它还受到设备的限制。温度过高时，可使发热元件、炉内耐热元件寿命降低。

② 高压或负压化学热处理　它只适于采用气体介质的化学热处理。所谓高压系指炉内气体压力高于一般大气压，而负压指炉内气压小于普通大气压。一般用气体介质进行化学热处理时，炉内气压总是略高于大气压，这样，炉内废气才有可能从排气管排出。高压化学热处理则是在几十个大气压条件下进行。判断炉内气压对渗剂分解速度的影响，应根据吕·查德里原理：当压力增加时，化学平衡移向生成气体分子数较少的一方，压力减小时则移向生成气体分子数较多的一方。但提高炉内压力，会提高介质密度，进而提高工件表面吸附能力，加速化学热处理过程。

例如用氨气进行气体渗氮，从氨气的分解反应来看，提高气压，不利于氨的分解，但提高气压的结果却使渗氮的开始阶段加速。在美国，为了强化石油工业用的泵及管子，采用压力渗氮，加速了渗氮过程，还减少了氨的消耗。由于压力大，设备需要严格密封，因而此法没有得到普遍应用。只有对一些特殊件，才用一些特殊方法。

例如上述石油钢管需内壁渗氮，把装有液氨并用易熔塞密封的容器放在管腔内，把管子密封，放在炉内加热。在渗氮温度下，易熔塞熔化，液氨流至管内受热并汽化，管内压力升高，在高压下进行渗氮。负压下的化学热处理为一定真空度的化学热处理。

③ 高频化学热处理　它是用高频加热的化学热处理。实验表明，无论渗氮或渗碳及其他化学热处理，用高频感应加热均能显著加速其过程。但是其加速原因至今尚未十分清楚，有的认为高频加热提高了工件表面吸收渗入元素的能力；有的则认为工件在高频交变磁场作用下，降低了溶质原子的扩散激活能，加速了扩散过程。

高频化学热处理最简单的方法是采用糊膏状渗剂，把它涂在工件表面上，然后高频加热，使渗剂在加热过程中分解，被工件表面吸收并向心部扩散。对气体介质，一般要使工作室密封，因此带来不少困难。它只适用于流水作业大批生产。

④ 采用弹性振荡加速化学热处理　此系在化学热处理时，施加弹性振荡（声频、超声频）来加速化学热处理过程。此种方法不论采用何种集聚状态的介质均可使用，但对液体介质的化学热处理更为有利。由于弹性振荡的传播，当由固相传至气相，或由气相传至固相时，效率很低，几乎不能通过界面传入另一相。固体与固体之间传播，只有在接触面非常光滑、接触良好的情况下，效率才较高。否则，若接触不好，中间有气隙，则固相与固相之间的传播变成固相-气相-固相的传播，效率就非常低；而液相与液相，或液相与固相弹性振荡通过相界面时损失较少。

化学热处理时，弹性振荡可以促进气体介质分解，提高介质的活性。弹性振荡对工件的作用是降低溶质原子的扩散激活能，提高扩散速度。此外，在化学热处理前，如对工件表面进行了适当的塑性变形，也可以加速化学热处理过程。

（2）化学催渗法分类

目前采用的化学催渗法基本上有如下几种。

① 卤化物催渗法　即在化学热处理时与渗剂同时加入氟、氯等化合物。卤化物既可作为渗入元素的提供者或携带者，也可以是专门为活化工件表面而加入的。例如渗金属时，常用金属的卤化物作为渗剂，或用卤化物和金属粉末作用，生成金属卤化物气体，把金属原子携带至被渗金属工件表面，析出该元素并渗入工件。在这两种情况下，卤化物均能使渗入元素有效地被工件表面吸附和吸收，促进了渗入过程。另一种情况是专门为活化工件表面而加入卤化物。例如普通气体渗氮时，加入氯化铵或四氯化碳，在渗氮时加热分解出氯化氢或氯气，破坏工件表面的氧化膜，活化了工件表面。此种渗氮法在国内被称为洁净渗氮法。在前二种情况中卤化物携带渗入元素的同时，对工件表面也有去氧化膜的作用。

② 提高渗剂活性的催渗方法　提高渗剂活性的催渗方法早已在化学热处理中应用。例如固体渗碳时，用炭粒进行渗碳的效果很差。但如果在炭粒中掺入 4％ $BaCO_3$ 和 15％ Na_2CO_3（质量分数），则会显著提高渗剂的活性，使工件的表面浓度及渗层深度大为提高。

5.3　渗碳

5.3.1　渗碳的目的、分类及应用

钢的渗碳就是使钢件在渗碳介质中加热和保温，使碳原子渗入表面，获得一定的表面含碳量和一定碳浓度梯度的工艺。这是机器制造中应用最广泛的一种化学热处理工艺。

渗碳的目的是使机器零件获得高的表面硬度、耐磨性及高的接触疲劳强度和弯曲疲劳强度；心部保持良好的塑性与韧性。

常用渗碳材料主要有以下几类：①含碳量为 0.1％～0.3％的低碳钢或合金钢；②低强度和淬透性钢：15、20、25 钢等；③中等强度和淬透性钢：20Cr、20Mn2、20MnV 等；④高强度和淬透性钢：20CrMnTi、20CrMnMo 等；⑤超高强度钢：20Cr2Ni4A、18Cr2Ni4WA 等。

根据所用渗碳剂在渗碳过程中聚集状态的不同，渗碳方法可以分为固体（固态介质）渗碳法、液体（液态介质）渗碳法、气体（气态介质）渗碳法及特殊渗碳法四种（图 5.4）。

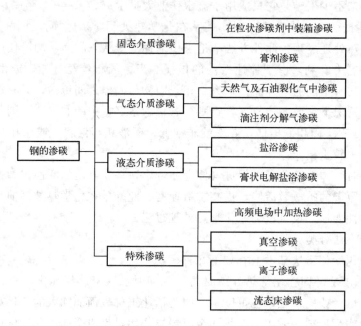

图 5.4　钢的渗碳分类

5.3.1.1　固体渗碳法

固体渗碳法是把渗碳工件装入有固体渗剂的密封箱内（一般采用黄泥或耐火黏土密封），在渗碳温度加热渗碳。固体渗碳过程主要由下列步骤组成：在灼热的固体介质表面上，CO_2 与 C 反应生成 CO；在金属工件表面，CO 分解析出活性 C 原子；活性 C 原子被工件表面吸收，并向内部扩散。固体渗碳不需要专门的渗碳设备，操作简单，成本低，大小零件都能用；但渗速慢，渗碳时间长，渗层不易控制，不能直接淬火，劳动条件差，效率低。

（1）固体渗碳剂

固体渗碳剂主要由供碳剂、催化剂组成。供碳剂一般为木炭、焦炭；催化剂一般是碳酸盐。木炭与渗碳箱内的氧气发生反应：

$$C+O_2 \longrightarrow CO_2$$
$$CO_2+C \longrightarrow 2CO$$
$$2CO \longrightarrow CO_2+[C]$$

催化剂的反应为：

$$BaCO_3 \longrightarrow BaO+CO_2, \quad CO_2+C \longrightarrow 2CO$$
$$Na_2CO_3 \longrightarrow Na_2O+CO_2, \quad CO_2+C \longrightarrow 2CO$$

（2）固体渗碳工艺

将工件埋入渗碳箱中，四周填满固体渗碳剂，并用箱盖和耐火泥将箱密封，然后送入加热炉中，加热至渗碳温度，保温一定时间后出炉，即得所需样品（图 5.5）。

常用固体渗碳温度为 $900\sim930\text{℃}$。因为据铁碳状态图，只有在奥氏体区域，铁中碳的浓度才可能在很大范围内变动，碳的扩散才能在单相的奥氏体中进行。$900\sim930\text{℃}$ 这个温度恰好较渗碳钢的 A_{c3} 点稍高，保证了上述条件的实现。扩散速度与温度的关系为温度愈高，扩散速度愈快。按理可以采取比上述更高的温度进行渗碳。但温度过高，奥氏体晶粒要发生长大，因而将降低渗碳件的力学性能。同时，温度过高，将降低加热炉及渗碳箱的寿命，也

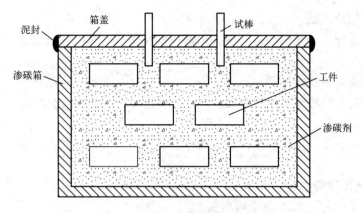

图 5.5 固体渗碳样品示意图

将增加工件的挠曲变形。

固体渗碳时，由于固体渗碳剂的热导率很小，传热很慢，更由于渗碳箱尺寸往往又不相同（即使是尺寸相同，可是工件大小及装箱情况如渗碳剂的密实度、工件间的距离等也不全相同），因而渗碳加热时间对渗层深度的影响往往不能完全确定。在生产中常用试棒来检查其渗碳效果。一般规定渗碳试棒直径应大于 10mm，长度应大于直径。固体渗碳时，渗碳温度、渗碳时间和渗层深度间的经验数据可在有关热处理手册中查到。但这些数据只能作为制订渗碳工艺时参考，实际生产时应通过试验进行修正。

5.3.1.2　液体渗碳法

液体渗碳是在能析出活性碳原子的盐浴中进行的渗碳方法，是在熔融状态的盐溶渗碳剂中进行渗碳的工艺。渗碳盐浴一般由三部分组成。第一部分是加热物质，通常用 NaCl 和 $BaCl_2$ 或 NaCl 和 KCl 混合盐。第二部分是活性碳原子提供物质，常用的是剧毒的 NaCN 或 KCN，我国有的地区采用 603 渗碳剂，其配方是粒度为 100 目[1]的木炭粉＋5％NaCl＋10％ KCl＋15％Na_2CO_3＋20％$(NH_2)_2CO$（质量分数），其原料无毒，但反应产物仍有毒。第三部分是催渗剂，常用的是占盐浴总量 5％～30％（质量分数）的碳酸盐（Na_2CO_3 或 Ba-CO_3）。

（1）液体渗碳用盐

液体渗碳盐浴一般由中性盐和渗碳剂组成，中性盐一般不参与渗碳反应，主要起调节盐浴密度、熔点和流动性的作用。

传统的渗碳盐浴以 NaCN 为供碳剂，这种盐浴相对容易控制，渗碳件表面碳含量较稳定，但氰盐有剧毒。

近年来发展了低氰渗碳盐浴（NaCN 质量分数保持在 0.7％～2.3％）和无 NaCN 型渗碳盐浴（用木炭粉和 SiC 作为供碳剂）。

（2）液体渗碳工艺

液体渗碳温度及盐浴活性是决定渗碳速度和表面碳含量的主要因素。对于渗层薄及变形要求严格的工件，可采用较低的渗碳温度（850～900℃）；对于要求渗层厚者，渗碳温度要高一些（910～950℃）。温度一定条件下，渗碳保温时间由渗层深度决定。

---

[1]　筛目简称目，指 2.54cm（1 英寸）长度中的筛孔数目，此处 100 目指粉末颗粒通过 100 个孔每英寸的筛网后留下的颗粒大小。

（3）液体渗碳法优缺点

优点：加热速度快，加热均匀，渗碳后便于直接淬火，适合于处理中小型零件。缺点：多数盐浴有毒。

（4）液体渗碳后的冷却方式

随炉降温或将工件移至等温槽中预冷，然后直接淬火（预冷温度应高于心部铁素体析出的温度）。

等温槽预冷后，工件出炉空气冷却（预冷目的是减少表面脱碳及氧化），然后重新加热淬火。

5.3.1.3 气体渗碳法

气体渗碳是工件在气体介质中进行碳的渗入过程的方法，即把工件放在一定温度的富碳气体介质中，通过加热和保温进行渗碳的工艺（图5.6）。气体渗碳是工件在高温下在气体的活性介质中进行渗碳的过程。其最大优点是整个过程不但炉温可调，而且渗碳过程中介质的碳势易于调控。所以，渗碳层浓度和组织可以调控，渗碳工件质量更有保证，且操作简便，周期短，劳动条件好，是如今应用最广的渗碳工艺。

可以用碳氢化合物有机液体，例如煤油、丙酮等，直接滴入炉内汽化而得。气体在渗碳温度热分解，析出活性碳原子，渗入工件表面。也可以将事先制备好的一定成分的气体通入炉内，在渗碳温度下分解出活性碳原子，渗入工件表面来进行渗碳。将有机

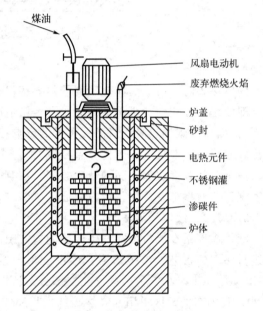

图 5.6 气体渗碳示意图

液体直接滴入渗碳炉内的气体渗碳法称为滴注式渗碳。事先制备好渗碳气氛然后将其通入渗碳炉内进行渗碳的方法，根据渗碳气氛的制备方法分为吸热式气氛渗碳、氮基气氛渗碳。

（1）滴注式气体渗碳

滴注式气体渗碳是指将苯、醇、煤油等有机液体直接滴入渗碳炉中裂解，进行气体渗碳的方法。一般将两种有机液体同时滴入炉内：一种液体产生的气体碳势较低，作为稀释气体；另一种液体产生的气体碳势较高，作为渗碳气体。改变两种气体的滴入比例，可使零件表面的含碳量控制在要求的范围内。

滴注式渗剂的选择原则有以下几点。

① 产气量大，渗碳能力强，有足够的活性原子　在常压下每立方厘米液体产生气体的体积称为产气量。渗剂的产气量高，可以在较短的时间内把炉内空气排出去，缩短渗碳时间。

渗剂的渗碳能力用碳氧比与碳当量衡量。碳氧比为渗剂分子中碳原子与氧原子数之比。其数值大于1时，在高温下除了会分解出大量一氧化碳和氢之外，还会析出一定数量的活性碳原子。碳氧比越高，则析出的活性碳原子越多，渗碳介质的渗碳能力也越强。甲醇、乙醇和丙酮的碳氧比分别为1、2和3，表明丙酮的渗碳能力很强。甲醇在高温下主要分解为 CO

和 H$_2$，而 CO 是一种极弱的渗碳气体，因此甲醇常作为渗碳的稀释剂，和其他强渗碳剂一起进行渗碳。

碳当量是指液体滴注剂在高温分解后产生一克分子碳所需的该物质的质量。碳当量越小，有机液体的渗碳能力越强。如甲醇、乙醇和丙酮的碳当量分别为 64、46 和 29，表明产生一克分子碳所需丙酮的量最少，其渗碳能力很强。以下渗剂按渗碳能力由强至弱顺序排列为丙酮、乙丙酮、乙酸、乙酯、乙醇、甲醇。

② 气氛中 CO 和 H$_2$ 成分具有稳定性 用 CO$_2$ 红外仪或露点仪进行碳势控制，是基于炉气中 CO 和 H$_2$ 的成分不变这一前提。在滴注式气体渗碳时，也是基于同一原理，利用红外仪或露点仪进行碳势控制。因此，当用甲醇作稀释剂，并用其他碳氧比大于 1 的有机液体作渗碳剂，在改变二者之间配比以改变炉气碳势时，炉气中的 CO 和 H$_2$ 成分应尽可能维持不变。图 5.7 为不同渗碳剂与甲醇以不同比例混合时对 CO 含量的影响。由图可以看出，如用异丙醇和甲醇作滴注剂，则随着它们配比的改变，气氛中 CO 含量也随之改变，相反，改用乙酸乙酯或者乙酸甲酯与丙酮的混合液作为渗碳剂，改变与甲醇的配比，炉气中 CO 含量基本不变。这样，在实际生产中易于调整和控制渗碳气氛。

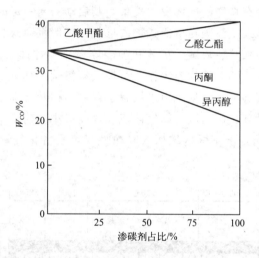

图 5.7 不同渗碳剂与稀释剂（甲醇）按不同比例混合时对 CO 含量的影响

③ 原料经济，来源方便，无公害 能使 CO 和 H$_2$ 的含量基本不变，而价格又比较低廉的渗碳剂通常为丙酮和甲醇的混合物。采用红外仪控制碳势时，往往采用固定总滴量、调整稀释剂与渗碳剂相对滴量的办法来调整炉内碳势。

图 5.8 为几种钢材的碳势与 CO$_2$ 浓度的关系。由图 5.8 可以看出：炉气碳势随着 CO$_2$ 含量 φ_{CO_2} 的增加而减小；在相同温度和 CO$_2$ 含量条件下，不同钢材的碳势不同；不同渗碳温度，同一 CO$_2$ 含量所得碳势不同，炉温较高时，碳势较低。如果要获得一定含碳量的渗碳层，必须根据工件的材料和具体要求来选择合适的渗碳温度和 CO$_2$ 含量。

（2）吸热式气氛渗碳

用吸热式气氛进行渗碳时，往往用吸热式气氛（CO、H$_2$、N$_2$、H$_2$O、CO$_2$、O$_2$ 等）加富化气（CH$_4$、C$_3$H$_8$）的混合气进行渗碳。其碳势靠调节富化气的添加量来控制。一般常用丙烷作富化气。当用 CO$_2$ 红外线分析仪控制炉内碳势时，其动作原理基本上与滴注式相同，不过在此处只开启富化气的阀门，调整富化气的流量来调节炉气碳势。

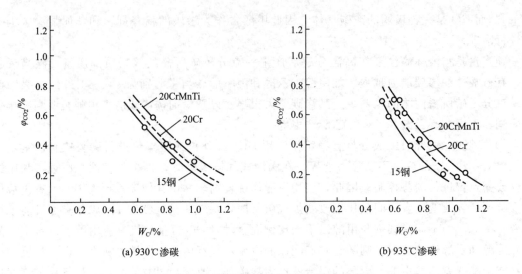

(a) 930℃渗碳 (b) 935℃渗碳

图 5.8　不同钢材的碳势与 CO_2 浓度的关系

　　由于吸热式气氛需要有特殊的气体发生设备，其启动需要一定的过程，故一般适用于大批生产的连续作业炉。连续式渗碳在贯通式炉内进行。一般贯通式炉分成 4 个区，以对应于渗碳过程的 4 个阶段（即加热、渗碳、扩散和预冷淬火）。不同区域要求气氛碳势不同，以此对其碳势进行分区控制。图 5.9 为连续作业可控气氛渗碳炉基本结构，以及炉中不同区域渗碳气体通入量和炉气碳势测定结果。由于设置了双拱结构及合理排布了进气孔位置，因此气氛在不同区域内自行循环，区与区之间气体流动速度极小。前室、后室均进行排气，前后室排气量之比为 1∶2，再加上不同区域通入吸热性气氛及富化气量不同，因而保证了炉内不同区域碳势。

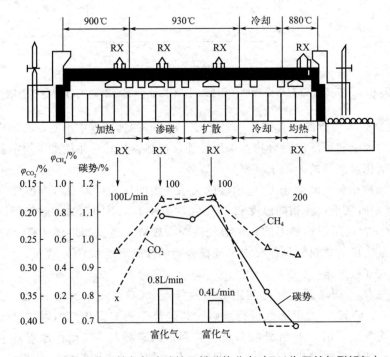

图 5.9　连续作业可控气氛渗碳炉及其碳势分布（RX 为天然气裂解气）

（3）氮基气氛渗碳

氮基气氛渗碳是一种以纯氮为载体，添加碳氢化合物进行气体渗碳的工艺方法。该工艺不需要气体发生装置，成分与吸热式气氛基本相同，渗碳层深度的均匀性不低于吸热式气氛渗碳。氮基气氛渗碳具有与吸热式气氛相同的点燃极限，由于 N_2 能自动安全吹灭，故采用氮基气氛的工艺具有更大的安全性，且渗碳速度不低于吸热式气氛渗碳。该工艺具有质量稳定、节省能源、气源丰富、安全经济、适应性广等优点，业已日益广泛用于生产，并将逐步部分取代吸热式气氛渗碳。

其常用的渗碳气氛有氮甲醇气氛、氮甲醇碳氢化合物气氛、氮甲烷二氧化碳气氛等。

① 氮甲醇渗碳气氛　这是一种纯氮和甲醇裂解气的混合气体，其成分和吸热式气体基本相同。可采用甲烷或丙烷做富化气，也可采用丙酮或乙酸乙酯的裂解气作为富化气。上述两种混合气体已成功地代替了吸热式气氛，省去了吸热式气体的发生装置。

这类气体有如下特点：

a. 具有与吸热式气氛相同的点燃极限。由于氮气能自动安全吹扫，故采用该种气体的工艺有更大的安全性。

b. 适合用反应灵敏的氧探头作碳势控制。

c. 在满负荷生产条件下，该气氛碳势及渗碳层深度的均匀性和稳定性与吸热式气氛相当。

d. 渗碳速度与用丙烷或甲烷制成的吸热式气氛相当。该种气氛中，氮气与甲醇分解产物的比例以氮气（40%）＋甲醇（60%）裂解气为最佳。

这种气体的渗碳工艺，大致与吸热式气氛渗碳相当。换气倍数也大致相同，周期式作业炉为 4～6 倍，推杆式炉为 4 倍。

② 氮甲烷二氧化碳气氛

添加氧化气氛 CO_2 的目的是使气氛中有足够的 CO 和 H_2 含量。在渗碳过程中，如果能保持足够高的 CO 和 H_2 含量，则可促进渗碳过程。显然，采用适当的 $\varphi_{CH_4}/\varphi_{空气}$ 或 $\varphi_{CH_4}/\varphi_{CO_2}$ 值和合适的炉气流量，即可实现获得一定表面含碳量的快速渗碳工艺。

5.3.1.4 真空渗碳

真空渗碳又称低压渗碳，是在低压（一般压力为 0～30mbar）真空状态下，采用脉冲方式，向高温炉内通入渗碳介质（高纯乙炔）进行快速渗碳的过程。

真空渗碳主要应用于汽车变速箱齿轮及柴油喷嘴箱等核心零部件（如发动机，减速箱等）上。

（1）真空渗碳的优缺点

真空渗碳零件具有真空热处理的普遍优点，相比于普通渗碳零件具有以下优点。

① 表面质量更好　真空渗碳表面不氧化、不脱碳，可保持金属本色；不产生内氧化（黑色组织），有助于提高零件的疲劳强度；能极大提高产品的可靠性和使用寿命。真空渗碳不会与氧接触，所以有氧产生的缺陷在真空渗碳中可全部避免。

② 可处理形状复杂的零件，工件变形小　真空渗碳工件加热时，加热的速度连续可控，可减小工件的内外温差，变形小；渗碳完成后，淬火方式为真空淬火，可大幅减小工件的淬火变形；能减少后期的加工量，节省加工成本。

适当减慢升温速度，可有效减小工件变形。真空渗碳炉加热时升温速度可控，可根据工件复杂性调节升温速度。

③ 渗碳层深度更均匀 工件加热完成匀温之后，才通入渗碳气体，保证了大小工件起始渗碳点的同步性，这是渗碳层均匀的基础。而常规气体渗碳和多用炉难以保证这一点。真空对工件表面有净化作用，有利于碳原子被工件吸附。

常规渗碳和多用炉渗碳，在排气时，赶气和碳势建立没有明显的界线，小件先到温，先开始渗碳，大小件渗碳起始点不同。低压真空渗碳的渗碳起始点是一致的，先加热到温，所有工件到温并匀温后，开始通乙炔渗碳，所以大小渗碳零件的渗碳层均匀性是一致的。

④ 表面碳含量易于控制 真空渗碳表面碳含量不必通过碳势控制，通过控制渗碳压力和渗碳气流量即可实现表面碳含量的精确控制。真空渗碳的原理已经和传统气体渗碳不同，没有了碳势的概念。

⑤ 渗碳温度范围跨度大 从低温渗碳到最高温渗碳，温度范围可达 1050℃，对于深层渗碳可大大节省工艺时间，更有利于完成特殊钢种的渗碳工艺。在 880~1000℃ 范围内的相同材料真空渗碳，随着渗碳温度的提高，渗碳速度不断增加。980℃ 的渗碳速度可以达到 920℃ 的两倍。真空高温渗碳可以应用于特殊材料，如马氏体不锈钢、铁素体不锈钢，还有 H13、Cr12MoV 等。对于这些材料，属于另外一种渗碳类型，即碳化物析出型渗碳。

⑥ 渗碳质量稳定 工艺参数设定以后，整个渗碳过程由微机控制并记录工艺参数。控制系统能对渗碳工艺进行精确控制，对设备运行状况进行全面监控并记录，减少工艺过程中的不利因素，使热处理工件有良好的重复性，质量稳定。

⑦ 适用范围广泛 对盲孔、深孔和狭缝的零件，或者不锈钢等普通气体渗碳效果不好甚至难以渗碳的零件，应用真空渗碳可获得良好的渗碳层。

⑧ 安全环保 真空渗碳设备以普通真空设备为平台，具有现有真空热处理设备的所有环保优点，生产过程无油烟，无明火，安全、环保无污染，工作环境清洁。

⑨ 生产效率高 真空渗碳实现了高温高速渗碳，使生产周期大幅度缩短，可有效节约时间成本。

真空渗碳的优势很明显，但是同样具有以下缺点：

① 设备成本相对较高。

② 小件的装炉量和多用炉相比会少一点。真空渗碳装炉时，特别是小件渗碳，层与层之间的间隙要有 50mm 左右。

(2) 真空渗碳的工艺过程

① 清洗 渗碳零件的清洗主要是防止污染真空淬火油和真空泵。若只有油污，可以不清洗。不能有灰尘、杂物、切削液等杂质。

② 上工装 选取合适的工装，采用合适的装炉方式，可以有效地减小工件变形，提高零件的淬火质量，避免因为工装的原因造成局部淬火不均匀。

③ 装炉 工件进冷室，冷室抽真空，打开隔热门，工件转移至渗碳热室（真空渗碳气淬炉无须转移），准备加热。

④ 加热 制定工艺时依据装炉量和工件形状选取合适的升温速度，尽可能采用分段加热、保温，使所有工件均温。

⑤ 渗碳 真空渗碳是采用脉冲式渗碳。比如先渗碳三分钟，然后扩散八分钟，再渗碳三分钟，扩散八分钟，以此类推。整个工艺由若干段组成。段数、渗碳温度、时间决定渗碳层深度。

⑥ 淬火 和普通真空设备淬火方式相同。需要二次淬火的，采用降温保温正火，之后

高温回火，再加热淬火。真空渗碳油淬炉、冷室应具备油淬和气冷功能。气冷压力 2bar，冷速略大于正火。真空渗碳气淬炉具备高压气淬炉的所有功能。

（3）真空渗碳工艺参数设定

真空渗碳需设定的工艺参数有工艺方式、升温速率、保温温度、渗碳温度、渗碳压力、渗碳时间、气体流量、气体压力、淬火温度、淬火方式、淬火时间等诸多数据。

渗碳温度由材料决定，要避免过热。气体流量由装炉工件表面积决定。表面积大，气体流量要适量增加。渗碳压力由工件材料、工件形状等决定。气体压力一般在 0.2MPa。渗碳时间由渗碳温度、渗层深度决定。真空渗碳的温度和适用范围如表 5.2 所示。图 5.10 为真空渗碳和普通气体渗碳工艺参数比较，可见，真空渗碳时间显著缩短。

表 5.2 真空渗碳的温度和适用范围

渗碳温度/℃	工件形状特点	渗层深度
1040	较简单，变形要求不严格	深
980	一般	一般
<980	形状复杂，变形要求严格，渗层要求均匀	较浅

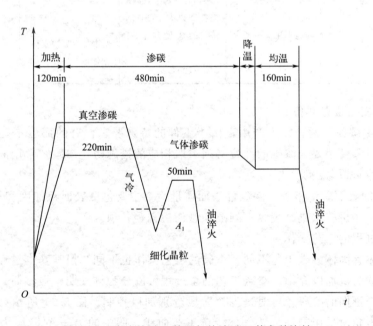

图 5.10　真空渗碳和普通气体渗碳工艺参数比较

5.3.2　渗碳的工艺过程

渗碳工件的工艺过程包括渗碳前准备、渗碳过程的工艺操作及渗碳后的热处理三部分。

（1）渗碳前准备

渗碳前准备包括为了调整渗碳件的性能进行的渗碳前热处理和渗碳件表面状态准备两个方面。

① 渗碳前热处理　渗碳件一般为中低碳钢或合金钢，为了提高切削加工性能和为渗碳

前准备合适的原始组织，保证渗碳层的质量和心部性能，应对不同加工工艺、不同材料、不同形状及尺寸的工件，进行不同的渗碳前预备热处理，常见预备热处理工艺如表 5.3 所示。

表 5.3　常见渗碳件在渗碳前预备热处理工艺

牌号举例	预备热处理		显微组织	硬度 HBW
	工序	工艺规范		
10、20、20Cr	正火	900～960℃空火	均匀分布的片状珠光体和铁素体	156～179
	调质	900～960℃淬火 600～650℃回火	回火索氏体	179～217
20CrMnTi、20CrMo、 20Mn2TiB、20MnV 等	正火	950～970℃空冷	均匀分布的片状珠光体和铁素体	179～217
20CrMnMo、20CrNi3、 20Cr2Ni4A、18C2Ni4WA	正火＋回火	880～940℃空冷＋ 650～700℃回火	粒状或细片状珠光体及少量铁素体	20CrMnMo 为 171～229；其余 207～269
20Cr2Ni4A、18Cr2Ni4WA 当锻造后晶粒粗大时	回火＋正火＋回火	640℃保温 6～24h 空冷＋以大于 20℃/ min 的速度加热到 880～940℃空冷＋ 850～700℃回火	粒状或细片状珠光体及少量铁素体	207～269

② 渗碳件表面状态准备

a. 关于非渗碳面问题。在生产中，由于工件的特殊要求，有的部位不能进行渗碳。在这种情况下，对零件不要求渗碳的部位必须采取相应的措施防止渗碳，常用的有增大加工余量、镀铜法和涂料覆盖法。

b. 渗碳件的表面质量检查。渗碳件表面质量检查主要包括表面粗糙度和尺寸精度检查，表面有无油污、锈斑、水迹、裂纹、划痕和碰伤检查等各项。

（2）渗碳过程的工艺操作

气体、液体、固体渗碳工艺不同，渗碳的工艺操作也不同，但其基本过程是类似的。在此，以气体渗碳为例加以介绍。渗碳工艺的全过程可以分为排气期、强渗期、扩散期、降温期和等温期五个不同的阶段，可对这五个阶段分别加以控制。图 5.11 所示为 20CrMnTi 钢制造车变速箱齿轮所采用的滴注式气体渗碳工艺曲线，图中的 $A+A'$ 阶段为排气期，B 段为强渗期，C 段为扩散期，D 段为降温期，E 段为等温期。

（3）渗碳后的热处理

工件渗碳后，提供了表层高碳、心部低碳这样一种含碳量的工件。为了得到合乎要求的性能，尚需要进行适当的热处理。渗碳后热处理的目的主要有：①提高工件表面的强度、硬度和耐磨性能；②提高心部的强度和韧性；③细化晶粒；④消除网状碳化物和减少残留奥氏体；⑤消除内应力，稳定尺寸。

常见的渗碳后的热处理有以下几种。

① 直接淬火　零件渗碳后，出炉直接淬火 ［图 5.12 （a）］，或出炉预冷（随炉降温）到

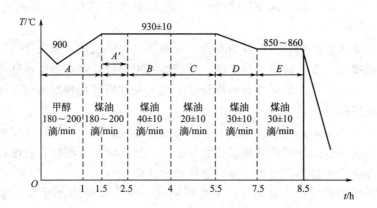

图 5.11　20CrMnTi 钢滴注式气体渗碳工艺曲线

高于 A_{r1} 或 A_{r3} 温度（一般为 $780 \sim 850℃$）后直接淬火 ［图 5.12（b）］。这种方法一般适用于气体渗碳或液体渗碳。固体渗碳时，由于工件在箱内密封，渗碳后出炉、开箱、取件都比较困难，不宜采用直接淬火。淬火后需再在 $150 \sim 200℃$ 回火 $2 \sim 3h$。

随炉降温或出炉预冷的目的是减少淬火变形与开裂，同时还能使高碳的奥氏体析出部分碳化物进而提高表面硬度。渗碳后直接淬火法可以减少加热和冷却的次数，使操作简化、生产效率提高，还可减小淬火变形及减少表面氧化脱碳。缺点是热处理后组织较粗、性能较差，淬火后残余奥氏体较多，工件性能下降。直接淬火法适用于本质细晶粒钢或性能要求较低的零件，或处理变形小和承受冲击载荷不大的零件，如 20CrMnTi、20CrMn、20MnB 等制成的零件。

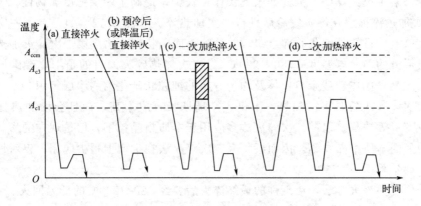

图 5.12　工件渗碳后热处理工艺曲线

（2）一次加热淬火　零件渗碳后随炉冷却或出炉坑冷却至室温，然后重新加热到淬火温度，经保温后淬火的处理方法，称为一次加热淬火法 ［图 5.12（c）］。适用于淬火后对心部有较高强度和较好韧性要求的零件。该工艺可细化晶粒，保证心部不会出现游离的铁素体，表层不会出现网状碳化物。

一次加热淬火后的加热温度根据钢种和性能要求而定。合金钢渗碳后的淬火加热温度选择稍高于心部组织的 A_{c3} 温度（$850 \sim 900℃$），使心部组织细化，并获得心部低碳马氏体组织，保证较高的心部强度。对于碳素钢则选择在 $A_{c1} \sim A_{c3}$（约 $820 \sim 850℃$）。对于一些心部强度要求不太高，只要求表面耐磨性好的工件如量规、样板等，则宜选择略高于 A_{c1}（770～820℃）的温度。

对心部强度要求较高的合金渗碳钢零件，淬火加热温度应选为稍高于 A_{c3} 点的温度。这样可使心部晶粒细化，没有游离的铁素体，可获得所用钢种的最高强度和硬度，同时，强度和塑性韧性的配合也较好。这时对表面渗碳层来说，先共析碳化物溶入奥氏体，淬火后残余奥氏体较多，硬度稍低。

对心部强度要求不高，而表面又要求有较高的硬度和耐磨性时，可选用稍高于 A_{c1} 的淬火加热温度。如此处理，渗层先共析碳化物未溶解，奥氏体晶粒细化，硬度较高，耐磨性较好，而心部尚存在有大量先共析铁素体，强度和硬度较低。

为了兼顾表面渗碳层和心部强度，可选用稍低于 A_{c3} 点的淬火加热温度。在此温度淬火，即使是碳钢，表层由于先共析碳化物尚未溶解，奥氏体晶粒不会发生明显粗化，硬度也较高；心部未溶解铁素体数量较少，奥氏体晶粒细小，强度也较高。

一次加热淬火的方法适用于固体渗碳。当然，液体、气体渗碳的工件，特别是本质粗晶粒钢，或渗碳后不能直接淬火的零件也可采用一次加热淬火。

对 20C2Ni4A、18C2Ni4WA 等高合金渗碳钢制零件，在渗碳后保留有大量残余奥氏体。为了提高渗碳层表面硬度，在一次加热淬火前应进行高温回火。回火温度的选择应以最有利于残余奥氏体的转变为原则，对 20C2Ni4A 钢采用 640～680℃、6～8h 的回火，使残余奥氏体发生分解，碳化物充分析出和集聚。对 18C2Ni4WA 钢，有人采用与 20C2Ni4A 相同的回火工艺；但有人经试验认为，在 540℃ 回火 2h 更能促进冷却过程中的残余奥氏体向马氏体转变。为了促使残余奥氏体的最大限度地分解，采用三次回火。

高温回火后，在稍高于 A_{c1} 的温度（780～800℃）加热淬火。由于加热淬火温度低，碳化物不能全部溶于奥氏体中，因此残余奥氏体量较少，提高了渗层强度和韧性。

③ 二次加热淬火　在渗碳缓冷后进行二次加热淬火 [图 5.12（d）]。第一次淬火加热温度在 A_{c3} 以上，目的是细化心部组织，并消除表面网状碳化物。第二次淬火加热温度选择高于渗碳层成分的 A_{c1} 点温度（780～820℃）。二次加热淬火的目的是细化渗碳层中马氏体晶粒，获得隐晶马氏体、残余奥氏体及均匀分布的细粒状碳化物的渗层组织。

由于二次淬火法需要多次加热，不仅生产周期长、成本高，而且会增加热处理时的氧化、脱碳及变形等缺陷。以前二次淬火法多应用于本质粗晶粒钢，但是现在的渗碳钢基本上都是用铝脱氧的本质细晶粒钢，因而近年来二次淬火法在生产上很少应用，仅对性能要求较高的零件才偶尔采用。

不论采用哪种淬火方法，渗碳件的最终淬火后要经 180～220℃ 的低温回火。

5.3.3　渗碳后的组织与性能

（1）渗碳层组织

根据渗碳后冷却的条件不同，可分为缓冷组织和淬火回火组织。渗碳钢一般为低碳钢，表面的碳浓度随渗碳介质的碳势和渗碳时间而变化。渗碳时间足够长且渗碳介质活性很高时，渗碳层表面的碳浓度可由渗碳温度通过 Fe-C 平衡相图来估计。

① 渗碳后缓冷到室温下的组织　工件表面渗碳后，渗剂碳势往往高于共析钢的碳势，碳的浓度从工件表面到心部逐渐减小（图 5.13）。可见，根据含碳量高低，表面属于过共析钢（OA 段），向里含碳量接近 0.77%，属于共析钢（A），再向里，含碳量小于 0.77%，且

逐渐减小（ABC 段），最后达到恒定数值（C 点处），为工件正常含碳量。因此，工件经渗碳缓冷后，其表层和心部组织随含碳量不同而发生变化。表层属于过共析区，缓冷后的组织为在晶界分布的网状碳化物和珠光体组织；再向里接近共析区为珠光体组织；随着离开表面距离增加，含碳量逐渐降低，亚共析区（过渡区）的组织为铁素体和珠光体，且越接近工件心部，珠光体含量越少，铁素体含量增多；最后在心部为工件平衡原始组织（图 5.14）。

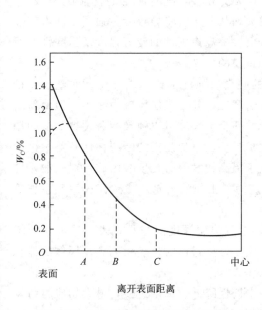

图 5.13　工件渗碳后截面碳浓度分布　　　　图 5.14　工件渗碳后组织

② 渗碳后淬火＋低温回火后的组织　渗碳层淬火组织取决于渗层的碳浓度分布和淬火温度。典型的渗碳淬火后的渗碳工件的组织特征（由表及里）是：高碳马氏体、残余奥氏体＋碳化物→马氏体＋残余奥氏体→大量铁素体、残余奥氏体＋低碳马氏体→少量铁素体、残余奥氏体＋低碳马氏体。渗碳淬火后的渗层组织中一般应避免贝氏体或珠光体的形成。

经低温回火后，工件的典型组织（由表及里）是：回火马氏体、残余奥氏体＋碳化物→回火马氏体＋残余奥氏体→大量铁素体、残余奥氏体＋回火马氏体→少量铁素体、残余奥氏体＋回火马氏体。

以上组织是针对淬透性比较好的钢得到的组织，如果淬透性比较差的钢（如低碳钢），心部在淬火时不能被淬透，得到的心部组织为铁素体＋珠光体或屈氏体组织。

（2）渗碳后的性能

渗碳件的性能是渗层和心部的组织结构及渗层深度与工件直径相对比例等因素的综合反应。理想渗碳件的性能为：表面具有较高的硬度、耐磨性以及疲劳强度；心部具有良好的塑性与韧性。渗碳层的性能取决于表面含碳量及其分布梯度和淬火后的渗层组织。一般希望渗层分布梯度平缓，表面含碳量应该控制在 0.9% 左右，通常认为奥氏体含量（体积分数）小于 15%。但由于残留奥氏体较软，塑性较高，借助微区域的塑性变形，可以松弛局部应力，延缓裂纹扩展。渗碳层中有 25%～30% 的残留奥氏体，反而有利于提高接触疲劳强度。

表面粒状碳化物增多，将提高表面耐磨性及接触疲劳强度，但是，碳化物数量过多，特别是呈现粗大网状或条块状时，将使冲击韧性、疲劳强度等性能变坏，应加以限制。

① 渗层组织结构对性能的影响

a. 碳浓度。如前所述，碳浓度是决定渗层组织的先决条件。由于渗层碳质量分数不同，组织结构也不同，从而影响渗碳件的性能。根据一系列有关渗层碳质量分数对于渗碳件弯曲和扭转强度、疲劳强度及冲击韧性以及断裂韧性、耐磨性等影响的研究结果，一般认为表面 $W_C = 0.8\% \sim 1.05\%$ 时较为合适，而且获得的渗层碳质量分数梯度平缓。

b. 渗层碳化物。渗层碳化物的数量、大小、形状及分布状况对渗层的性能影响很大。一般认为，表层过多的碳化物，特别是呈块状或粗大网状分布时将导致疲劳强度、冲击韧性等变坏。而当碳化物数量恰当并呈粒状分布时，将大大提高渗碳件的疲劳强度及耐磨性，所以在渗碳件生产中，对碳化物形态的控制具有十分重要的意义。

c. 渗层中的残余奥氏体量。由于残余奥氏体的硬度、强度都比马氏体低，而塑性、韧性则较高，残余奥氏体的存在将降低工件的硬度和耐磨性，并使表层压应力减小。但最新研究表明，在合金渗碳钢中，渗层组织中有一定数量的残余奥氏体可以弛豫疲劳裂纹尖端的局部应力，或被应力诱发形成马氏体，增加疲劳裂纹扩展功，对提高钢的断裂韧性有益。试验表明，渗碳层中有一定量的残余奥氏体，反而有利于提高接触疲劳强度。因此，对一般零件渗层，残余奥氏体含量控制在 5% 以下。在高接触应力下工作的齿轮，渗碳淬火后残余奥氏体含量可以提高到 20% ~ 30%。

d. 渗层深度。在工件截面尺寸不大的情况下，随着渗层深度的减小，表面残留压力增大，有利于弯曲疲劳强度提高。但压力增大有极限值，渗层过薄时，表层高碳马氏体的体积效应有限，表面压应力效应有限。

渗层越深，可承载的接触应力越大；但将使冲击韧性降低。渗层过浅，最大切应力将发生在强度较低的非渗碳层区域，将导致渗碳层塌陷剥落。

渗碳件心部硬度不仅影响渗碳件的静载强度，也影响表面残留压应力的分布，进而影响弯曲疲劳强度。在渗碳层深度一定的情况下心部硬度提高，表面残留压应力减小。所以心部硬度较高的零件渗碳时，渗层深度不能过深。

汽车、拖拉机渗碳齿轮的渗层深度一般按齿轮模数的 15% ~ 30% 的比例确定，心部硬度在齿高的 1/3 ~ 2/3 处的齿形中心测定。技术要求应按照国家标准或行业标准执行。

② 心部组织对性能的影响　心部组织对渗碳件性能有很大的影响。若心部硬度强度偏低，使用时心部容易产生塑性变形，使渗层剥落；硬度过高，会使冲击韧性及疲劳寿命降低。故通常合适的心部组织为低碳马氏体。当零件较大时，钢的淬透性较差时，允许心部组织为屈氏体或索氏体，但不允许有过多的大块铁素体存在，否则会使心部硬度（强度）过低，加速疲劳裂纹的扩展。

心部组织对渗碳件性能有重大影响，合适的心部组织应该是低碳马氏体，但零件尺寸较大，钢淬透性较差时，允许心部为屈氏体或索氏体，但不允许有大块状的或过量的铁素体。

③ 渗碳层与心部的匹配对渗碳件性能的影响　低碳钢零件渗碳处理后，表面强度高于心部强度，强度及应力分布如图 5.15 所示。零件受扭转或弯曲载荷作用，表面应力最大，向心部传递时应力逐渐减小。为使零件能持续正常工作，要求零件渗层深度能使传递到心部的应力低于心部强度，若应力大于材料的屈服极限则产生塑性变形。此时，卸载后渗层弹性变形恢复，而心部却不能恢复，如此多次反复作用，渗层与心部交界处就会产生裂纹，并逐

步扩展。为防止渗层剥落，可采取提高心部强度和增加渗层深度的办法，亦可采取其中一种办法。对于心部强度较低的钢，在表面碳质量分数和渗层组织同样的情况下，增加渗层深度可显著提高疲劳强度，而且抗弯强度也随之增加。在实际生产中，常选用渗层深度为上限的工艺。值得注意的是，渗层深度不可过深，因为渗层深度的增加，往往伴随着表面碳质量分数的提高，致使大块碳化物及残留奥氏体量增加，导致疲劳强度和冲击韧性反而降低，见图 5.16 及图 5.17。

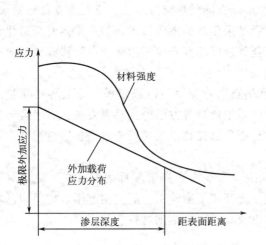

图 5.15 渗碳件强度及应力分布示意图

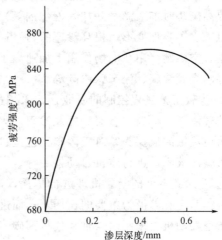

图 5.16 渗层深度对疲劳强度的影响

由于渗碳工件心部硬度不仅影响渗碳件的静载强度，也影响表面残留压应力的分布，进而影响弯曲疲劳强度。且在渗层深度一定的情况下，心部硬度提高，表面残留压应力减小。

所以为使表里性能相匹配，往往根据经验来确定工件的渗层深度，如渗碳齿轮，其渗层深度与模数的关系为

$$\delta = (0.15 \sim 0.25) m$$

式中，δ 为渗层深度，mm；m 为齿轮模数，mm。

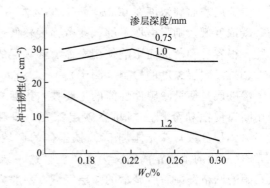

图 5.17 渗层深度对冲击韧性的影响

5.3.4 渗碳工艺的发展

随着科学技术的发展和生产中不断出现的新问题，渗碳工艺也随之不断发展。古代的渗碳方法基本上是固体渗碳，类似于目前的表面渗碳法，河北省西汉满城汉墓出土的佩剑可以为固体渗碳法提供佐证。明朝宋应星著《天工开物》卷十《锤锻》中明确记载了渗碳炼制钢针的方法。从古老的固体渗碳到今天用微处理机对渗碳过程进行监控，渗碳技术已发展成熟，而且还出现了许多高效节能的渗碳技术，可以归纳为以下几个方面。

① 强化渗碳工艺过程，缩短生产周期，提高生产率。人们首先考虑过高温渗碳，如对

SAE AISI 1080 钢在吸热式气氛中渗碳，在 925℃渗碳 3h 可获得深度 1.2mm 的渗层；而当渗碳温度提高到 1095℃时，在相同时间内可得到 2.3mm 的渗层。显然渗碳温度提高也将使渗碳件晶粒粗化及淬火变形增大，所以相应出现了适应高温渗碳工艺的新型渗碳钢，加入阻碍晶粒长大的一些元素（W、Nb、Ti 等），但其今后的发展空间有限。

国内外还从另外角度来改变渗碳工艺，提高渗速，如改良渗剂（加入提高碳势的催化剂，或是充入微氮以适当降低临界点并加大碳扩散系数），采用快速变碳势方法缩短渗碳工艺周期，使渗碳炉气很快达到渗碳每一阶段所要求的碳势（如在降低碳势时通入适量空气，而在提高碳势时加大滴量并加入催化剂等），从而在降低渗碳温度条件下反而获得较快渗速，同时也减少了零件变形。提高渗速的另一途径是采用新的渗碳技术，如在渗碳时为活化表面而采用真空渗碳，用在电场作用下加速离子迁移速度的辉光离子渗碳、电解渗碳或是改进加热条件的高频渗碳、流态床渗碳等。

② 渗碳工艺过程控制的专业化，采用严格自动检测手段以稳定提高渗碳零件质量。各国在炉气渗碳、炉温、渗层深度及渗碳淬火件质量检测等方面得到迅速发展。对于碳势控制研制出更灵敏的氧探头；对于渗碳工艺全过程用电脑代替手工实行全自动自适应控制；对大批量渗碳淬火零件进行质量自动检测等。

③ 对渗碳零件的断裂机理进行了深入研究，发现渗碳淬火零件表面残余压应力对阻止疲劳裂纹萌生有着极为重要的作用，从而进一步开拓了渗碳工艺的应用范围，如美国已在新一代航空发动机上采用渗碳轴承代替高碳铬钢及其他高合金钢材料。

5.3.5　渗碳件的质量检查

（1）渗碳层的碳浓度检查

渗碳层表面碳浓度在 0.85%～1.05% 左右。渗碳温度对渗碳层表面碳浓度有较大的影响。碳浓度低，则耐磨性不够，疲劳强度较低；碳浓度过高则渗层变脆，出现网状或块状碳化物，很容易剥落进而影响使用寿命。渗碳层的浓度梯度也应满足一定要求。

（2）渗碳层深度的检查（测定）

渗碳层是衡量渗碳件性能的主要技术指标之一。常用随炉渗碳试样来判别。我国曾普遍采用断口侵蚀和金相法判断渗碳层深度，即对渗碳空冷后的试样观察断口金相组织，以 50%（体积分数）珠光体加 50% 铁素体的区域作为渗碳层分界线，将从渗碳表面到 $W_c =$ 0.4% 这一段的垂直距离定义为渗碳层，这一结果与淬火后试样断口磨光再用 4%（体积分数）硝酸酒精侵蚀后所显示的渗层区域（一般为白亮层）大体一致。但这种方法世界上多数国家已不采用，因为随着渗碳钢品种的多样化，对于合金渗碳钢已不适用。国际上已普遍采用硬度法标定。为了与国际标准统一，我国已颁布相应的标准，以有效渗碳层深度作为评定依据。所谓有效渗碳层深度系指经渗碳、淬火再于 150～170℃ 回火处理的渗碳件由表面到 550HV（约合 52HRC）处的垂直距离，该层深是对工件表面强化作用的有效深度。这一标准已被各国广泛采纳应用。

为了提高工件的疲劳强度，渗碳层的总厚度和工件断面之间有一个经验的比例关系：

轴类：　　　　　　　　　　　　$\delta = (0.1 \sim 0.2) R$

齿轮：　　　　　　　　　　　　$\delta = (0.2 \sim 0.3) m$

薄片零件：　　　　　　　　　　$\delta = (0.2 \sim 0.3) t$

式中，R 为轴类零件半径，mm；m 为齿轮模数，mm；t 为薄片零件的厚度，mm。

一般情况下，小截面工件渗层深度不大于工件截面的 20%；大截面工件渗层深度不大于 2~3mm。

（3）硬度检查

根据技术要求和工艺规定的部位检查硬度。要求检查淬火及低温回火后的表面硬度（大于 58HRC）、心部及关键部位的硬度。

（4）金相组织检查

渗碳件缓冷到室温、淬火及回火后的金相组织检查，包括表层碳化物的数量、分布特征，马氏体粗细，残余奥氏体的含量，心部游离铁素体的数量大小分布状态。

5.3.6 渗碳缺陷及控制

（1）变形

在渗碳加热、冷却过程中及以后的淬火回火过程中，渗碳工件会产生变形，这种变形除了与工件的材质、形状及尺寸有关外，还与渗碳淬火工艺规范及方法有着重要的影响。一般情况下渗碳淬火后工件具有以热应力为主的变形趋势，工件淬透性越好，这种变形趋势越大。

防止变形最有效的措施是适当降低渗碳温度，缩短渗碳周期，采用预冷直接淬火代替重新加热淬火或采用分级冷却，对细薄工件也可采用加压淬火等方法。

（2）表面粗大网状、块状碳化物

形成原因为碳势太高、温度太高或保温时间太长、冷却速度太慢；合金渗碳钢件在深层渗碳工艺控制不当时更容易出现。

防止措施是降低碳势，即减少固体渗碳剂中催化剂的含量，降低渗碳气氛中甲烷或 CO 的体积分数，调低强渗期温度。对深层渗碳件，则在渗碳后期，恰当降低渗剂浓度，使表层已形成的粗大碳化物逐渐溶解。若由于冷却过慢析出了网状碳化物，则应在渗碳后增加冷却速度。对已形成的碳化物网则需在 A_{ccm} 以上重新加热淬火或正火。

（3）表层贫碳或脱碳

形成原因主要是渗碳过程中，扩散期碳势降低太多，炉子漏气，缓冷或出炉时氧化脱碳。消除办法是调整碳势并补渗；对脱碳层深度小于或等于 0.02mm 时，采用喷丸处理或将脱碳层打磨掉。

（4）表面有大量残余奥氏体

形成原因是渗碳或淬火温度过高，使奥氏体中的含碳量过高，从而降低了 M_s 和 M_f 点。防止方法为降低碳势，降低渗碳温度和淬火温度，降低重淬温度；进行深冷处理，使残余奥氏体转变成马氏体或高温回火后重新淬火。

（5）渗碳层深度不均匀

形成原因主要有表面不洁净或积碳、炉温不均匀、渗剂混合不均匀、炉气循环不均匀、原材料带状组织严重等。为预防这种缺陷，应分析其具体形成原因，采取相应措施。

（6）渗层深度不够或过深

渗碳工艺参数未能严格控制，渗碳温度低、时间短，碳势低，漏气，装炉量过大等会导致渗层深度不足；温度高，保温时间长，则会导致渗层过深。

防止措施为严格控制渗碳温度和时间，现场检验要准确；已出现渗层深度不足的工件，可进行补渗；渗层过深的工件，若为要求严格的产品无法补救，只得报废。

（7）表面硬度低

形成原因是表面碳浓度低，残余奥氏体含量多，或表面形成屈氏体组织。解决措施是补渗、深冷处理或重新淬火。

（8）反常组织

反常组织在前述钢退火和正火组织缺陷中已提及。其特征是在先共析渗碳体周围出现铁素体层。在渗碳件中，常在含氧量较高钢（如沸腾钢）的固体渗碳时看到。具有反常组织的钢经淬火后易出现软点。补救办法是适当提高淬火温度或适当延长淬火加热的保温时间，使奥氏体均匀化，并采用较快的淬火冷却速度。

（9）表面裂纹

渗碳件在缓冷过程中产生表面裂纹的主要原因是渗碳后空冷渗层组织转变不均匀。如20CrMnMo渗后空冷，表层先形成薄层屈氏体，下面为奥氏体，继续冷却时奥氏体向马氏体转变，表面形成拉应力。防止方法为先减慢冷速使渗层共析转变后再快冷。

（10）表层腐蚀及氧化

主要因渗剂含硫或硫酸盐量高，含杂质多，工件高温出炉、淬火盐浴脱氧不良等引起。仔细控制渗剂及盐浴成分，及时清洗、清理工件表面，可以预防这种缺陷的出现。

（11）黑色组织

在含 Gr、Mn 及 Si 等合金元素的渗碳钢渗碳淬火后，在深渗层表面组织中出现沿晶界呈现断续网状的黑色组织。预防黑色组织的办法是注意渗碳炉的密封性能，降低炉气中的含氧量。一旦工件上出现黑色组织，若其深度不超过 0.02mm，可以增加一道磨削工序，把其磨去，或进行表面喷丸处理。

5.4 渗氮

钢铁工件在一定温度的含有活性氮的介质中保温一定时间，使其表面渗入氮原子的过程称为渗氮或氮化。

钢渗氮可以获得比渗碳更高的表面硬度和耐磨性，渗氮后的表面硬度可以高达 950～1200HV（相当于 65～72HRC），而且到 600℃仍可维持相当高的硬度。渗氮还可获得比渗碳更高的弯曲疲劳强度。此外，由于渗氮温度较低（500～570℃），故变形很小。渗氮也可以提高工件的耐腐蚀性能。但是渗氮工艺过程较长，渗层也较薄，不能承受太大的接触应力。目前除了钢以外，其他如钛、钼等难熔金属及其合金也广泛地采用渗氮。

5.4.1 渗氮原理

5.4.1.1 铁-氮相图

铁氮状态图是研究钢的渗氮的基础。Fe-N 系中可以形成如下五种相（图 5.18）：

α 相——氮在 α-Fe 中的间隙固溶体。氮原子占据 α-Fe 中八面体间隙。氮在 α-Fe 中的最大溶解度为 0.1%（在 590℃）。

γ 相——氮在 γ-Fe 中的间隙固溶体，即含氮的奥氏体，存在于共析温度 590℃以上。共析点的氮含量为 2.35%（质量分数）。氮在 γ-Fe 中的溶解能力远远大于在 α-Fe 中溶解能力，也比奥氏体中溶解碳的能力强，其最大溶解度为 2.8%（质量分数，650℃）。

γ' 相——可变成分的间隙相化合物。其晶体结构为氮原子有序地分布于由铁原子组成的面心立方晶格的间隙位置上。氮的含量为 5.7%～5.1%（质量分数）之间。当含氮量为 5.9%时化合物结构为 Fe_4N。因此，它是以 Fe_4N 为基的固溶体。γ' 相在 680℃ 以上发生分解并溶解于 ε 相中。

ε 相——含氮量范围很宽的化合物。其晶体结构为在由铁原子组成的密集六方晶格的间隙位置上分布着氮原子。在一般渗氮温度下，ε 相的含氮量大致在 8.25%～11.0% 范围内变化。因此它是以 Fe_3N 为基的固溶体。

ξ 相——斜方晶格的间隙化合物。氮原子有序地分布于晶格的间隙位置。含氮量在 11.0%～11.35% 范围内，分子式为 Fe_2N。其稳定温度为 450℃ 以下，超过 450℃ 则分解。

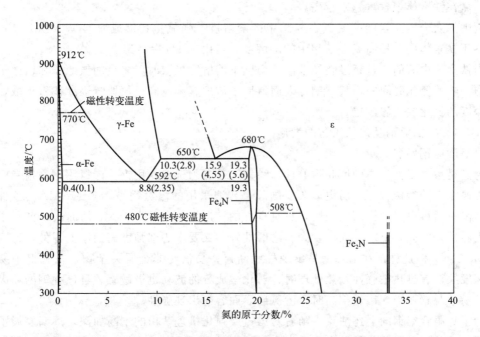

图 5.18　Fe-N 部分二元相图（括号内数字为原子分数相对应质量分数，%）

在 Fe-N 系中，有两个共析转变温度，即 650℃（$\varepsilon \rightarrow \gamma + \gamma'$）与 590℃（$\gamma \rightarrow \alpha + \gamma'$）。其中 γ 相即为含氮奥氏体。当其从高于 590℃ 的温度迅速冷却时将发生马氏体转变，其转变机构和含碳奥氏体的马氏体转变一样。含氮马氏体 α' 是氮在 α-Fe 中的过饱和固溶体，具有体心正方晶格，与含碳马氏体类似。

5.4.1.2　钢的渗氮过程

钢铁的渗氮过程和其他化学热处理过程一样，由分解、吸收、扩散三个基本过程组成。但对气体渗氮来说，主要是渗剂中的扩散、界面反应及相变扩散。普通渗氮常用氨气作为渗氮介质。

利用氨气作渗氮介质时，其活性氮原子的解离及吸收过程按下述进行。氨在无催化剂时，分解活化能为 377kJ/mol，而当有铁、钨、镍等催化剂参加时，其活化能约为 167kJ/mol。因此钢渗氮时氨的分解主要在炉内管道、工件，渗氮箱及挂具等钢铁材料制成的构件表面上通过催化作用来进行。

氨气分解出含有活性氮原子的物质的反应式如下：

$$2NH_3 \longrightarrow 3H_2 + 2[N]$$

分解出氮的活性原子经过工件表面而落入钢件表面原子的引力场时，就被钢件表面所吸附。

活性氮原子遇到铁原子时发生如下反应：

$$Fe + [N] \longrightarrow Fe(N)(\alpha)$$
$$4Fe + [N] \longrightarrow Fe_4N(\gamma')$$
$$3Fe + [N] \longrightarrow Fe_3N(\varepsilon)$$
$$2Fe + [N] \longrightarrow Fe_2N(\xi)$$

活性氮原子被钢的表面吸收形成固溶体。随着活性氮原子浓度逐渐增大，渗氮时间逐渐延长，氮在铁素体中含量越来越高。

钢中加入合金元素能改变氮在 α 相中的溶解度。强氮化物形成元素 W、Mo、Cr、Ti、V 能溶于铁素体中，提高氮在 α 相中的溶解度，可由 0.1% 提高到 1.9%。

当铁素体中氮的含量超过它在该渗氮温度下溶解度极限时，多余的氮原子和铁原子形成氮化物。随着氮化时间的增长，钢件表面氮原子浓度越来越高，氮原子逐渐往里扩散，形成一定深度的氮化层（渗氮层）。

5.4.1.3 渗氮钢及渗氮工艺的发展

（1）渗氮钢发展

为满足渗氮工件的高硬度和耐磨性，渗氮工件必须选渗氮用钢，渗氮用钢原指专门用来制造渗氮零件的特殊合金。历史最久、国际上普遍采用的渗氮钢是 38CrMoAlA。该种钢的特点是渗氮后可以得到最高的硬度，具有良好的淬透性，同时由于 Mo 的加入，抑制了第二类回火脆性。因此，要求表面硬度高、耐磨性好，又要求心部强度高的渗氮零件，普遍采用 38CrMoAlA。但这种钢在冶炼上易出现柱状断口，易沾污非金属夹杂物，在轧钢中易形成裂缝和发纹，有过热敏感性，热处理时，对化学成分的波动也极敏感。且该种钢的淬火温度较高，易于脱碳，当含铝量偏高时，渗氮层表面容易出现脆性。

为了克服含铝钢的上述缺点，随着对渗氮层强化机理认识的不断加深，逐渐发展了无铝渗氮钢。目前，无铝渗氮钢种类愈来愈多。例如机床制造业，主轴、滚动轴承、丝杠，采用 40Cr、40CrVA 钢，套筒、镶片导轨片、滚动丝杠副用 40CrV、20CrWA、20Cr3MoWA。对工作在循环弯曲或接触载荷以及摩擦条件下的重载机器零件采用 18Cr2Ni4WA、38CrNi3MoA、20CrMnNi2MoV、38CrNiMoVA、30Cr3Mo 及 38CrMnMo 钢等。由于 Cr、Mo、W、V 等合金元素可强化渗氮层，而渗氮层表面不像含 Al 钢那样有脆性，因而发展了不同含量的以 Cr、Mo 为主的合金渗氮钢。这里提高含镍量、降低含碳量均是从提高心部韧性考虑的。

为了缩短气体渗氮过程，近年来发展了快速渗氮钢，基本原理是 Ti、V 等与氮亲和力强，氮化物不易集聚长大，因而可在较高温度渗氮，以加速渗氮过程。含钛渗氮钢在 600℃ 渗氮时仍可得到 900HV 的硬度，而由于渗氮温度的提高，渗氮 3～5h 即可达到层深要求。

采用钛快速渗氮钢时应考虑：

① 所形成的渗氮层，性能取决于钢中含钛量和含碳量之比，$W_{Ti}/W_C = 5.5～9.5$ 的钢有最好的性能。若小于此值，则渗氮层表面硬度不足；大于此值，则渗氮层出现脆性。

② 由于渗氮温度的提高，心部强度降低，因此，要适当提高含碳量，或用 Ni 等合金元素，使心部产生时效硬化，以提高心部强度。

苏联钛快速渗氮钢有：30XT2（质量分数为 0.3%C、1.2%O、2%Ti）和 30XT2H3

（质量分数为 0.3％C、1.2％Cr、3.0％Ni、2％Ti、0.2％Al）。后者为时效型钢，在 1000℃ 淬火和 550～600℃ 回火可达最好的强化效果。日本快速渗氮钢有 N6，其化学成分与 30CrTi2Ni3Al 相近，只增加了 0.20％～0.30％（质量分数）Mo。为了使渗氮层硬度分布曲线平缓，采用 600～650℃ 渗氮 6～10h，再升温至 700～750℃ 渗氮 1～2h。

国内研究人员对 Ti 系、V 系钢进行了研究，他们认为钛钢有以下缺点：

① Ti 强烈提高临界点，因而使淬火温度提高；

② Ti 与 C 形成十分稳定的碳化物，一般奥氏体化温度很难溶解，使基体碳含量减少，降低心部强度；

③ 韧性下降；

④ 含 Ti 渗氮层脆。

钒钢与钛钢比较上述因素要缓和得多，因而发展了钒钢。他们通过试验拟制了 35MmMoAlV 钢，其成分（质量分数）为：C0.34％～0.41％、Mn1.60％～1.80％、Mo0.15％～0.25％、Al0.95％～1.35％、V0.45％～0.62％。推荐渗氮工艺为 520℃、5h、氨分解率 25％～35％＋580℃、10h、氨分解率 55％～65％，渗氮层深度可达 0.40mm。

（2）渗氮工艺发展

由于渗氮工艺过程时间甚长，因而如何缩短渗氮时间，寻找快速渗氮工艺，已为广大热处理工作者所关注。根据前述的加速化学热处理过程的基本途径，已出现的快速渗氮工艺有：高频渗氮，磁场渗氮、超声波或弹性振荡作用下的渗氮、放电渗氮、卤化物催渗渗氮等，其基本原理如前所述。

除了快速渗氮外，为了控制渗氮层氮浓度，降低渗氮层脆性，近年来出现了用氨、氮及氨、氢等混合气进行渗氮的方法。加拿大尼萃斯公司通过对其气体氮化炉内氮浓度的精确控制获得了不同渗氮层组织。卢柯院士课题组研究的低温渗氮技术，能有效提高金属制品的硬度、耐磨性和耐腐蚀性。该技术的优点在于能够在低温条件下进行处理，避免了高温处理过程中可能引起的变形、裂纹等问题，同时还具有处理效果稳定、成本低廉等特点。

① 在 $NH_3＋N_2$ 混合气中渗氮　即在氨气渗氮时加入一定量的氮气，改变渗氮气氛中的氮势，控制渗氮层表面氮浓度，以满足使用性能的要求。例如用两段渗氮法渗氮时，第一段采用合理的氨分解率进行渗氮，而在第二段采用 90％N_2＋10％NH_3（体积分数）的混合物渗氮，则第二段可借 ε 相的消散（因气氛氮势低，气氛提供给渗层表面的氮原子不足）使下面的扩散层增长。这种渗氮方法，可使氮化物网和 ε 相厚度减少或全部消失，并降低渗氮层的脆性，而其扩散层的深度可保持与普通渗氮方法相同或稍有增加。

② 在含氧的气氛中渗氮　在氨氢混合气中加入氧、二氧化碳等气体可以加速渗氮。加氧时合适的量为每 100L 氨加 1～16L 氧，（最佳为 O_2 与 NH_3 体积比为＝4：100）。在该种气氛中渗氮与普通氨气中渗氮比较，可提高渗氮速度。这个过程的速度与氧的活度成比例。加氧和二氧化碳等气体只有在渗氮前 5～10h 有效。

5.4.1.4　渗氮工艺过程

渗氮工艺过程主要包括渗氮前预处理、渗氮工艺及渗氮件的质量检测。渗氮后工件一般不再加工，有些零部件为了消除渗氮缺陷，附加一道研磨工序。对精密零件，在渗氮与几道精密机械加工工序之间进行一到两次消除应力退火。

（1）渗氮前的预处理

为了保证渗氮工件心部有足够的强度支撑较脆的氮化层，消除加工应力，减小变形，为氮化层的性能作组织上的准备,对不同用途和材料的渗氮件进行不同工艺的热处理。下面分别介绍不同工件的预备热处理工艺。

① 结构钢渗氮前的调质处理   表 5.4 为常用渗氮钢在渗氮前调质处理工艺。渗氮钢调质处理获得回火索氏体组织,组织中不能有块状铁素体,否则将引起渗氮后深层脱落,产生严重脆性、变形等缺陷。对于形状复杂、尺寸稳定性及形变量要求比较严格的零件,在机械加工及粗磨后,可以进行稳定化处理,以消除机加工产生的应力,从而保证渗氮处理时变形最小。

表 5.4   常用钢渗氮前调质处理工艺

牌号	淬火		回火		调质后硬度		备注
	温度/℃	冷却剂	温度/℃	冷却剂	HBW	HRC	
38CrMoAlA	930～950	油或水	640±30	空	241～321		大件水淬
40Cr	840～860	油或水	560～600	油	197～229		大件水淬
40CrNiMoA	840～860	油	540～590	空	311～363		
40CrNiMoVA	850～870	油	660～700	空	269～277		
30CrMnSi	890～1000	油	500～540	水		37～41	
30Cr3WA	870～890	油	550～575	空		33～38	
35CrNiMo	850～870	油	520～560	油	285～321		
50CrVA	850～870	油	440～480	油		43～49	
25CrNi4WA	860～880	油	540～580	空	302～321		
18Cr2Ni4WA	860～880	油	560±20	空		30～35	
12Cr2Ni4A	850～870	油	520～580	空		27～36	
35CrMoV	840～860	油	600±20	空或油	197～229		

② 模具、量具及刃具钢渗氮前的预备热处理   近年来,模具、量具及刃具渗氮处理应用越来越广泛。渗氮目的是提高这些工具的表面质量,即达到高的表面硬度、耐磨性及热稳定性,特别是耐蚀性能等。其常用渗氮前预备热处理工艺如表 5.5 所示。

表 5.5   常用模具、刃具及量具钢渗氮前预备热处理工艺

牌号	正火或退火			调质处理		
	加热温度/℃	时间/h	冷却方式	淬火温度/℃	回火温度/℃	硬度 HRC
3Cr2W8	840～860	2～4	随炉冷却至550℃以下空冷	1050～1080	710～750	29～33
			随炉冷却至730℃保温3～4h,冷却至550℃空冷	1050～1080	600～630	30～48
				980～1000	700～740	28～33

续表

牌号	正火或退火			调质处理		
	加热温度/℃	时间/h	冷却方式	淬火温度/℃	回火温度/℃	硬度 HRC
CrWMn	760～780	3～6	随炉冷却至600℃以下空冷	800～840	580～650	27～32
Cr12MoV	840～860	2～4	① 随炉冷却至 550℃ 以下空冷 ② 随炉冷却至 730℃ 保温 3～4h，冷却至 550℃空冷	980～1000	680～700	31～35
40Cr	850～870（电炉）	1.5～2	空冷	840～860	530～560	27～33
	760～780	2～4	随炉冷却至600℃以下空冷			
38CrMoAlA	800～840	3～5	随炉冷却至600℃以下空冷	940～960	600～650	29～34
W18Cr4V	870～880（油炉）	4～5	以 20～30℃/h 速度冷却至550℃出炉	1265～1285	550～570，回火三次，每次 1.5h	60～64
	870～880（电炉）	4～5	打开炉门冷却 至 740～750℃保温 5～6h，冷却至550℃后出炉			
W6Mo5Cr4V2	870～880（油炉）	4～5	以 20～30℃/h 速度冷却至550℃出炉	1215～1235	550～570，回火三次，每次 1～1.5h	60～64
	870～880（电炉）	4～5	打开炉门冷却 至 740～750℃保温 5～6h，冷却至550℃后出炉			
GCr9	780～800（球化退火）	2～3	炉冷却至690～700℃保温 4～6h，冷却至500℃出炉	840～850	580～650	29～35

③ 铸铁件渗氮前热处理 渗氮铸铁件宜选用合金铸铁制造，常用的有铜铬钼合金铸铁，以保证渗氮层的高硬度、耐磨性和抗咬合性能。铸铁件渗氮前的热处理有两类：其一是铸铁

的组织为珠光体或索氏体时，渗氮前仅进行消除应力退火，常用加热温度为560～620℃，以减小零件在渗氮时的变形；其二是铸铁组织中存在块状铁素体时，宜采用正火处理，消除块状铁素体，获得索氏体基体组织，常用正火加热温度为900～950℃，保温后在空气中冷却。若铸铁组织中存在局部白口或麻口组织，即组织中有过量的碳化物时，宜采用退火处理，其加热温度略高于正火处理温度（950～1000℃），保温时间也较长，因为它要保证碳化物分解为石墨和奥氏体，随炉或在空气中冷却后组织为石墨＋索氏体，以利于机械加工和得到高性能的渗氮层。

此外，对于零件的非渗氮面应采用镀层（镀铜、镀锡等）或涂层加以保护。镀层或涂层必须达到要求的厚度（0.004～0.008mm）才能获得好的保护效果。保护涂层可选用水玻璃或水玻璃＋石墨混合物（石墨的质量分数约为20%），涂后烘干，涂2～3次。渗氮零件表面应清洗干净，用喷砂方法清除锈斑，用汽油和四氯化碳清除油污。清理干净的零件应尽快装炉渗氮，以防零件表面重新生锈或污染。

（2）渗氮工艺方法

根据渗氮目的不同，渗氮工艺方法分成两大类：一类是以提高工件表面硬度、耐磨性及疲劳强度等为主要目的而进行的渗氮，称为强化渗氮；另一类是以提高工件表面耐腐蚀性能为目的的渗氮，称为耐腐蚀渗氮，也称防腐渗氮。

① 强化渗氮

a. 一段渗氮（等温氮化）。在同一温度下长时间保温的渗氮工艺。一段渗氮工艺特点是渗氮温度低，变形小，硬度高，适用于对变形要求严格的工件。但氮化时间长，生产效率低，而且氮化后表面往往有白亮层产生，有时还有疏松层。氮化时间越长、氮势越高，白亮层也就越厚，使渗层脆性增加。因此有些零件，如精密机床的主轴、套筒等，在氮化以后还要经过磨削加工达到零件的尺寸精度。

图5.19为磨床主轴（材料为38CrMoAlA合金钢）的等温渗氮工艺曲线，前20h是表面形成氮化物阶段，采用较低的氨分解率（N_2、H_2体积之和与总体积之比为18%～

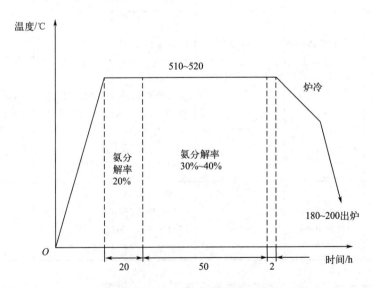

图 5.19 38CrMoAlA 钢磨床主轴等温渗氮工艺

25％），以使表面迅速吸收大量的氮原子，为以后氮原子向内的扩散提供高的浓度梯度，并使表面形成弥散度大的氮化物，提高表面硬度。第二阶段是表层氮原子向内扩散，增加渗层深度，可用较高的氨分解率（30％～40％）。

为了降低氮化层的脆性，在氮化结束前 2h 进行退氮处理，使氮继续向内层扩散，以降低表面的氮浓度，此时可将氨分解率控制在 80％以上。

对于变形要求比较严格的零件，在氮化保温结束后，可随炉冷却至 180～200℃出炉；而对一般零件可随炉冷却至 450℃以下然后快冷。在随炉降温阶段，仍然需要继续供给氮气，并保持渗氮罐内有一定的正压，防止空气进入使工件表面产生氧化。

磨床主轴经上述工艺渗氮后，表面硬度达到 966～1034HV，渗氮层厚度为 0.51～0.56mm，脆性级别为Ⅰ级。

b. 二段渗氮。由于一段渗氮时间长，生产率低，为缩短渗氮时间，获得理想的渗氮层硬度，研发了二段渗氮工艺（图 5.20）。第一阶段同等温氮化，第二阶段温度为 550～570℃，氨分解率 40％～60％，目的是加速氮在钢中的扩散，以增加氮化层深度（渗层深度）。第一阶段形成的氮化物稳定性高，在第二阶段稍提高温度时，氮化物不会显著聚集长大，硬度下降不多，而且氮化层的硬度分布趋于平缓。二段渗氮后表面硬度为 856～1025HV，渗层深度为 0.49～0.53mm，脆性级别为Ⅰ级。硬度相比于一段渗氮略有降低，变形增加。

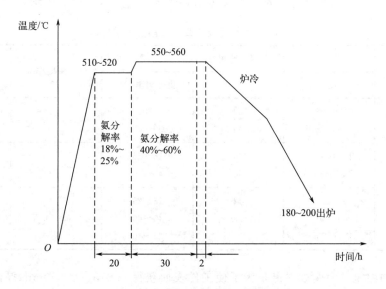

图 5.20　38CrMoAlA 钢两段渗氮工艺

由于二段渗氮工艺可在保证较高硬度的前提下缩短氮化时间，硬度梯度平缓，而且可以减薄表面的白亮脆性化合物，因此在生产上得到广泛应用，一般要求氮化层较深的零件，如磨床主轴等都可用二段渗氮。

c. 三段渗氮。三段渗氮是在二段渗氮的基础上发展起来的。特点是第二阶段的渗氮温度比二段渗氮的更高一些，一般为 560℃，以进一步提高氮化速度，达到一定渗层深度后，再将温度降至相当于第一段的温度或稍高的温度下继续氮化，使表层氮浓度达到最佳，而不至于使表面硬度过低（图 5.21）。

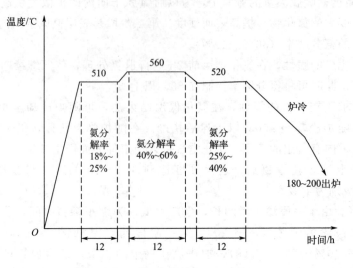

图 5.21 38CrMoAlA 钢三段渗氮工艺

三段渗氮的工艺过程不太容易控制，尤其是在硬度和变形量方面容易出现超差，所以在生产应用上受到一定的限制。

表 5.6 是等温氮化与二段、三段渗氮工艺、渗层深度及表面硬度区别。

表 5.6 等温氮化与二、三段渗氮的比较

氮化方法	渗氮工艺规范			渗层深度/mm	表面硬度 HV
	温度/℃	时间/h	氨分解率/%		
等温渗氮	510～520	20 50	20 30～40	0.51～0.56	1037
二段渗氮	Ⅰ 510～520 Ⅱ 550～560	20 30	18～25 40～60	0.56～0.63	959
三段渗氮	Ⅰ 510 Ⅱ 560 Ⅲ 520	12 12 12	18～25 40～60 25～40	0.65～0.73	856

② 耐腐蚀渗氮 耐腐蚀渗氮是为了使工件表面获得 0.015～0.060mm 厚的致密的化学稳定性高的 ε 相（Fe_xN，$x=2\sim3$）层，以提高工件的耐腐蚀性。经过耐腐蚀渗氮的碳钢、低合金钢及铸铁零件，在自来水、湿空气、过热蒸汽以及弱碱液中，具有良好的耐腐蚀性能，因此已用来制造自来水龙头、锅炉气管、水管阀门及门把手等，代替铜件和镀铬件。但是，渗氮层在酸溶液中不具有耐腐蚀性。

耐腐蚀渗氮过程与强化渗氮过程基本相同，只是前者的渗氮温度较高，以利于致密的 ε 相的形成，并可缩短渗氮时间。但渗氮后如果冷速过慢，由于部分 ε 相转变为 γ′ 相，会使渗氮层孔隙度增加，降低耐蚀性。所以，对于形状简单不易变形的工件应尽量采用快冷。常用钢的耐腐蚀渗氮工艺如表 5.7 所示。

表 5.7 常用钢耐腐蚀渗氮工艺

钢号	渗氮零件	渗氮温度/℃	保温时间/h	氨分解率/%
08、10、15、20、25、40、45、40Cr 等	拉杆、销、螺栓、蒸汽管道、阀以及其他仪器和机器零件	600	60～120	35～55
		650	45～90	45～65
		700	15～30	55～75

5.4.2 渗氮层的组织和性能

(1) 纯铁渗氮层的组织和性能

纯铁渗氮层的组织结构应该根据 Fe-N 相图及扩散条件来进行分析（图 5.18）。例如在 590℃ 以下渗氮时，首先在表面形成 α-Fe 固溶体相，当 α-Fe 相氮浓度达到饱和时，形成 γ′ 相，当 γ′ 相的氮浓度达到饱和时，又形成 ε 相 [图 5.22 (a)]。如在 520℃ 渗氮时，若表面氮原子能充分吸收，则按相图自表面至中心依次为 ε 相→γ′ 相→α 相。虽然该温度线还截取 ε＋γ′ 及 α＋γ′ 两相区，但由于前述原因不会出现两相区。只有在该温度渗氮后缓慢冷却至室温时，会在冷却过程中由 α 相中析出 γ′ 相及由 ε 相中析出 γ′ 相。这时存在两种情况：一是从 ε 相中析出 γ′ 相时，当 ε 相中的氮浓度起伏还没超过 11.0% 时，则缓冷后，α 相中析出 γ′ 相，ε 相中析出 γ′ 相，故渗层组织自表面至中心变成 ε→ε＋γ′→γ′→γ′＋α→α [图 5.22 (d)] 相。二是从 ε 相中析出 γ′ 相时，当 ε 相中的氮浓度起伏局部区域有可能超过 11.0% 时，则缓冷可得到如图 5.22 (e) 所示组织，即从 ε 相中析出 ξ 相。渗氮时，ε 相中氮浓度在较高情况下极其缓慢冷却时可能出现 ξ 相析出情况。ε 相中氮浓度越高，冷却速度越缓慢，析出 ξ 相概率也越大，数量也越

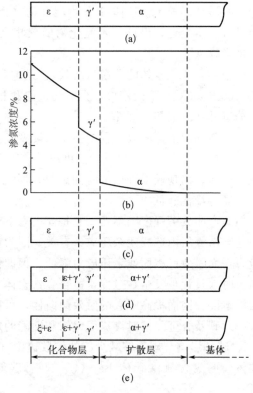

图 5.22 渗氮温度在 500～592℃ 时组织和渗氮浓度变化示意图

(a) 渗氮时渗层的组织；(b) 氮浓度的浓度梯度曲线；
(c) 快冷时深层组织；(d) ε 相中含氮量较低时缓冷后的组织；
(e) ε 相中含氮量较高时缓冷后的组织

多，因此渗氮层表面脆性也越来越大。冷却不够缓慢，γ′ 相不易从 ε 相中析出；同样，γ′ 相也不易从 α 相中析出，两相区 ε＋γ′、γ′＋α 不会出现，所以，金相观察只有 ε→γ′→α 相组织 [图 5.22 (c)]。

类似的，在 600℃ 渗氮时，在该渗氮温度形成的渗氮层组织自表面至中心依次为 ε→γ′→γ→α 相；自渗氮温度缓冷至室温的渗层组织自表面至中心依次为 ε→ε＋γ′→γ′→γ′＋α→α

相。但此处 $\gamma'+\alpha$ 的两相区较宽，因为它包括渗氮温度时的 γ 相区，它在渗氮后冷却过程中于 590℃ 发生共析分解（$\gamma\rightarrow\gamma'+\alpha$）变成两相区。若自渗氮温度快冷，则除了 γ 相转变成马氏体外，其他各相相应维持渗氮温度时的结构，因此渗氮层组织自表面至中心依次为 $\varepsilon\rightarrow\gamma'\rightarrow\alpha'$（含氮马氏体）$\rightarrow\alpha$ 相。

（2）渗氮件的性能

纯铁渗氮后各渗氮相的硬度中，α' 相具有最高的硬度，可达 700HV 左右；其次为 γ' 相，接近于 500HV；ξ 相硬度小于 300HV。快冷所获得的过饱和固溶体 α 及含氮马氏体 α' 都是不稳定相，在加热时要发生分解，并伴随着性能的变化。

含氮马氏体 α' 的回火过程为：在 20～180℃ 温度范围内回火是由淬火马氏体变成回火马氏体的过程，此时过饱和的 α' 相分解成氮过饱和度较小的 α' 相及亚稳氮化物 α'' 相。α'' 相与母相共格，在温度 150～330℃ 进行着残余奥氏体向回火马氏体的转变及氮化物 $\alpha''\rightarrow\gamma'$ 的转变。由于这些转变形成了铁素体-氮化物混合物（$\gamma'+\alpha$）。在较高的温度 300～550℃ 下回火，相成分没有发生变化，仅进行着氮化物的聚集及球化过程，伴随着含氮马氏体回火过程的进行，硬度降低。

过饱和含氮铁素体的分解（时效）：过饱和含氮铁素体在室温下的停放，特别是在较高温度（50～300℃）下的停放，会引起过饱和相的分解，并伴随着性能的变化。过饱和固溶体的分解遵守一般相变规律。

氮过饱和固溶体时效过程中强度、硬度、塑性的变化规律与一般合金时效过程中性能变化规律一样，即在 150℃ 以下的温度时效，随着时效时间的延长有一硬度及强度的峰值。时效温度愈高，出现硬度峰值的时间愈早；时效温度在 20～50℃ 峰值最高，此后随着时效温度的提高，峰值降低。

但是弯曲疲劳强度则不然，它是淬火态下最高，随着时效过程的进行，疲劳强度单调下降。这与渗氮层内造成残余压应力有关。因为渗氮试样疲劳强度的提高主要靠表面造成残余压应力，而时效使表面残余压应力降低。但即使这样，渗氮试样的疲劳强度仍高于未渗氮的试样。时效过程也发生在过冷含氮合金铁素体（合金钢）中。某些合金元素提高了氮在 α 相中的溶解度，因而提高了它的时效倾向性，可以采用时效强化。

（3）碳及合金元素对渗氮层组织和性能的影响

① 碳的影响　碳能够减少氮的扩散速度（表 5.8），从而减少氮化层的深度。氮能溶入渗碳体，形成含氮渗碳体 $Fe_3(C，N)$。碳能溶入 ε 相，成为 $Fe_{2-3}(C，N)$，而不溶入 γ' 相中。

表 5.8　含碳量对氮原子扩散速度影响

钢中的含碳量/%	0.06	0.43	1.18
氮原子扩散速度/（×10^{-9} m^2/s）	5	1.25	0.514

② 合金元素的影响　合金元素对渗氮层组织的影响，通过下列几方面作用：

a. 溶解于铁素体并改变氮在 α 相中的溶解度。过渡族元素钨、钼、铬、钛，钒及少量的锆和铌，可溶于铁素体，提高氮在 α 相中溶解度。例如，550℃ 时，铁素体中含钼 1%～2%（质量分数）时，氮在 α 相中的含量（质量分数）达 0.62%，当含钼 5.54% 时，氮的含量达 0.73%。又如 500℃ 时，铁素体中含钒 2.39% 时，含氮可达 1.5%，而含钒 8% 时 N 含量为 3.0%。再如 38Cr、38CrMo、38CrMoAl 等合金结构钢渗氮时，铁素体中含氮量达 0.2%～0.5%。铝和硅在低温渗氮时，不改变氮在 α 相中的溶解度。

b. 与基体铁构成铁和合金元素的氮化物 (Fe，M)$_3$N、(Fe，M)$_4$N 等。铝、硅可能还有钛大量地溶解于 γ' 相中，扩大了 γ' 相的均相区。ξ 相的合金化，提高了它的硬度和耐磨性。

研究表明，溶解于铁素体中的合金元素，使 ε 相中的含氮量比在纯铁中所得的 ε 相中的少；铝是例外，它不改变 ε 相中的含氮量。ε 相的厚度，随着铁素体中合金元素含量的增加而减少。含有较大量钛的铁素体渗氮时，在饱和温度下在扩散层中形成大量的 γ' 相 (Fe，M)$_4$N，它沿着滑移面和晶界成针状（片状）分布，并延展较深，这种组织常引起扩散层的脆性。图 5.23 为合金元素对 ε 相中氮浓度和 ε 相厚度的影响，可以看到上述规律性。

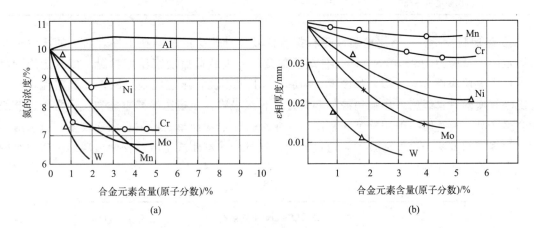

图 5.23 合金元素对 ε 相中氮浓度和 ε 相厚度的影响

（渗氮工艺 550℃，24h，氮浓度在深度 0.005mm 的渗层中测定）

c. 形成合金元素氮化物。在钢中能形成氮化物的合金元素，仅为过渡族金属中次外层 d 亚层比铁充填得不满的元素。过渡族金属的 d 亚层充填得愈不满，这些元素形成氮化物的活性愈大，稳定性愈高。镍和钴具有电子充填得较满的 d 亚层，虽然它们在单独存在时能形成氮化物，但是在钢中，钢渗氮时实际上不形成氮化物。氮化物的稳定性沿着下列顺序而增加：Ni→Co→Fe→Mn→C→Mo→W→Nb→Ti→Zr。这也是获得氮化物难易的顺序。含有氮化物形成元素 Cr、Mo、Al 等时，当表面氮浓度达到 α 相饱和极限浓度后，按照和 N 亲和力的大小，先形成 AlN，然后形成 MoN，再形成 CrN，当表面层合金元素都形成氮化物后，才会形成 γ' 和 ε 相。

选择氮化的钢材，一般应含有 Cr、Mo、Al、V、Ti 等氮化物形成元素。常用的氮化钢有 40Cr、35CrMo、38CrMoAl 等。

5.4.3 渗氮件质量检测

(1) 强化渗氮后工件质量检查

工件经强化渗氮后的质量检查包括外观检查、渗层金相组织检查、渗层深度测量、表面硬度检查、渗层脆性检查等。

① 外观 正常的氮化零件表面应呈银灰色，若表面出现黄或蓝等颜色，说明在氮化或

冷却过程中零件表面被氧化。在氮化后期产生的氧化色仅影响零件的外观，不影响使用性能。

② 表面硬度检查　由于渗层比较薄，通常用维氏硬度或表面洛氏硬度计测定渗层的表面硬度。为避免载荷过大压穿渗层以及载荷过小使测量不准确，可根据渗层深度选择表面硬度负荷，见表5.9。对于氮化后还要精磨的零件，可将试样磨去0.05～0.10mm后再检查硬度，以便真实地反映工件实际使用时的性能。

表5.9　根据渗层深度选择表面硬度负荷

渗层深度/mm	<0.35	0.35～0.5	>0.5
维氏硬度负荷/kg	≤10	≤10	≤30
洛氏硬度负荷/kg	≤15	≤30	60

③ 渗层脆性检查　渗层的脆性是根据维氏硬度计压头的棱锥在工件表面上的压痕形状来评定的。试验力为98.07N，对工件缓慢加载，卸去载荷后观察压痕状况，依其边缘的完整性将渗氮层脆性分为4级，如图5.24所示。Ⅰ级不脆，压痕完整无缺；Ⅱ级略脆，压痕边缘略有崩碎；Ⅲ级脆，压痕边缘崩碎较多；Ⅳ级极脆，压痕边缘严重脆裂。通常Ⅰ、Ⅱ级为合格产品。检查时一般用标准级别图对照定级。压痕法简单，但主观因素较多，目前应用的更为客观的方法是声发射技术，通过测量渗氮试样在弯曲或扭转过程中出现第一道裂纹的挠度来定量描述脆性。

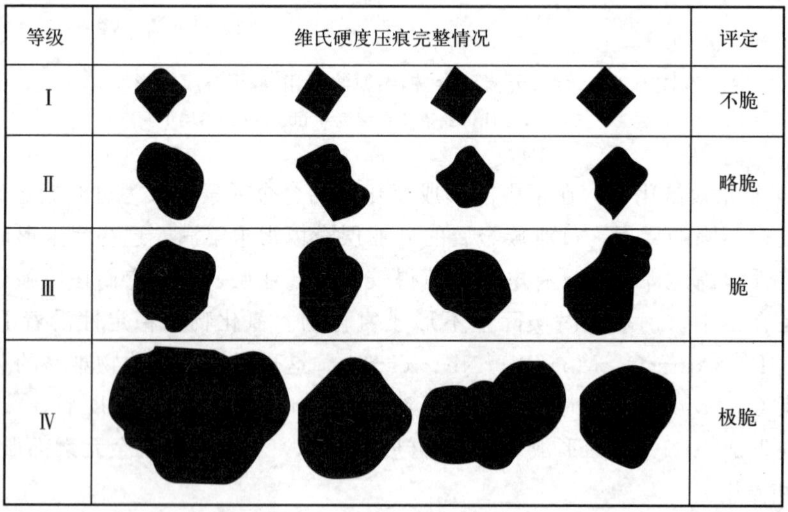

等级	维氏硬度压痕完整情况	评定
Ⅰ		不脆
Ⅱ		略脆
Ⅲ		脆
Ⅳ		极脆

图5.24　渗氮层脆性评级图

④ 渗层深度测量　从表面至与基体组织有明显分界为止的距离为渗氮层深度。其测量方法有断口法、金相法、硬度法三种。

断口法是将带缺口的试样打断，用25倍放大镜进行测量。由于氮化层组织较细，呈现瓷状断口，而心部组织较粗，呈现塑性破断的特征，因此能直接测出渗氮层深度。此法方便迅速，但精度较低。

金相法是利用渗氮层组织与心部组织耐腐蚀性能不同的特点测量渗氮层深度。将金相试样用3％～4％（体积分数）硝酸酒精溶液或4％（体积分数）苦味酸酒精溶液浸蚀后，在放大100或200倍的显微镜下，从试样表面垂直方向测至与基体组织有明显的分界处为止，此深度即为渗氮层深度。对于渗氮层显微组织与扩散层无明显分界线的试样，可加热至接近或略低于A_{c1}（700～800℃）的温度，然后水淬，利用渗氮层含氮而使A_{c1}点降低的特点测定层深，此时渗层淬火成为耐蚀性能较好的马氏体组织，而心部为耐蚀性能较差的高温回火组织。

硬度法是对渗氮后的试样从表面沿层深方向测得一系列硬度值，维氏硬度为500HV（试验力为2.94N）以上者皆可算在氮化层内。

⑤ 金相组织检查　金相组织检查包括渗氮层组织检查和心部组织检查两部分。合格的渗氮组织应是索氏体加氮化物，不应有白色的波纹状或网状及针状或鱼骨状氮化物，否则会使渗层变脆、剥落。最外层出现的ε脆性相应磨去，合格的心部组织应为回火索氏体组织（调质处理），不允许有大量游离铁素体存在。

（2）耐腐蚀渗氮后工件质量检查

工件耐腐蚀渗氮后质量检查，除外观、脆性外，还要检查渗氮层的耐腐蚀性。检查渗氮层耐腐蚀性的方法主要有两种：一种是硫酸铜水溶液浸渍或滴定法，将试样浸入质量分数为6％～10％的硫酸铜水溶液中保持1～2mim，试样表面无铜金属沉积为合格；另一种是赤血盐-氯化钠浸渍或滴定法。取赤血盐[$K_3(FeN)_6$]10g，氯化钠20g，溶于1000mL蒸馏水中，渗氮件浸入该溶液1～2min，无蓝色印迹为合格。

5.4.4　氮化件常见缺陷及预防

（1）变形

变形有两种，一种是挠曲变形，另一种是尺寸增大。

引起渗氮件挠曲变形的原因有：①渗氮前工件内残存着内应力，在渗氮时应力松弛，重新应力平衡而造成变形。②由于装炉不当，工件在渗氮过程中在自重作用下变形。③由于工件不是所有表面都渗氮，渗氮面与非渗氮面尺寸伸长量不同而引起变形，如平板渗氮，若一面渗氮，另一面不渗氮，则渗氮面伸长，非渗氮面没有伸长，造成弯向非渗氮面的弯曲变形。

由于渗氮层渗氮后比容增大而工件尺寸增大，工件尺寸增大量取决于渗层深度。其增大量还可能和渗层氮浓度有关。渗层深度、渗层氮浓度增加均会造成尺寸增大。为了减少和防止渗氮件变形，渗氮前进行消除应力处理，渗氮装炉应正确。对尺寸增量可通过实验，掌握其变形量，渗氮前机械加工时把因渗氮而引起的尺寸变化进行补缩修正。

（2）渗氮层浅

渗氮层深度不足的原因是氮化温度偏低，保温时间太短，氨分解率过高或过低，使用了新的氮化罐或夹具，工件之间距离太近等。针对以上原因可采取相应的预防措施，例如对新用的氮化罐或夹具，一定要空炉氮化一两次后再使用；严格控制温度、时间、氨分解率等工艺参数。

补救措施是进行一次补充氮化，其工艺应根据氮化层已达到的深度及表面硬度等具体情况而定。如表面硬度很高，补充氮化温度可高些，保温时间则可短些；反之，则应用较低的温度，保温时间按具体情况而定。

（3）脆性和渗氮层剥落

在大多数情况下是由于表层氮的浓度过大引起的。冶金质量低劣，预备热处理工艺、渗氮及磨削工艺不当，都会引起脆性和剥落。

渗氮前表面脱碳及预备热处理（如调质处理的淬火）时过热也会引起渗氮层脆性及剥落。

当渗层中有沿原奥氏体晶界的稠密网状氮化物时，磨削不当会出现氮化层呈薄片状剥落，水疱状表面呈小的剥落及细小密集的网状裂纹等。为了预防脆性和剥落，应该严格检查原材料冶金质量。在调质处理淬火加热时应采取预防氧化、脱碳等措施，不允许淬火过热。在渗氮时应控制气氛氮势，降低渗层表面含氮量。在磨削加工时，应该采取适当的横向和纵向进刀量，避免磨削压痕的出现。

（4）渗氮层硬度不足及软点

渗氮层硬度不足，除了由于预备热处理脱碳及晶粒粗大外，其渗氮过程本身主要是由于渗氮工艺不当所致。氨分解率过高，渗氮层表面氮浓度过低；渗氮温度过高，合金氮化物粗大；渗氮温度过低，时间不足，层深浅，合金氮化物形成太少等均导致渗氮层硬度低。除了渗氮温度过高而引起硬度低下不能补救外，其余均可再采用次渗氮来补救。重复渗氮保温时间应据具体情况而定，一般按每 0.10mm 计 10h 估算。

渗氮层出现软点的原因主要是渗氮表面出现异物，妨碍工件表面氮的吸收。如防渗锡涂得过厚，渗氮时锡熔化流至渗氮面；渗氮前工件表面清理不够干净，表面沾油污等脏物。

（5）表面氧化

产生原因有：氮化罐漏气，氮化罐中有空气侵入；出炉温度太高，在 300℃ 以上出炉，零件表面发生氧化；氮化后过早停止通氨，罐内出现负压，吸入了空气；氨液含水量超过规定要求或干燥剂失效，有过多的水分进入罐内造成氧化；进气管道内积存了水分，进入罐内导致氧化等。表面氧化一般没有什么影响，对要求高的零件可再进行一次 3h 的氮化处理，因氨分解出的氢会使工件表面上的氧化物还原，从而使表面氧化消除。

（6）氮化层不致密、耐蚀性差

产生氮化层不致密、耐蚀性差的原因是表面氮含量太低，工件表面有锈斑。对耐蚀氮化的工件可再进行一次氮化。

（7）渗层中出现网状或波纹状氮化物

氮化温度过高、氨气含水量多、调质淬火温度过高所造成的晶粒粗大以及零件尖角或锐边都会导致在扩散层中形成波纹状及网状氮化物。这种组织的出现会严重影响氮化质量，使氮化层脆性增加，极易剥落。可用扩散处理方法予以减轻。

（8）针状或鱼骨状氮化物

产生针状或鱼骨状氮化物的原因是工件表面有脱碳层，氨气含水量高造成脱碳或氮化前钢内已有大块铁素体或上贝氏体组织。针状或鱼骨状氮化物的产生会增加渗层脆性。

5.5 碳氮共渗

在一定温度下，同时将碳、氮渗入工件表层中并以渗碳为主的化学热处理工艺，称为碳氮共渗。碳氮共渗可以在气体介质中进行，也可在液体介质中进行。液体介质的主要成分是氰盐，液体碳氮共渗又称为氰化。

对低碳结构钢、中碳结构钢以及不锈钢等，为了提高其表面硬度、耐磨性及疲劳强度，进行 820～850℃ 碳氮共渗。中碳调质钢在 570～600℃ 温度进行碳氮共渗，可提高其耐磨性及疲劳强度，高速钢在 550～560℃碳氮共渗的目的是进一步提高其表面硬度、耐磨性及热稳定性。根据共渗温度不同，可以把碳氮共渗分为高温（900～950℃）、中温（700～880℃）及低温三种。

5.5.1 碳和氮同时渗入时的特点

同时在钢中渗入碳和氮，如前所述，至少已是三元状态的问题，故应以 Fe-N-C 三元状态图为依据。但目前还不能完全根据三元状态图来进行讨论。在这里重点介绍一些碳氮二元共渗的特点。

（1）共渗温度不同

随共渗温度的升高，渗层中氮含量降低，而碳质量分数先增加后降低。氮势随温度升高而降低，这是由于温度高，氨分解率也高，通入炉中的氨大部分未与零件表面接触就分解了，减少了与工件表面获得活性氨原子的机会。另外，从 Fe-N 相图可以看出，随着温度升高，氮在奥氏体中的溶解度降低，而碳在奥氏体中的溶解度随温度升高而增加，因而氮在奥氏体中的溶解度降低得更多。此外，随着温度升高，氮原子向内部的扩散大大加速，而此时氮原子的供应不充分，更使表面氮含量降低。因此，随着共渗温度的提高，在共渗层中将主要发生渗碳过程。共渗温度对共渗层表面碳、氮含量的影响如图 5.25 所示。

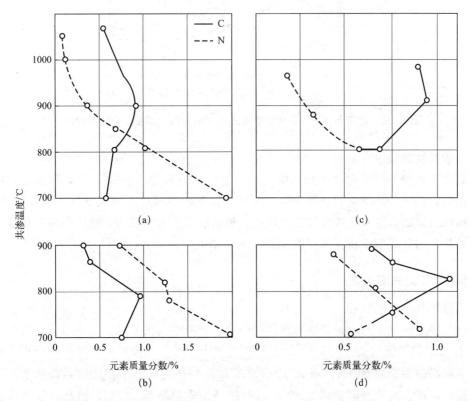

图 5.25　共渗温度对共渗层表面碳、氮含量（质量分数）的影响（渗层深度：0.075～0.15mm）

（a）$W_{CO}=50\%$，$W_{NH_3}=50\%$；（b）$W_{CaCN}=23\%～27\%$ 的盐浴；

（c）$W_{NaCH}=50\%$ 的盐浴；（d）$W_{NaCH}=30\%$，$W_{NaCl}=25\%$，$W_{Na_2CO_3}=35.5\%$

（2）对渗速的影响

由于 N 使 γ 相区扩大，且 A_{c3} 点下降，因而能使钢在更低的温度增碳。氮渗入浓度过高，在表面形成碳氮化物相，因而氮又阻碍着碳的扩散。碳降低氮在 α、ε 相中的扩散系数，所以碳减缓氮的扩散。图 5.26 为铬镍钢预先渗氮对后继碳层碳质量分数及硬度的影响。

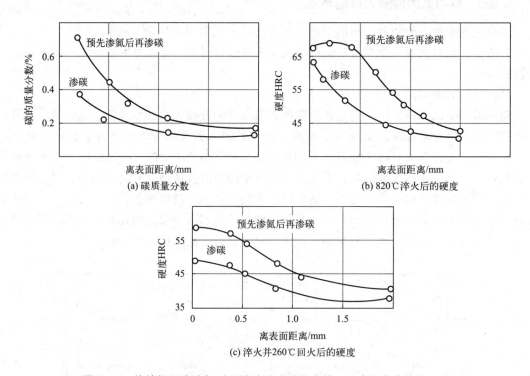

图 5.26　铬镍钢预先渗氮对后继碳层碳质量分数、硬度分布曲线的影响

（3）碳对氮的吸附有影响

碳氮共渗过程可分成两个阶段：第一阶段共渗时间较短（1～3h），碳和氮在钢中的渗入情况相同；若延长共渗时间，出现第二阶段，此时碳继续渗入而氮不仅不从介质中吸收，反而使渗层表面部分氮原子进入气体介质中，表面脱氮，分析证明，这时共渗介质成分有变化，可见是氮和碳在钢中相互作用的结果（图 5.27）。

5.5.2　碳氮共渗工艺

（1）碳氮共渗工艺特点

碳氮共渗与渗碳不同，是渗碳和渗氮的综合，兼有二者的长处，具有以下主要特点：

① 比渗碳温度低（820～860℃），晶粒不会长大，适于直接淬火，淬火变形小。氮的渗入降低了渗层的相变温度（A_{c1} 及 A_{c3} 点）。氮和碳一样是扩大 γ 相区的合金元素，可使渗层相变温度降低。当含氮量达到 0.3％时，能使 A_{c1} 点降低至 697℃，因此碳氮共渗能在较低的温度下进行。

② 氮的渗入降低了渗层的临界冷却速度。由于氮增加过冷奥氏体的稳定性，碳氮共渗层中的碳氮奥氏体比渗碳奥氏体的稳定性高，使临界冷却速度降低，因此碳氮共渗后，可用较低的速度冷却，减小钢件共渗后的淬火变形和开裂的倾向，减少变形。

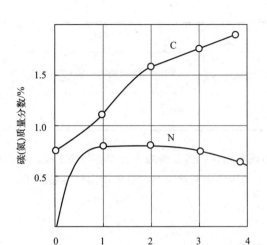

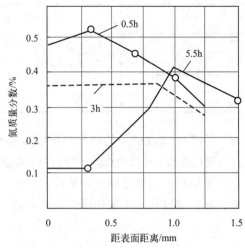

(a) T8钢片在苯和氨混合物中800℃
共渗不同时间后表面碳(氮)质量分数

(b) 30CrMnTi钢在三乙醇胺气体中850℃
共渗0.5h、3h及5.5h后氮质量分数分布曲线

图 5.27　碳氮共渗保温时间对渗层质量分数的影响

③比纯渗碳、渗氮速度快。碳氮同时渗入加大了碳的扩散系数。在相同的温度和时间下，碳氮共渗层的深度远大于渗碳层的深度，即碳氮共渗的渗速较快，可以缩短工艺周期。

④ 碳氮共渗层比渗碳层具有更好的耐磨性，更高的疲劳强度和耐蚀性，比渗氮层有更高的抗压强度和更低的表面脆性。

⑤ 氨的渗入降低了渗层的马氏体相变温度 M_s。由于马氏体相变温度下降，减少了奥氏体的转变量，使表层残余奥氏体增多，硬度有所下降。

(2) 气体碳氮共渗介质

按使用介质不同可分为固体碳氮共渗、液体碳氮共渗与气体碳氮共渗。固体碳氮共渗与固体渗碳相似，常用的渗剂成分（质量分数）为30％～40％黄血盐、10％碳酸钠和50％～60％木炭。这种方法的生产效率低，操作繁重，劳动条件差，目前生产上已很少使用。液体碳氮共渗又称氰化，主要以氰盐为渗剂，氰盐是一种剧毒物质，会造成环境严重污染，使用也受到限制。气体碳氮共渗是当前广泛应用的一种方法，基本克服了环境污染的问题，劳动环境较好，操作简便，生产效率高。下面主要讨论气体碳氮共渗。

① 气体碳氮共渗介质的分类　气体碳氮共渗常用的介质可分为两大类：一类是渗碳介质加氨气；另一类是含有碳氮元素的有机化合物，其组成见表5.10。

表 5.10　常用气体碳氮共渗介质的组成

类别	共渗介质的组成	备注
渗碳剂＋氨气	煤油、苯、甲苯等液体碳氢化合物＋氨气	液体碳氢化合物可通过滴量计直接送入炉内，氨气由氨瓶经减压阀和流量计输入炉内
渗碳气氛＋氨气	城市煤气＋氨气 吸热式保护气＋氨气 吸热式保护气＋工业丙烷＋氨气	城市煤气应经干燥和吸收二氧化碳处理，吸热式保护气氛应根据钢件表面碳势要求调整

续表

类别	共渗介质的组成	备注
含氮碳有机化合物	三乙醇胺 三乙醇胺＋尿素 苯胺 甲酰胺等	可采用注射泵使液体呈雾状喷入炉内，也可采用滴入法。对含尿素的渗剂，为促使其溶解及增加流动性，应适当加热（70～100℃）

② 气体碳氮共渗介质的热分解反应　液体碳氢化合物热分解的产物和各种气态渗碳剂，都包含有一氧化碳和甲烷两种成分，当它们在高温下与钢件表面接触时，分解析出活性碳原子。

氨气分解析出活性氮原子，见式（5.1）。

氨气还同渗碳气体相互作用产生氰氢酸：

$$NH_3 + CO \longrightarrow HCN + H_2O$$

$$NH_3 + CH_4 \longrightarrow HCN + 3H_2$$

氰氢酸是一种化学性质活泼的物质，进一步分解出碳、氮活性原子，促进共渗过程：

$$2HCN \longrightarrow H_2 + [C] + 2[N]$$

目前用得较多的含氮碳有机化合物是三乙醇胺，在500℃以上按下式分解：

$$(C_2H_4OH)_3N \longrightarrow 2CH_4 + 3CO + HCN + 3H_2$$

其中的甲烷、一氧化碳及氰氢酸与钢件表面接触时分解析出活性碳、氮原子，并渗入工件表面，形成碳氮共渗层。

（3）气体碳氮共渗温度和时间

碳氮共渗温度直接影响共渗介质的活性和碳、氮原子的扩散系数，从而对渗层碳氮浓度、渗层深度和渗层组织有较大的影响。因此正确地选择共渗温度，对提高渗层质量和加快共渗速度具有重要意义。

碳氮共渗温度的选择应同时考虑工艺性和工件的使用性能，如共渗速度、工件变形、渗层组织和性能等。共渗温度越高，为达到一定渗层深度所需时间越短，如图 5.28（a）所示，但工件变形增大，而且渗层中含氮量急剧下降。当温度高于900℃时，渗层中含氮量很低，渗层成分和组织与渗碳相近，相当于单纯渗碳，如图 5.28（b）所示。较低共渗温度有

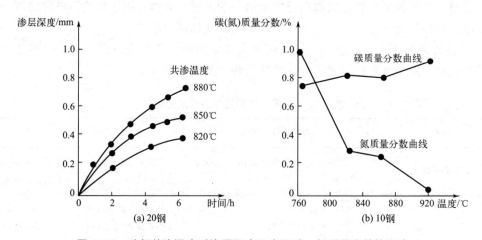

图 5.28　碳氮共渗温度对渗层深度及表面碳、氮质量分数的影响

利于减少工件变形，但温度过低，不仅渗速减慢，而且表层含氮量过高，易形成高氮的化合物，使渗层脆性增大，还影响到心部组织的强度和韧性。多数工厂均选用 820～860℃。

碳氮共渗保温时间主要取决于共渗温度、工件所要求的渗层深度及钢材的化学成分。另外，渗剂的成分和流量、炉子的大小及工件装炉量等因素也有一定影响。

当共渗温度和共渗介质一定时，共渗时间与渗层深度的关系式为

$$x = Kt^{1/2} \tag{5.2}$$

式中，x 为渗层深度，mm；t 为共渗时间，h；K 为共渗系数，与共渗温度、共渗介质和钢种有关。K 值可通过实验测得，然后根据所要求的共渗层深度计算出共渗时间，表5.11 为常用钢的 K 值。

表 5.11　常用钢的 K 值

钢号	K 值	共渗温度/℃	共渗介质
20Cr	0.3	860～870	氨气 0.05m³/h；液化气 0.1m³/h；保护气，装炉后 20min 内 5m³/h，20min 后 0.5m³/h
18CrMnTi	0.32	860～870	
40Cr	0.37	860～870	液化气 0.15m³/h，其余同 20Cr
20	0.28	860～870	氨气 0.42m³/h，保护气 7m³/h
20MnMoB	0.345	840	渗碳气（CH₄）0.28m³/h

由式（5.2）可知，共渗温度一经确定，保温时间主要取决于渗层深度要求。随着保温时间的延长，渗层内碳、氮浓度梯度变得较为平缓，有利于提高工件表面的承载能力。但时间也不可过长，否则表面碳、氮浓度过高，引起表面脆性或淬火后残余奥氏体过多。

5.5.3　碳氮共渗层的组织与性能

碳氮共渗组织的特点是形成化合物的倾向增大，淬火后残余奥氏体增多。碳氮共渗过程中，共渗层的最外层往往形成碳氮化合物，在化合物里面为含碳氮的奥氏体。在化合物层中碳氮含量最高，并向心部逐渐降低。因此淬火后共渗层的组织大体上分为碳氮化合物层和扩散层。碳氮化合物层是由含氮渗碳体［Fe_3（CN）］和含碳的 ε 相体［Fe_{2-3}（CN）］组成。扩散层紧挨着碳氮化合物层，它是由碳氮奥氏体的转变产物组成的，其组织主要是含碳、氮的马氏体及残余奥氏体。由于碳氮共渗温度比渗碳低，奥氏体晶粒细小，所以淬火后所得到的马氏体针也细，残余奥氏体块也很小。残余奥氏体由外到内依次迅速增多，至一定深度后又依次减少，并过渡到全部为马氏体组织。再往里则是屈氏体加马氏体区或根据钢的淬透性不同而得到不同的组织。

由以上分析可知，钢在 800℃ 以上进行碳氮共渗时，是以渗碳为主，其渗层组织接近于渗碳层的组织，即表层是粒状碳氮化合物加马氏体加残余奥氏体；扩散层为马氏体加残余奥氏体。

渗层中碳氮化合物的形态对力学性能有很大影响，弥散分布的小颗粒碳氮化合物的性能最好，化合物堆集成片或成粗网状分布性能最差，在受到冲击负荷时容易碎裂。因此，应避免出现这类形态的碳氮化合物。由于小颗粒状的化合物分布在有许多残余奥氏体的基体上，没有割裂基体的连续性，因此不会损害基体的韧性，即使出现裂纹，也会由于韧性高的残余

奥氏体发生塑性变形而使应力松弛，抑制裂纹的扩展。

大量弥散细小的碳氮化合物对渗层起弥散强化与晶界强化作用，基体中固溶的 C、N 及其他合金元素也有固溶强化作用，同时共渗后表面存在着残余压应力及适量的残余奥氏体，使共渗后的渗层与渗碳后的渗碳层相比，耐磨性、弯曲疲劳和接触疲劳强度大大提高。

在一般情况下，碳氮共渗层中的残余奥氏体量比渗碳层中的要高。对于残余奥氏体的作用，一直还有争议。过去认为大量的残余奥氏体存在会降低工件的强度与硬度，因此机械零件中残余奥氏体少一些为好。现在看来，对于量具及刀具，因残余奥氏体会造成尺寸不稳定、刃部产生软点等，的确以少为好；但是对于其他机械零件，经碳氮共渗后，适量的（30%～50%体积分数）残余奥氏体可以改善钢的耐磨性能、抗接触疲劳和弯曲疲劳性能，使零件寿命提高。

5.5.4　碳氮共渗的应用

由于碳氮共渗的诸多优点，目前有许多零件生产已经用碳氮共渗工艺替代了渗碳工艺。尤其当共渗层深度≤0.75mm 时，采用碳氮共渗既可获得高性能的零件又可提高生产率和降低生产成本。许多轻工产品，如自行车、缝纫机等的薄壁零件，多数已用碳氮共渗工艺取代渗碳工艺。

（1）纺织机械零件的碳氮共渗工艺

纺织机械零件，如脚踏轴、导纱转盘、导纱钩等，材料均为普通的低碳结构钢，如 Q215、Q235 的薄板，经冲压成型。由于这类零件都是薄壁零件，因此要求共渗层较浅（0.2～0.5mm），共渗层的碳、氮浓度低（碳、氮的质量分数分别为 0.7%～0.9% 和 0.2%～0.4%），淬火后共渗层硬度通常为 55～62HRC。

碳氮共渗设备由改装风扇轴密封后的 60kW 气体渗碳炉和一套通氨装置组成。碳氮共渗工艺和淬火-回火工艺曲线见图 5.29。

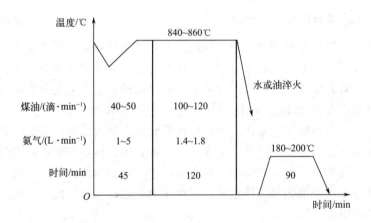

图 5.29　纺织机械零件中温碳氮共渗工艺曲线

（2）变速箱齿轮的碳氮共渗工艺

变速箱齿轮材料为 20Cr 钢，要求渗层深度为 0.25～0.40mm，表面硬度为 60HRC。共渗工艺曲线如图 5.30 所示。

（3）汽车零件的两段碳氮共渗工艺

材料为 20CrMnTi 的汽车零件，要求渗层深度为 0.8～0.9mm，其中 $W_C = 0.8\%$～

0.9%，$W_N \geqslant 0.2\%$，其碳氮共渗工艺曲线见图5.31。

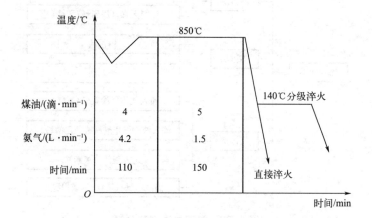

图5.30 变速箱齿轮的一般碳氮共渗工艺曲线

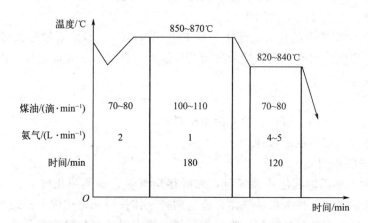

图5.31 汽车零件的两段碳氮共渗工艺曲线

5.5.5 氮碳共渗（软氮化）

氮碳共渗是指使工件表面同时渗入氮、碳原子，并以渗氮为主的表面化学热处理工艺，亦称软氮化。软氮化最早是由低温氰化发展起来的。发现结构钢在$30\%\sim45\%$（质量分数）NaCN或$30\%\sim35\%$（质量分数）KCNO熔盐中于$570℃$氰化$1\sim3h$后快冷，可以得到表面硬度$500\sim800HV$、深$0.15mm$的氮化层。这样，抗擦伤性能、疲劳强度和耐磨性大为提高。这种处理方法具有普通气体渗氮的优点，但处理时间短，而且表面形成的ε相（含碳）层韧性好，适用于碳素钢、合金钢、铸铁及粉末冶金材料，因而获得迅速的发展。但是，由于氰盐有毒，对操作者很不安全，为了克服这一缺点，根据软氮化的本质是低温氮碳共渗这一前提，发展了各种方法的气体氮碳共渗。目前该种方法已广泛地用于楔具、量具、刀具以及耐磨、承受弯曲疲劳的零件中。氮碳共渗方法分类如图5.32所示。

（1）氮碳共渗工艺特点

① 软氮化速度快，时间短，一般为$1\sim4h$，而气体氮化长达几十小时。这是由于软氮化时，钢的表面首先被碳饱和并形成极其细小的碳化物，以这种碳化物为媒介促进了氮的渗

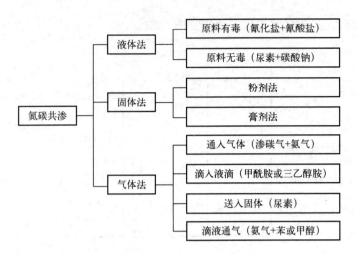

图 5.32　氮碳共渗方法分类

入。当表面 ε 相形成后，又给低温条件下固溶更多的碳创造了条件，渗碳和氨化相互促进，从而使渗速加快，工艺时间大大缩短。

② 在软氮化白亮层中的相为氮碳化合物 Fe_{2-3}（N，C），即碳质量分数可达 2% 的 ε 相，其除了具有高的硬度、耐磨、耐腐蚀和抗疲劳性能外，还具有一定的韧性，因此软氮化所形成的白亮层一般脆性较小。

③ 适用于氮碳共渗的材料广，气体氮化适用于特殊的渗氮钢，而软氮化不受材料限制，可广泛用于碳钢、合金钢、铸铁、粉末冶金材料等。

（2）氮碳共渗工艺参数的选择

① 氮碳共渗的渗剂

a. 以氨气为主体添加其他渗碳气氛，如吸热型气氛、醇类裂化气等。采用氨气作为供氮气体，采用吸热型气氛作为供碳气体。将这两种气体按照一定比例一同送到氮化箱内进行软氮化。氨气与吸热型气氛的比例、吸热型气氛的露点对软氮化的组织和性能都有影响。通常采用氨气与吸热型气氛的比例为 50∶50、吸热型气氛的露点为 0℃ 的渗剂，能得到质量最好的渗层。采用这种渗剂进行软氮化，容易实现自动化，但设备复杂，需要增加一个吸热式气氛发生炉，设备投资大，只适用于连续作业的大批量生产。

b. 液体有机溶剂有甲酰胺、三乙醇胺等，其中以甲酰胺应用最广。

甲酰胺是无色油状液体，在 400～700℃ 时发生热分解反应：

$$4HCONH_2 \longrightarrow 4\ [N] + 2\ [C] + 4H_2 + 2CO + 2H_2O$$

甲酰胺热分解温度低，在软氮化温度范围内分解比较完全，氨化过程中产生的炭黑很少；甲酰胺理论含氮量为 31.1%，$W_C = 25.7\%$，因此氮化速度较快，氮化效果明显；甲酰胺黏度小，滴量容易控制，易于操作，所以在生产中得到了广泛的应用。

c. 尿素。尿素加热后极易分解，加热到 500℃ 以上时热分解的主要反应是：

$$(NH_2)_2CO \longrightarrow CO + 2H_2 + 2\ [N]$$

$$2CO \longrightarrow CO_2 + [C]$$

当尿素在较低温度（130～300℃）时，发生以下反应生成缩二脲、缩三脲。

$$2\ (NH_2)_2CO \longrightarrow NH_3 + (NH_2CO)_3NH\ (缩二脲)$$

$$3\ (NH_2)_2CO \longrightarrow 2NH_3 + (NH_2CO)_3N\ (缩三脲)$$

缩二脲和缩三脲在软氮化温度范围内是固体物质，不易进一步分解，因此必须防止它们的形成。

② 氮碳共渗温度和时间　共析温度为 565℃。接近此温度时 α-Fe 对氮有最大溶解度，故一般氮碳共渗温度为 570℃，共渗后快冷可显著提高疲劳强度。温度过高，化合物层增厚，容易出现疏松，且高于共析温度后，渗层中出现 γ 相，快冷后出现马氏体，使变形增大；温度过低，不仅速度慢，性能也差。共渗保温时间根据渗层深度要求而定，一般为 1～6h。

③ 氮碳共渗组织和性能　与钢的渗氮不同，氮碳共渗在渗氮同时还有碳的渗入。但是由于温度低，碳在 α 相中的溶解度仅为氮在 α-Fe 中溶解度的 1/20。因此，扩散速度很慢，会在表面很快形成极细小的渗碳体质点，作为碳氮化合物的结晶中心，促使表面很快形成 ε 及 ξ 层。根据 Fe-C-N 三元状态图，可能出现的相仍为 ε、γ 和 ξ 相，但碳在 ε 相中有很大的溶解度，而在 ξ 相和 α 相中则极小。

软氮化的渗层组织一般表面为白亮层，又称化合物层，其主要为 ξ 相，视碳、氮含量不同，还可能有少量 Fe_3C。试验表明，单一的 ε 相具有最佳的韧性。在化合物层以内则为扩散层，这一层组织和普通渗氮相同，主要是氮的扩散层。因此，扩散层的性能也和普通气体渗氮相同，若为具有氮化物形成元素的钢，则软氮化后可以显著提高硬度。

化合物层的性能与碳、氮含量有很大关系。含碳量过高，虽然硬度较高，但接近于渗碳体性能，脆性增加；含碳量低，含氮量高，则趋向于纯氮相的性能，不仅硬度降低，脆性也反而提高。因此，应该根据钢种及使用性能要求，控制合适的碳、氮含量。氮碳共渗后应该快冷，以获得过饱和的 α 固溶体，造成表面残余压应力，可显著提高疲劳强度。氮碳共渗后，表面形成的化合物层也可显著提高耐腐蚀性能。

上述几节介绍了渗碳、渗氮、碳氮共渗和氮碳共渗的基本概念、工艺、组织及应用。表 5.12 为几种工艺比较及各自优缺点。

表 5.12　渗碳、渗氮、碳氮共渗和氮碳共渗工艺比较

项目	渗碳	渗氮	碳氮共渗	氮碳共渗
处理工艺	渗碳＋淬火＋低温回火	渗氮	碳氮共渗＋淬火＋低温回火	氮碳共渗
生产周期/h	约 3～9	约 20～50	约 1～2	约 2～3
渗层深度/mm	0.5～2	0.2～0.8	0.2～0.8	0.01～0.02
硬度 HRC	58～63	65～70	58～63	50～55
耐磨性	良好	最好	良好	好
耐蚀性	一般	最好	较好	好
热处理后变形	较大	最小	较小	小

5.6　渗硼

渗硼是将钢的表面渗入硼元素以获得铁的硼化物的工艺。渗硼能显著提高钢件表面硬度

（1300～2000HV）和耐磨性能（表5.13）。此外，渗硼层还具有良好的耐热性和耐蚀性。因此近年来渗硼工艺发展很快，在石油化工机械、汽车拖拉机制造、纺织机械、工模具以及核能工业方面的应用日渐增多。

表5.13　渗硼在热锻模上的应用

模具材料	淬火后模具硬度	渗硼层深度/mm	渗硼硬度 HV	热轧锉刀毛坯件数	
				渗硼	淬火
T8	64HRC	0.11～0.17	1700～1850	22500	3500
5CrNiMo	390～430HB	0.06～0.09	2100～2150	13000	5000
30CrMnSi	380～400HB	0.08～0.12	2000～2100	13000	4000
8Cr3	390～430HB	0.07～0.1	1950～2000	16000	4200

5.6.1　渗硼方法

渗硼法有固体渗硼、液体渗硼及气体渗硼（表5.14）。但由于气体渗硼采用乙硼烷或卤化硼气体，前者不稳定易爆炸，后者有毒，又易分解，因此未被采用。现在生产上采用的是粉末渗硼和盐浴渗硼。近年来由于解决了渗剂的结块问题，粉末渗硼法获得了愈来愈多的应用。

表5.14　渗硼方法及工艺

方法	渗硼剂质量分数	处理规程		渗层深度/mm
		温度/℃	时间/h	
液体渗硼	60%硼砂＋40%碳化硼或硼铁	950～1000	3～5	0.2～0.4
	45%$BaCl_2$＋45%NaCl＋10%B_4C 或硼铁	950～1000	1～3	0.06～0.25
	50%～60%硼砂＋40%～50%SiC	≈1000	3～6	0.1～0.17
固体渗硼	60%～70%无定型硼、硼砂或碳化硼＋30%～40%Al_2O_3 粉＋2%～3%NH_4Cl	950～1050	3～5	0.1～0.3
	79%B_4C＋16%$Na_2B_4O_7$＋5%KBF_4	≈1000	2～6	0.15～0.25
气体渗硼	5%～10%卤化硼＋90%～95%H_2	750～950	3～6	0.05～0.25
	1%～2%乙硼烷＋H_2	800～850	2～4	0.05～0.20

（1）固体渗硼法

固体渗硼是把工件埋入装有粉末状（或粒状）渗剂中，或将工件涂以膏（糊）状渗硼剂装箱密封（或不密封），然后加热、保温的渗硼方法。与液体法相比，不需专门设备，操作简单，渗硼后表面清洗容易。但拆装箱劳动量大，粉末介质导热性差，加热时间长。根据渗剂形态特点，固体渗硼分为粉末渗硼和膏剂渗硼两种。

① 粉末渗硼　将粉末渗剂和工件同时装入耐热钢（或普通碳钢）制的箱或罐中，将工件埋入粉末中加盖密封，然后加热形成渗层。该法工艺简便、操作容易、设备简单、清理方

便、质量稳定，近年来颇受重视。但工件装箱和取出时，粉尘大、工作环境差、劳动强度高，并且难以实现工件局部渗硼。

目前最常用的是用下列配方的粉末渗硼法：5％KBF$_4$＋5％B$_4$C＋90％SiC＋锰铁合金（Mn-Fe）。把这些物质的粉末和匀装入耐热钢板焊成的箱内，工件以一定的间隔（20～30mm）埋入渗剂内，盖上箱盖，在900～1000℃的温度保温1～5h后，出炉随箱冷却即可。

上列渗剂中各部分的作用是：B$_4$C为硼的来源，KBF$_4$是催渗剂，SiC是填充剂，Mn-Fe则起到使渗剂渗后松散而不结块的作用。如此渗硼后冷却至室温开箱时，渗剂松散，工件表面无结垢等现象，无须特殊清理。由于固体渗硼法无需特殊设备，操作简单，工件表面清洁，已逐渐成为最有前途的渗硼方法。

② 膏剂渗硼　膏剂渗硼是在粉末渗硼的基础上发展起来的，其方法是将粉末渗剂加上黏结剂调成膏状，涂在需要渗调的工件表面上，压实贴紧工件，涂层厚度一般为2～3mm，经自然干燥或烘干（＜150℃）后便可进行加热渗硼。无须渗硼的部位可用水玻璃将三氧化二铬调成糊状，涂上加以保护。加热方式一般为装箱（用木炭或三氧化二铝作为填充剂）密封后在空气中加热；或不装箱，在保护气氛中加热，也可置于感应器中加热。

粉末渗剂一般由供硼剂、活化剂和填充剂组成。膏状渗硼剂再添加黏结剂。供硼剂可采用硼铁、碳化硼、脱水硼砂或硼酐等。活化剂一般采用氟硼酸钾、氟硅酸钠、氯铝酸钠、碳酸氢铵、氟化钠或氟化钙等。填充剂可采用碳化硅、氧化铝、活性炭、木炭等。使用粉状渗硼剂时，劳动条件较差。若在粉状渗硼剂中加入黏结剂制成球形粒状渗硼剂，可以提高渗剂的高温强度，使用时渗剂不结块，不粘工件，劳动条件也有所改善。粒状和膏状渗硼剂中都必须加入一定比例的黏结剂，黏结剂不能与工件和渗剂反应，常用的有桃胶水溶液、羧甲基纤维素水溶液等。

（2）液体渗硼

液体渗硼是将工件置于熔融盐浴中的渗硼方法。与固体渗硼法相比，具有设备简单、操作方便、渗层组织容易控制、加热均匀且速度快、渗后可直接淬火等优点，在生产中应用较多。主要缺点是渗硼后黏附在工件表面的盐难以清理，而且熔盐对坩埚的腐蚀也比较严重。液体渗硼有熔盐法和电解法两种。

① 熔盐法　根据熔盐成分可分为硼砂熔盐渗硼和渗硼剂-中性盐盐浴渗硼两种。

硼砂熔盐渗硼常用硼砂作为渗硼剂和加热剂，再加入一定的还原剂，如SiC，以分解出活性硼原子。为了增加熔融硼砂浴的流动性，还可加入氯化钠、氯化钡或盐酸盐等助熔盐类。常用盐浴成分（质量分数）有下列三种：60％硼砂＋40％碳化硼或硼铁；50％～60％硼砂＋40％～50％SiC；45％BaCl＋45％NaCl＋10％B$_4$C或硼铁。

该方法具有成本低、生产效率高、处理加工稳定，渗硼层致密、缺陷少、质量好等特点。但有盐浴流动性差、工件黏盐难以清理等缺点，常用于形状简单的工件。一般盐浴渗硼温度采用950～1000℃，渗硼时间根据渗层深度要求而定，一般不超过6h。因为时间过长，不仅渗层增深缓慢，而且使渗硼层脆性增加。

渗硼剂-中性盐盐浴渗硼是用盐浴作载体，另加入渗硼剂，使之悬浮于盐浴中，利用盐浴的热运动使渗剂与工件表面接触实现渗硼。常用的配方由碳化硼或由硼砂＋还原剂组成的渗硼剂和中性盐（如氯化钠、氯化钾、氯化钡等）组成。中性盐的加入极大地改善了工件渗后的残盐清洗状况和盐浴流动性。

② 电解法　先将熔盐加热熔化，放入阴极保护电极，达到温度后放入工件，并接阴极，

保温相应时间后，切断电源，把工件从盐浴中取出淬火或空冷。熔盐多数以硼砂为基，该法具有生产效率高、处理过程稳定、渗硼层质量好、适合大规模生产的优点。但坩埚和夹具的使用寿命低，夹具的装卸工作量大，形状复杂的工件难以获得均匀的渗硼层。

5.6.2　渗硼后的热处理

对心部强度要求较高的零件，渗硼后还需进行热处理。由于 FeB 相、Fe_2B 相和基体的膨胀系数差别很大，加热淬火时，硼化物不发生相变，但基体发生相变。因此渗硼层容易出现裂纹和崩落，这就要求尽可能采用缓和的冷却方法，淬火后应及时进行回火。

5.6.3　渗硼层的组织性能

铁的表面渗入硼后，例如在 1000℃渗硼，由于硼在 γ-Fe 中的溶解度很小，因此立即形成硼化物 Fe_2B，再进一步提高浓度则形成硼化物 FeB。硼化物的长大，靠硼以离子的形式，通过硼化物至反应扩散前沿 Fe-FeB 及 Fe_2B-FeB 界面上来实现。因此，渗硼层组织自表面至中心只能看到硼化物层，如浓度较高，则表面为 FeB，其次为 Fe_2B，呈梳齿状楔入基体。图 5.33～图 5.35 中的白亮层为单相 Fe_2B 组织。

图 5.33　45 钢 850℃×8h

图 5.34　20CrNiMo 渗碳后再渗硼，920℃×7h

图 5.35　20CrNiMo 渗碳后再渗硼，850℃×8h

在渗硼过程中，随着硼化物的形成，钢中的碳被排挤至内侧，因而紧靠硼化物层将出现富碳区，其深度比硼化物区厚得多，称扩散区。硅在渗硼过程中也被内挤而形成富硅区。硅是铁素体形成元素，在奥氏体化温度下，富硅区可能变为铁素体，在渗硼后淬火时不转变成马氏体。因而紧靠硼化物区将出现软带（300HV 左右），使渗硼层容易剥落。钼、钨可强烈地减薄渗硼层，铬、硅、铝次之，镍、钴、锰则影响不大。渗硼可得到比渗碳、碳氮共渗高的耐磨性。

由表 5.15 可见，FeB 相脆性较大，从使用的角度看，希望尽量减少 FeB 相。因此近年来大量研究工作致力于获得单一的 Fe_2B 相。试验结果表明，渗层的表面结构形式与渗硼方法、渗剂组成和渗硼规程等密切相关，在固体渗硼时，只要分配比适当，是可以获得单相的 Fe_2B 层的。当渗硼层由 FeB 和 Fe_2B 两相构成时，在它们之间将产生应力，在外力（特别是冲击载荷）作用下，极易产生裂缝而剥落。

表 5.15　Fe_2B 和 FeB 的性质

化合物	密度/(g·cm^{-3})	熔点/℃	硬度 HV	脆性
Fe_2B	7.32	1389	1290～1680	小
FeB	7.15	1540	1890～2349	大

铁硼化合物 FeB 和 F_2B 是十分稳定的化合物，具有良好的热硬性。经渗硼后的工件一般在 800℃ 以下能保持高硬度，能可靠地工作。

在高温下，工件表面的铁硼化合物能与氧反应，生成 B_2O_3，使氧化过程停止或减少到极缓慢的程度，从而保护工件。一般经渗钢后的工件在 600℃ 以下抗氧化性好。另外，经渗硼后的工件还具有良好的耐蚀性，对盐酸、硫酸、磷酸、氢氧化钠水溶液、氯化钠水溶液都具有较高的耐蚀性。

5.7　渗金属

渗金属就是采用加热扩散的方法，使一种或多种金属（如铬、铝、锌、钛、钒等）渗入工件表面，形成表面合金层。所形成的表面层叫渗层或叫扩散渗层，其特点是渗层的形成主要靠加热扩散作用。渗层与基体金属的结合，一般是靠形成合金来结合的，因此比电镀、化学镀等方法所形成的镀层更牢固，渗层不易脱落，是其他镀覆方法难以相比的。

渗金属是钢铁零件表面强化工艺方法之一，渗层具有不同于基体金属的成分和组织，因而可以使零件表面获得特殊的性能，例如渗铝可提高钢材和耐热合金的抗高温氧化能力和耐腐蚀能力，还可改善铁基粉末合金、铜合金和钛合金的表面性能，以及能够用低级钢材渗铝代替高级耐热钢材。渗铬层不但具有良好的耐蚀性和抗氧化性，还有较高的硬度和好的耐磨性。渗锌是提高金属材料在大气、水、硫化氢及一些有机介质（苯、油）中的耐腐蚀能力，最经济、应用最广泛的一种保护方法。

近年来出现了不少新工艺，不但使渗层质量和性能明显提高，而且进一步扩大了渗金属的应用范围，使渗金属受到高度重视。

5.7.1 金属渗入方法

渗金属的方法很多，大体上可以分为直接渗金属方法和联用其他涂层法。直接渗金属方法包括：固体法、液体法、气体法和离子法四种。其中，固体法有粉末包埋法、固-固扩散法和流化床法；液体法有热浸法、盐浴法、熔盐电解法和熔烧法；气体法有直接气体扩散法、间接气体扩散法、低压法和化学气相沉积法等。我国常用的是固体法和液体法。

（1）固体法渗金属

固体法渗金属是通过固体渗剂中预渗金属原子与被渗金属相互作用而进行的，或者渗剂中反应还原出的金属原子在工件表面吸附、扩散渗入工件表面。前者渗剂主要由金属粉末或金属合金粉末、活化剂等组成；后者由金属的化合物、还原剂、活化剂等组成。

最常用的是粉末包埋法，把工件、粉末状的渗剂、催渗剂和烧结防止剂共同装箱、密封、加热扩散而得。这种方法的优点是操作简单，无需特殊设备，小批生产应用较多，如渗铬、渗钒等。缺点是产量低，劳动条件差，渗层有时不均匀，质量不易控制等。

如固体渗铬，渗剂为 $100\sim200$ 目铬铁粉，余为氧化铝。渗铬过程如下：当加热至 $1050℃$ 的渗铬温度时，氯化铵分解形成 HCl，HCl 与铬铁粉作用形成 $CrCl_2$，在 $CrCl_2$ 迁移到工件表面时，分解出活性铬原子 Cr 渗入工件表面。与此同时，氯与氢结合成 HCl，HCl 再至铬铁粉表面形成 $CrCl_2$，并重复前述过程而达到渗铬目的。

（2）液体法渗金属

热浸法主要用于低熔点金属渗金属，如渗锌和渗铝就是在锌液或铝液中进行的。如渗铝就把渗铝零件经过除油去锈后，浸入 $780\pm10℃$ 熔融的铝液中经 $15\sim60min$ 后取出，此时在零件表面附着一层高浓度铝覆盖层，然后在 $950\sim1050℃$ 温度下保温 $4\sim5h$ 进行扩散处理。为了防止零件在渗铝时铁的溶解，在铝液中应加入 10% 左右的铁。

盐浴法渗金属是在熔融的硼砂浴中加入被渗金属粉末，工件在盐浴中被加热，同时还进行渗金属的过程。以渗钒为例：把欲渗工件放入 $80\%\sim85\%$ $Na_2B_4O_7$ $+15\%\sim20\%$ 钒铁粉（质量分数）盐浴中，在 $950℃$ 保温 $3\sim5h$，即可得到一定厚度（几微米到 $20\mu m$）的渗钒层。也可在盐浴中添加产生活性原子的物质，或渗入金属及其合金或它的氧化物和铝同时加入。例如，盐浴渗铬时添加活性物质 $CrCl_2$ 或铬粉或 Cr_2O_3+Al。熔盐渗金属原理与固体渗金属类似，即通过悬浮在熔盐中的欲渗入金属原子与被渗金属相互作用形成渗层，或者渗剂中反应还原出的金属原子在工件表面吸附、扩散渗入工件表面。在生产中广泛使用的液体渗剂是硼砂盐浴。硼砂的熔点为 $740℃$，分解温度高达 $1573℃$，因此在渗金属的温度范围（$<1200℃$）内是极稳定的。与固体粉末渗剂相比，熔融硼砂具有溶解氧化物的能力，因而能使金属处于活性状态，有利于吸附和吸入金属原子，渗金属的速度快和质量好；盐浴的使用期长；操作简单、劳动强度小；渗金属后可以直接淬火，节约淬火重新加热的能源和缩短生产周期。

（3）气体法渗金属

气体法渗金属是利用金属的卤化物气体同氧气的还原反应，或与工件材料间的置换反应，在工件表面上析出活性金属原子的方法。

气体法渗金属一般在密封的罐中进行，把反应罐加热至渗金属温度，被渗金属的卤化物气体掠过工件表面时发生置换、还原、热分解等反应，分解出的活性金属原子渗入工件表面。

气体渗铬过程为：把干燥氢气通过浓盐酸得到 HCl 气体后引入渗铬罐，在罐的进气口处放置铬铁粉。当 HCl 气体通过高温的铬铁粉时，得到氯化亚铬气体。当生成的氯化亚铬气体掠过零件表面时，通过置换、还原、热分解等反应，在零件表面沉积铬，从而获得渗铬层。

气体渗铬速度较快，但氢气容易爆炸，氯化氢具有腐蚀性，故应注意安全。

渗金属法的进一步发展是多元共渗，即在金属表面同时渗入两种或两种以上的金属元素，如铬铝共渗、铝硅共渗等。与此同时，还出现金属元素与非金属元素的两种元素的共渗，如硼钒共渗、硼铝共渗等。进行多元共渗的目的是兼取单一渗的长处，克服单一渗的不足。例如硼钒共渗，可以兼取单一渗钒层的硬度高、韧性好和单一渗硼层层深较厚的优点，克服渗钒层较薄及渗硼层较脆的缺点，获得较好的综合性能。其他二元共渗也与此类似。

5.7.2 渗金属层的组织和性能

渗金属层的组织和渗入金属的浓度分布、基体材料成分有关。钢的渗金属层组和渗入金属浓度分布受碳质量分数影响最大。对于低碳和低碳合金钢渗金属（如铬、钛），表面形成固溶体，并有游离分布的碳化物；渗入金属浓度由表及里逐渐减少；中、高碳（合金）钢渗金属，表面形成碳化物型渗层，渗层中渗入金属浓度极高，渗层中几乎不含基体金属，界面浓度曲线形成陡降。表 5.16 为钢的碳质量分数对渗铬层组织和铬、碳质量分数的影响。表 5.17 为渗不同金属的渗层组织。

表 5.16 钢的碳质量分数对渗铬层组织和铬、碳质量分数的影响

项目	钢中碳质量分数/%					
	0.05	0.15	0.41	0.61	1.04	1.18
渗层的组织	α	α $(Cr, Fe)_{23}C_6$	$(Cr, Fe)_{23}C_6$ $(Cr, Fe)_7C_6$ $(Cr, Fe)_7C_3$	$(Cr, Fe)_{23}C_6$ $(Cr, Fe)_7C_6$ $(Cr, Fe)_7C_3$	$(Cr, Fe)_{23}C_6$ $(Cr, Fe)_7C_6$ $(Cr, Fe)_7C_3$	$(Cr, Fe)_{23}C_6$ $(Cr, Fe)_7C_6$ $(Cr, Fe)_7C_3$
渗层中铬平均质量分数/%	25	24.5	30	35.5	70	60
渗层中碳平均质量分数/%		2~3	5~7	6~8	8	8

表 5.17 渗不同金属的渗层组织

渗层种类	渗铬	渗钒	渗铌	渗钛	渗钽
渗层组织	$(Cr, Fe)_{23}C_6 + (Cr, Fe)_7C_6$ $+ (Cr, Fe)_7C_3$	VC 或 $VC+V_2C$	NbC	TiC 或 $TiC+Fe_2Ti$	TaC

表 5.18 几种碳化物覆层与其他处理方法的性能对比

渗层种类	渗层厚度/mm	表面硬度 HV	耐磨性	抗热黏着性	耐蚀性	抗高温氧化性
$(Cr, Fe)_{23}C_6$	10~20	1520~1800	较高	较高	较高	较高

续表

渗层种类	渗层厚度/mm	表面硬度 HV	耐磨性	抗热黏着性	耐蚀性	抗高温氧化性
VC	5～15	2500～2800	高	高	较高	差
TiC	5～15	3200	高	高	高	差
渗硼	50～100	1200～2000	较高	中	中	中
淬火钢	—	600～700	一般	差	差	差

钢的金属碳化物覆层的共同特点是硬度高、耐磨性和耐蚀性好。表 5.18 是几种碳化物覆层与其他处理方法的性能对比。

5.8 辉光放电离子化学热处理

低压容器内的稀薄工作气体，在电场的作用下会产生辉光放电，带电离子轰击工件表面，使工件表面温度升高，从而实现所需原子渗入工件表面，这种化学热处理方法称为离子化学热处理。采用不同成分的放电气体，可以在金属表面渗入不同的元素。和普通化学热处理相同，根据渗入元素的不同，有离子渗碳、离子渗氮、离子碳氮共渗、离子渗硼、离子渗金属等。其中离子渗氮已在生产中广泛地应用。

与常规化学热处理相比，离子化学热处理具有许多突出的特点：渗层质量高；处理温度范围宽；工艺可控性强；工件变形小；易于实现局部防渗；渗速快，生产周期短，可节约时间 15%～50%；热效率高，一般可节能 30% 以上；工作气体消耗量少，节省常规方法所需工作气体的 70%～90%；无烟雾、废气污染，处理后工件和夹具洁净；工作环境好；柔性好，便于组合生产线。因此，自 20 世纪 60 年代离子化学热处理进入工业领域以来，该技术得到了飞速发展，已成为化学热处理中一个重要的分支。

5.8.1 离子化学热处理的基本原理

关于离子化学热处理的渗入机理，至今尚不十分清楚。提出较早的是溅射与沉积理论。开发最早且应用最广的离子化学热处理技术是离子渗氮，因此，以离子渗氮过程来说明离子化学热处理的基本原理，见图 5.36。

真空炉内，在作为阴极的工件和作为阳极的炉壁间加直流高压，使得稀薄气体电离，形成等离子体 N^+、H^+、NH_3^+。

等离子在阴极位降区被加速，轰击工件表面，产生一系列反应。首先，离子轰击动能转化为热能加热工件。其次，离子轰击打出电子，产生二次电子发射。由于阴极溅射作用，工件表面的碳、氨、氧、铁等原子被轰击出来，而铁原子与阴极附近的活性氮原子（或氮离子及电子）结合形成 FeN。这些化合物因背散射效应又沉积在阴极表面，在离子轰击和热激活作用下，依次分解：$Fe \rightarrow FeN \rightarrow Fe_2N \rightarrow Fe_3N \rightarrow Fe_4N$，并同时产生活性氮原子 N，该活性氮原子大部分渗入工件内，一部分返回等离子区。

溅射与沉积模型是被较多人接受的理论。此外，还有分子离子模型、中性氮原子模型以及碰撞离解产生活性氮原子模型等。

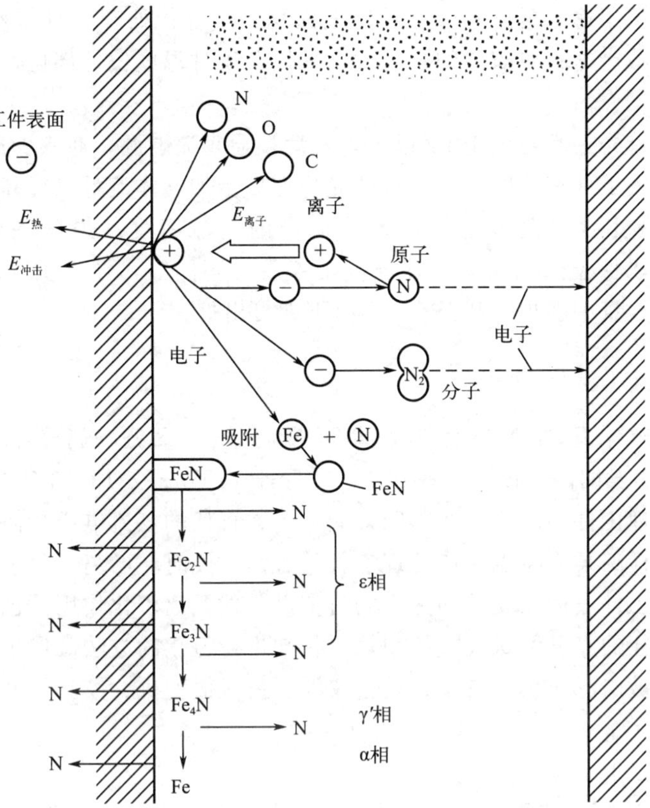

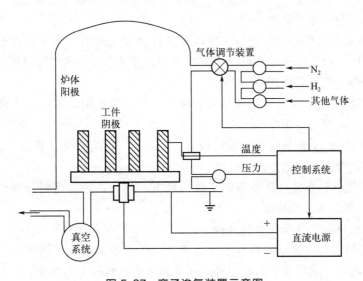

图 5.36　离子渗氮过程中工件表面反应模型

5.8.2　离子化学热处理设备及工艺

离子化学热处理设备由炉体（工作室）、真空系统、介质供给系统、温度测量及控制系统和供电及控制系统等部分组成，图 5.37 为离子渗氮装置示意图。

图 5.37　离子渗氮装置示意图

对待渗工件，应按用途、材质、形状及比表面积分类进行处理。对非渗部位及不通孔、沟槽等处，应采取屏蔽措施；对需渗的长管件内壁以及工件温度偏低部位，还应考虑增加辅助阳极或辅助阴极。

工件装炉完毕，首先抽真空至 10Pa 以下，然后接通直流电源，通入少量气体起辉溅射，用轻微打弧的方法除去工件表面的脏物，待辉光稳定后增加气体流量以提高炉压，增大电压和电流。工件达到温度后再调节电压，维持适当的电流密度。炉压一般控制在 130～1060Pa。根据工艺要求保温适当时间。保温度结束后关闭阀门，停止供气和排气，切断辉光电源，工件在处理气氛中随炉冷却至 200℃ 以下即可出炉。

5.8.3 离子渗氮（氮化）

当辉光放电介质采用含氮气体时，即可进行离子渗氮。离子氮化是由德国人 B. Berghaus 于 1932 年发明的。该法是在 0.1～10Torr（1Torr ≈ 133.3 Pa）的含氮气氛中，以炉体为阳极、待处理工件为阴极，在阴阳极间加上数百伏的直流电压，便会由于辉光放电现象产生像霓虹灯一样的柔光覆盖在待处理工件的表面。此时，已离子化了的气体成分被电场加速，撞击待处理工件表面而使其加热。同时依靠溅射及离子化作用等进行氮化处理。

离子氮化法与以往的靠分解氨气或使用氰化物来进行氮化的方法截然不同，作为一种全新的氮化方法，现已被广泛应用于汽车、精密仪器、挤压成型机、模具等许多领域，而且其应用范围仍在日益扩大。

离子氮化法具有以下一些优点：

① 由于离子氮化法不是依靠化学反应作用，而是利用离子化了的含氮气体进行氮化处理，所以工作环境十分清洁而无需防止公害的特别设备。因而，离子氮化法也被称作"二十一世纪的绿色氮化法"。

② 由于离子氮化法利用了离子化了的气体的溅射作用，因而与以往的氮化处理相比，可显著地缩短处理时间（离子渗氮的时间仅为普通气体渗氮时间的 1/5～1/3）。

③由于离子氮化法利用辉光放电直接对工件进行加热，因而也无需特别的加热和保温设备，且可以获得均匀的温度分布，与间接加热方式相比加热效率可提高 2 倍以上，达到节能效果（能源消耗仅为气体渗氮的 40%～70%）。

④ 由于离子氮化是在真空中进行，因而可获得无氧化的加工表面，也不会损害被处理工件的表面光洁度。而且由于是在低温下进行处理，被处理工件的变形量极小，处理后无须再行加工，极适合于成品的处理。

⑤ 通过调节氮、氢及其他（如碳、氧、硫等）气氛的比例，可自由地调节化合物层的相组成，从而获得预期的力学性能。

⑥ 离子氮化从 380℃ 起即可进行氮化处理，此外，对钛等特殊材料也可在 850℃ 的高温下进行氮化处理，因而适用范围十分广泛。

⑦ 由于离子氮化是在低气压下以离子注入的方式进行，因而耗气量极少（仅为气体渗氮的百分之几），可大大降低成本。

（1）离子渗氮材料选择及预备热处理

① 渗氮材料的选择　渗氮的目的主要是提高工件表面的硬度、强度和耐腐蚀能力，从材料强化的角度出发，除满足产品性能外，还必须考虑材料的工艺性能，包括渗氮速度及处理温度等。

对耐磨渗氮，一般选择合金钢，因为铁氮化合物的硬度并不高，故碳钢的渗氮效果较差。合金钢渗氮时，γ'-Fe$_4$N 相和 ε-Fe$_{2-3}$N 相中的部分铁原子被合金原子置换，形成合金氮化物或合金氮碳化物。合金氮化物硬度高、熔点高，但脆性大。在渗氮钢中，铝和铬是最重要的强化元素。图 5.38 为几种合金元素质量分数对渗氮层硬度的影响。钢中的合金元素会对氮在钢中的扩散系数产生影响，从而影响渗氮速度，氮化物形成元素钼、钨、钒、钛等均降低氮在 α 相和 γ 相中的扩散系数，使渗速减慢。

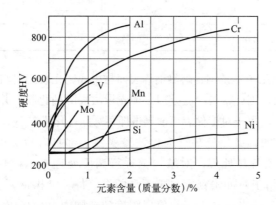

图 5.38　合金元素含量（质量分数）对渗氮层硬度的影响

因此，渗氮材料的选择，必须根据产品服役工况，结合渗氮工艺综合考虑。除常用的合金结构钢、工模具钢外，不锈钢、铸铁等材料进行离子渗氮也有很好的效果。表 5.19 列出了常用的渗氮结构钢，表 5.20 是部分渗氮材料离子渗氮工艺和效果。

表 5.19　常用渗氮结构钢

服役条件	性能要求	选用钢种
一般轻负荷工件	表面耐磨	20Cr，20CrMnTi，40Cr
冲击负荷下工作的工件	表面耐磨，心部韧性好	18CrNiWA，18Cr2Ni4WA，30CrNi3，35CrMo
重负荷及冲击负荷下工作的工件	表面耐磨，心部强韧性高	30CrMnSi，35CrMoV，25Cr2MoV，42CrMo，40CrNiMo，50CrV
精密零件	表面硬度高，心部强度高	38CrMoAl，30CrMoAl
磨损和疲劳条件恶劣、冲击负荷较小	疲劳强度高，耐磨性好	30CrTi2，30CrTi2Ni3Al

表 5.20　部分渗氮材料离子渗氮工艺与效果

材料	工艺参数			表面硬度 HV0.1	化合物层 厚度/μm	总渗层 深度/mm
	温度/℃	时间/h	炉压/Pa			
40Cr	520～540	6～9	266～532	650～841	5～8	0.35～0.45
40CrMo	520～540	6～8	266～532	750～900	5～8	0.35～0.40
38CrMoAl	520～550	8～15	266～532	888～1164	3～8	0.35～0.45
20CrMnTi	520～550	4～9	266～532	672～900	6～10	0.2～0.5

续表

材料	工艺参数			表面硬度 HV0.1	化合物层 厚度/μm	总渗层 深度/mm
	温度/℃	时间/h	炉压/Pa			
3Cr2W8V	540～550	6～8	133～400	900～1000	5～8	0.2～0.3
H13	540～550	6～8	133～400	900～1000	5～8	0.2～0.3
HT250	520～550	5	266～400	500	—	0.05～0.10
QT600-3	570	8	266～400	750～900	—	0.30

离子氮化法，特别适用于不锈钢、耐热钢等表面易生成钝化膜的材料的渗氮处理。由于钝化膜阻碍氮原子向基体扩散，因此常规渗氮处理必须先设法去除钝化膜，并需要马上渗氮，以防止钝化膜再生；离子渗氮时，离子对工件表面的轰击即可去除钝化膜，不需做钝化膜去除处理。

② 离子渗氮前材料的预备热处理　为保证渗氮件心部具有较高的综合力学性能，离子渗氮前，须对材料进行预备热处理。对结构钢进行调质处理、工模具钢进行淬火＋回火处理，正火处理一般只适用于对冲击韧度要求不高的渗氮件。结构钢调质后，获得均匀细小分布的回火索氏体组织，工件表层在大于渗氮层深度的范围内，切忌出现块状铁素体，否则将引起渗氮层脆性脱落。奥氏体不锈钢在渗氮前需固溶处理。38CrMoAl 钢不允许用退火作为预备热处理，否则渗层组织内易出现针状氮化物。对形状复杂、尺寸稳定性及畸变量要求较高的零件，在机械加工粗磨与精磨之间应进行 1～2 次去应力退火，以去除机械加工的内应力。

（2）离子渗氮的工艺参数

① 气体成分及气体总压力　目前用于离子渗氮的介质有 N_2+H_2、氨或氨分解气。氨分解气可视为体积比 $N_2:H_2=1:3$ 的混合气。

直接将氨气送入炉内进行离子渗氮，使用方便，但渗氮层脆性较大，而且氨气在炉内各处的分解率受进气量、炉温、起辉面积等因素的影响，会影响炉温均匀性。对大多数要求不太高的工件，仍可采用直接通氨法。采用热分解氨可较好地解决上述问题（氨气通过一个加热到 800～900℃ 的含镍不锈钢容器即可实现热分解），此法简单易行，值得推广。采用氨气进行离子渗氮，一般只能获得 $\varepsilon+\gamma'$ 相结构的化合物层。

采用 N_2+H_2 进行离子渗氮，可实现可控渗氮。其中 H_2 为调节氮势稀释剂，在氮氢混合气中氮体积分数对化合物层深度、扩散层深度、表面硬度的影响分别见图 5.39、图 5.40。

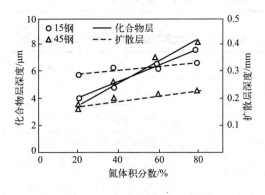

图 5.39　氮体积分数对离子渗氮化合物层深度和扩散层深度的影响

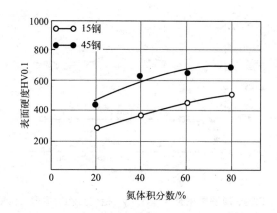

图 5.40　氮体积分数对离子渗氮层表面硬度的影响

离子渗氮炉压高时辉光集中，炉压低时，辉光发散。实际操作中，炉压可在 $133 \sim 1066Pa$ 的范围内调整，处理机械零件常用 $266 \sim 532Pa$，高速钢刀具采用 $133Pa$ 低气压。高气压下化合物 ε 相含量增高，低气压下易获得 γ' 相。在低于 $40Pa$ 或高于 $2660Pa$ 的条件下离子渗氮不易出现化合物层。

② 渗氮温度　离子渗氮温度对 38CrMoAl 渗层硬度的影响见图 5.41。表面硬度在一定温度范围内存在最大值。随着渗氮温度提高，渗层中的氮化物粗化，导致硬度下降。

③ 渗氮时间　渗氮时间对 γ' 和 ε 相化合物层厚度影响具有不同的规律，见图 5.42。小于 $4h$ 时 γ' 相随时间延长而增厚，$4h$ 后基本保持定值，而 ε 相厚度随渗氮时间延长单调增加。

一般认为，扩散层深度与时间之间符合抛物线关系，其变化规律与气体渗氮相似。随着渗氮时间延长，扩散层加深，硬度梯度趋于平缓；但保温时间增加，引起氮化物组织粗化，导致表面硬度下降。

④ 放电功率　渗氮层深度随放电功率密度提高而增加。

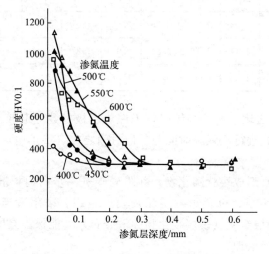

图 5.41　38CrMoAl 离子渗氮温度对渗层硬度分布的影响

（保温 $4h$，炉压 $665Pa$，$\varphi_{N_2} = 80\%$）

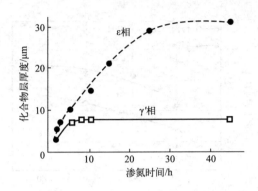

图 5.42　31Cr2MoV 离子氮化时 ε 相和 γ′ 相化合物层厚度随渗氮时间的变化

5.8.4　离子渗碳

若采用甲烷或其他渗碳气体和氢气的混合气作为辉光放电的气体介质，则在普通渗碳温度（例如 930℃）下，利用辉光放电即可进行离子渗碳。离子渗碳比其他两种渗碳方法快得多。离子渗碳后，应进行直接淬火，故与离子渗氮不同，在炉内应有直接冷却装置。

（1）离子渗碳工艺

① 离子渗碳温度与时间　由于辉光放电及离子轰击作用，离子态的碳活性更高，工件表层形成大量的微观缺陷，提高了渗碳速度，但总的来讲，离子渗碳过程主要还是受碳的扩散控制，渗碳时间与渗碳层深度之间符合抛物线规律。较之于渗碳时间，温度对渗速的影响更大。在真空条件下加热，工件的变形量较小，因此，离子渗碳可在较高的温度下进行，以缩短渗碳周期。几种材料的离子渗碳处理结果见表 5.21。

表 5.21　不同材料在不同温度、渗碳时间下离子渗碳处理的渗层深度　单位：mm

材料	900℃				1000℃				1050℃			
	0.5h	1.0h	2.0h	4.0h	0.5h	1.0h	2.0h	4.0h	0.5h	1.0h	2.0h	4.0h
20 钢	0.40	0.60	0.91	1.11	0.55	0.69	1.01	1.61	0.75	0.91	1.43	—
30CrMo	0.55	0.85	1.11	1.76	0.84	0.98	1.37	1.99	0.94	1.24	1.82	2.73
20CrMnTi	0.69	0.99	1.26	—	0.95	1.08	1.56	2.15	1.04	1.37	2.03	2.86

② 强渗与扩散时间之比　离子渗碳时，工件表层极易建立起较高的碳浓度，一般须采用强渗与扩散交替的方式进行。强渗时间与扩散时间之比（渗扩比）对渗层组织和深度有较大影响。

渗扩比过高，表层易形成块状碳化物，并阻碍碳进一步向内扩散，使总渗层深度下降；渗扩比太小，表面供碳不足，也会影响层深及表层组织。采用适当的渗扩比（如 2∶1 或 1∶1），可获得理想的渗层组织（表层碳化物弥散分布）并能保证渗层深度。对深层渗碳件，扩散时间所占比例应适当增加。

③ 辉光电流密度　工业生产时采用的辉光电流密度较大，足以提供离解含碳气氛所需能量，迅速建立向基体扩散的碳浓度。离子渗碳层深度主要受扩散速度控制。如果排除电流

密度增加使工件与炉膛温差加大这一因素，辉光电流密度对离子渗碳层深度不会产生太大的影响，但会影响表面碳浓度达到饱和的时间。

④ 稀释气体　离子渗碳的供碳剂主要采用甲烷和丙烷，以氢气或氮气稀释，渗碳剂与稀释气体之比约为 1：10，工作炉压控制在 133～532Pa。氢气具有较强的还原性，能迅速洁净工件表面，促进渗碳过程，对清除表面炭黑也较为有利，但使用时应注意安全。

（2）离子渗碳的应用

离子渗碳技术的部分应用实例见表 5.22。

表 5.22　离子渗碳技术应用实例

工件名称	材料（及尺寸）	离子渗碳工艺	离子渗碳效果
喷油嘴针阀体	18Cr2Ni4WA	（895±5）℃×1.5h 离子渗碳、淬火及低温回火	表面硬度≥58HRC，渗碳层深度 0.9mm
大功率推土机履带销套	20CrMo（ϕ71.2mm×165mm，内孔 ϕ48mm）	1050℃×5h 离子渗碳，中频感应淬火	表面硬度 62～63HRC，有效硬化层深度 3.3mm
搓丝板	12CrNi2	910℃ 离子渗碳，强渗 30min＋扩散 45min，淬火及低温回火	表面硬度 830HV0.5，有效硬化层深度 0.68mm
齿轮套	30CrMo	910℃ 离子渗碳，强渗 30min＋扩散 60min，淬火及低温回火	表面硬度 780HV0.5，有效硬化层深度 0.86mm
减速机齿轮	20CrMnMo（ϕ817mm×180mm）	（960±10）℃离子渗碳，强渗 3h，扩散 1.5h	渗碳层厚度 1.9mm，表面碳含量 0.82%

5.8.5　离子渗硼和渗金属

不论渗硼或渗金属，它们均用 H_2 作为载气，而用硼或金属气态化合物作为渗剂，以这两种气体的混合气作为辉光放电气体，并以调节氢气和被渗金属气体化合物的比例来调节渗入表面中被渗元素的浓度。渗硼时采用乙硼烷作为渗剂，据试验，如气氛中乙硼烷含量增加，则渗层表面出现高硼相 FeB。降低乙硼烷含量，FeB 消失，渗层以 Fe_2B 为主。同样，也发现离子渗硼可以在比普通渗硼温度低得多的温度下进行。离子渗金属采用的渗剂主要为金属卤化物，例如渗钛，采用 $TiCl_4$ 作为渗剂，其过程和离子渗硼相似。

习题

1. 确定下列零件的热处理工艺，并制定简明的工艺路线：

（1）某机床变速箱齿轮，要求齿面耐磨，心部强度和韧性要求不高，且选用 45 钢；

（2）某机床主轴，要求有良好的综合力学性能，轴颈部要求耐磨（50～55HRC），材料选用 45 钢；

（3）柴油机凸轮轴，要求凸轮表面有较高的硬度（＞60 HRC），心部有较好的冲击韧性（a_k＞50J/cm²），材料选用 15 钢；

（4）镗床和镗杆，在重载荷作用下工作，并在滑动轴承中运转，要求镗杆表面有极高的硬度，心部有较高的综合力学性能，材料选用38CrMoAlA。

2. 机床变速箱齿轮担负传递动力，改变运动速度和方向的任务。工作条件较好，转速中等，载荷不大，工作平稳无强烈冲击。为了提高淬透性，选用中碳合金钢（40Cr钢）。工艺路线为：下料→锻造→正火→粗加工→①→精加工→②与低温回火→精磨。

（1）试完善其加工工艺路线，并分析其热处理工艺的作用。

（2）如果采用合金渗碳钢20CrMnTi代替40Cr钢制造机床变速箱齿轮，分析40Cr钢热处理工艺比20CrMnTi钢热处理工艺在经济性、节能与环保方面的优势。

3. 某齿轮厂家的厂房原料库有20CrMnTi、38CrMoAl两种型号棒材，现接到变速箱主机厂齿轮生产订单，技术需求海上风力发电变速箱齿圈，要求耐磨（表面硬度≥950HV）、耐腐蚀（中性盐雾实验室≥72h）。

（1）针对厂家的技术需求，确定厂家的选材型号并分析其选材依据。

（2）根据选材和技术需求，请制定出齿轮完整的生产工艺流程（包括机械加工、预备热处理和最终热处理）。

（3）根据选定的工艺，请分析工艺中相应的预备热处理和最终热处理的作用。

参考文献

[1] 王顺兴，金属热处理原理与工艺 [M]. 哈尔滨：哈尔滨工业大学出版社，2009.

[2] 毕凤琴，张旭昀，热处理原理及工艺 [M]. 北京：石油工业出版社，2009.

[3] 夏立芳. 金属热处理工艺学 [M]. 修订版. 哈尔滨：哈尔滨工业大学出版社，2012.

[4] 潘健生，胡明娟. 热处理工艺学 [M]. 北京：高等教育出版社，2009.

[5] 侯旭明. 热处理原理与工艺 [M]. 2版. 北京：机械工业出版社，2015.

[6] 齐宝森，王忠诚，李玉婕. 化学热处理技术及应用实例 [M]. 北京：化学工业出版社，2015.

[7] 齐宝森，王忠诚. 化学热处理实用技术 [M]. 北京：化学工业出版社，2021.

[8] 潘邻. 化学热处理应用技术 [M]. 北京：机械工业出版社，2004.

[9] 刘宗昌，冯佃臣. 热处理工艺学 [M]. 北京：冶金工业出版社，2015.

[10] 赵乃勤. 热处理原理与工艺 [M]. 北京：机械工业出版社，2012.

[11] 胡光立，谢希文. 钢的热处理（原理和工艺）[M].5版. 西安：西北工业大学出版社，2012.

第6章
有色金属热处理

金属分为黑色金属和有色金属两大类。黑色金属包括铁、铬、锰及其合金，工业中主要是指钢铁材料，而黑色金属以外的则为有色金属材料。有色金属的种类很多，但工业上应用较多的有色金属材料主要有铝及铝合金、铜及铜合金、镁及镁合金、钛及钛合金、铅、锌等。

有色金属主要有以下几类：①有色轻金属：密度小于 $4.5g/cm^3$ 的金属材料，如铝、镁、锂等。②有色重金属：密度大于 $4.5g/cm^3$ 的金属材料，如铜、镍、铅、锡等。③稀有金属：地壳中含量稀少的金属，如锆、钨、钼、铌、钽等。④贵金属：如金、银、铂族金属等。有色金属的性能取决于成分、组织、加工制备和热处理工艺等。

6.1 有色金属强化

有色金属的强度一般较低。例如常用的有色金属铝、铜、钛在退火状态的强度极限分别只有 $80\sim100MPa$、$220MPa$ 和 $450\sim600MPa$。因此，设法提高有色金属的强度一直是有色冶金工作者的一个重要课题。目前工业上主要采用形变强化、热处理强化、固溶强化、细晶强化和第二相强化等几种强化有色金属的方法。固溶时效处理是有色金属材料最重要的强化处理手段。

6.1.1 形变强化

金属材料在冷变形过程中强度将逐渐升高，这一现象称为形变强化。形变强化亦称为冷变形强化、加工硬化和冷作硬化。生产金属材料的主要方法是塑性加工，即在外力作用下使金属材料发生塑性变形，使其具有预期的性能、形状和尺寸。在再结晶温度以下进行的塑性变形称为冷变形。对有色金属进行冷塑性变形，利用金属的加工硬化效应提高合金强度。形变强化现象在材料的应力-应变曲线上可以明显地显示出来，见图 6.1。

形变强化的机理是冷变形后金属内部的位错密度将大大增加，且位错相互缠结并形成胞状结构（形变亚晶），它们不但阻碍位错的滑移，而且使不能滑移的位错数量增加，从而大大增加了位错滑移的难度并使强度提高。在一般情况下，流变切应力 τ 与位错密度的平方根 ρ 呈线性关系，即 $\tau = \tau_0 + \alpha Gb\rho$（$\tau_0$ 为无形变强化时位错滑移所需切应力；G 为材料的切变模量；b 为位错伯格斯矢量；α 为取决于材料特性的常数，一般为 $0.3 \sim 0.5$）。

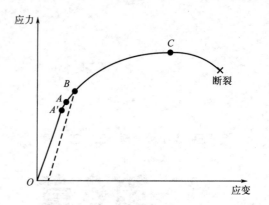

图 6.1 金属材料的应力-应变曲线

形变强化遵循以下规律：①随着变形量增加，强度提高，而塑性和韧性逐渐降低直至逐渐接近于零，见图 6.2。②随着塑性变形量增加，强度成曲线关系提高，见图 6.3。③形变强化受材料塑性限制，当变形量达到一定程度后，材料将发生断裂报废。④形变强化的效果十分明显，强度增值较大可达百分之几十甚至一倍以上。例如纯铜经强烈冷变形，强度极限 σ_b 可从 220MPa 提高至 450MPa；工业纯钛通过形变强化，σ_b 可从 750MPa 提高至 1300MPa。⑤形变强化仅适用于冷变形，在温度高于再结晶的热加工过程中，由于同时发生导致材料软化的回复和再结晶，形变强化将不发生或不明显。⑥形变强化可以通过再结晶退火消除，使材料的组织和性能基本上恢复到冷变形之前的状态。

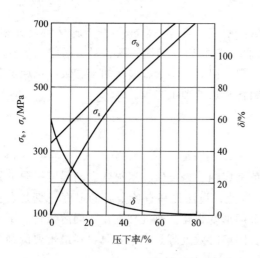

图 6.2 H68 的力学性能与压下率的关系   图 6.3 几种有色金属屈服强度与压下率的关系

形变强化在工业上具有广泛的实用价值，几乎适用于所有的有色金属材料，并且是纯金属、单相固溶体合金和热处理不能强化合金的主要强化方法。某些有色金属在冷变形后能形成较好的形变织构，从而在一定方向上得到强化，这个现象称为织构强化。在工业上也有一定实用价值（如钛合金板材的织构强化）。

6.1.2 固溶强化

纯金属变为固溶体后，其强度和硬度将升高而塑性将降低，这个现象称为固溶强化。

固溶强化的机制是合金组元溶入基体金属的晶格形成固溶体后，使晶格发生畸变，同时使位错密度增加。畸变产生的应力场与位错周围的弹性应力场交互作用，使合金组元的原子聚集在位错线周围形成"气团"。位错滑移时必须克服气团的钉扎作用，带着气团一起滑移或从气团里挣脱出来，使位错滑移所需的切应力增大，使强度提高。

合金组元的溶入还将改变基体金属的弹性模量、扩散系数、内聚力和晶体缺陷，使位错线弯曲，从而使位错滑移的阻力增大，在合金组元的原子和位错之间还会产生电交互作用和化学交互作用，这也是固溶强化的原理之一。

固溶强化遵循下列规律：

第一，对同一合金系，固溶体浓度越大，则强化效果越好。

第二，合金组元与基体金属的原子尺寸差异对固溶强化效果起主要作用。原子尺寸差异越大，则替代固溶体的强化效果越好。此外，电化学性能的差异和弹性模量的差异对固溶强化效果也有一定影响。

第三，对同一种固溶体，强度随浓度增加成线性关系升高。

6.1.3 细晶强化

细晶强化是通过向合金中加入微量合金元素，或改变加工工艺及热处理工艺，使合金基体及沉淀相和过剩相细化，既能提高合金的强度，还会改善合金的塑性和韧性。

如在变形铝合金结晶过程中，若采取一些强冷措施，如在连续浇注铸锭时向结晶器中通水冷却、向热的铸锭上多次喷水激冷等，可以提高铸造的冷却速度，增大结晶的过冷度，这样在结晶时铸锭一般不会开裂，但可以有效地细化晶粒，改善合金的性能。

铸造铝合金通过改变铸造工艺（如变质处理）及加入微量元素（如变质剂）进行变质处理的方法来细化合金组织，提高强度和韧性。变质处理对不能热处理或热处理强化效果不大的铸造铝合金和变形铝合金具有特别重要的意义。变形铝合金中添加微量钛、锆、铍以及稀土等元素，能形成难熔化合物，在合金结晶时作为非自发晶核，起细化晶粒作用，提高合金的强度和塑性。

6.1.4 第二相强化

目前工业上使用的合金大都是复相或多相合金，其显微组织为在固溶体基体上分布着第二相（过剩相）。第二相强化亦称过剩相强化，一般为强硬脆的金属间化合物，它们在合金中起阻碍滑移和位错运动的作用。当第二相的数量一定且分布均匀，对铝合金有较好的强化作用，但会使合金塑性韧性下降；数量过多还会脆化合金，其强度也会下降。

第二相可通过先加入合金元素，然后经过塑性加工和热处理形成，也可通过粉末冶金等方法获得。

第二相的存在一般都使合金的强度升高，其强化效果与第二相的特性、数量、大小、形状和分布均有关系，还与第二相与基体相的晶体学匹配情况、界面能、界面结合等状况有关，这些因素往往又互相联系，互相影响，情况十分复杂。

如果第二相的尺寸与基体相晶粒属于同一数量级，称为聚合型多相合金。复相黄铜、铝硅合金、$\alpha+\beta$ 型钛合金、部分轴承合金都属于这类合金。当第二相强度较高时，合金才能强化。如果第二相是难以变形的硬脆相，合金的强度主要取决于硬脆相的存在情况。当第二相成等轴状且细小均匀地弥散分布时，强化效果最好；当第二相粗大、沿晶界分布或呈粗大针状时，不但强化效果不好，而且合金明显变脆。

如果第二相十分细小，并且弥散分布在基体相晶粒中，称为弥散分布型多相合金。经过淬火＋时效处理的铝合金、经过淬火＋时效处理的钛合金，以及许多高温合金和粉末合金均属于这类合金。通过在金属中添加一定量的合金元素，使其在金属中析出沉淀物，从而提高金属的强度、硬度和耐腐蚀性能的方法，称为沉淀强化；而将通过粉末冶金等工艺方法产生细小弥散的第二相微粒带来的强化作用称为弥散强化。

在弥散分布型多相合金中，如果第二相微粒不能变形，其对位错滑移的阻碍作用如图 6.4 所示。这时每个位错经过微粒时都留下一个位错环。此环要作用一反向应力于位错源，增加了位错滑移的阻力，使强度迅速提高。该机制由奥罗万（E. Orowan）首先提出，称为奥罗万机制。

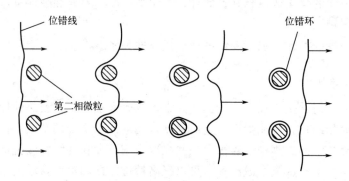

图 6.4　位错绕过第二相微粒示意图

如果第二相微粒可以变形，位错将切过微粒使其随同基体一起变形，见图 6.5。在这种情况下，强化作用主要取决于微粒本身的性质及其与基体之间的联系。强化机制因合金而异，情况十分复杂。其强化机制是：由于第二相微粒的晶体结构与基体相不同，当位错切过微粒时必然在其滑移面上造成原子排列错配，增加了滑移阻力。另外每个位错切过微粒时，均使微粒产生宽度为位错伯格斯矢量的表面台阶，增加了微粒与基体间的界面积，需要相应的能量。此外，如果微

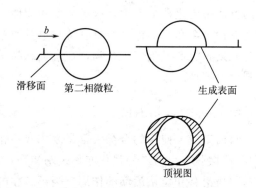

图 6.5　位错切过第二相微粒示意图

粒具有有序结构，位错切过微粒时将在滑移面产生反相畴界，而反相畴界能高于微粒与基体间界面能。微粒周围的弹性应力场与位错产生交互作用，将增加位错滑移的阻力。微粒的弹性模量与基体不同，如果微粒的弹性模量较大，也将使位错滑移的阻力增大。最后，微粒尺寸和体积分数对合金的强度也有影响，增大微粒尺寸和体积分数，都有利于合金强化。

6.1.5　热处理强化

众所周知，许多铝合金、镁合金和铜合金都可以通过固溶和时效提高强度，称为时效强化。许多钛合金（主要是 β 型钛合金和 α＋β 型钛合金）可以通过马氏体转变提高强度，而

且强度增幅很大，称为马氏体强化，又称为相变强化。

6.1.5.1　时效强化

时效强化是铝合金、镁合金和铜合金强化的一种重要手段。它是通过合金的固溶处理（淬火）获得单一的过饱和固溶体组织，然后进行时效的热处理工艺。过饱和固溶体在室温放置或加热到某一温度时，将在基体中析出弥散分布的第二相微粒的过程称作时效。

时效过程使合金的强度、硬度增高的现象称为时效强化（时效硬化）。时效过程中析出均匀、弥散的共格或半共格的亚稳相，在基体中能形成强烈的应变场。

铝合金、镁合金和铍青铜的热处理强化机制是：先通过固溶处理获得过饱和固溶体，在随后的时效（人工时效或自然时效）过程中将在基体上沉淀出弥散分布的第二相（溶质原子富集区、过渡相或平衡相）微粒，通过时效强化使合金的强度升高。在热处理前后第二相的组织形态发生了很大变化，而这些变化均有利于合金强化。通过固溶处理和时效可以将合金的强度提高百分之几十甚至几倍（表 6.1）。

表 6.1　几种有色金属的固溶处理和时效强化效果

项目	铝合金		镁合金	铍青铜
牌号	2A01	2A12	ZM5	QBe2
抗拉强度/MPa	160（O）	230（O）	180（F）	180（O）
	300（T4）	440（T4）	440（T6）	440（TF）

表 6.2 反映了 Al-Cu 合金在热处理前后的组织变化情况。

表 6.2　Al-Cu 合金在热处理前后的组织变化

时间	第二相晶粒类型	第二相晶粒大小	第二相晶粒分布	第二相晶粒形态	第二相晶粒数量
淬火时效前	θ（CuAl$_2$）	粗大	在晶界不均匀分布	块状、尖角状	晶粒粗大，θ 相数量少
淬火时效后	θ′（过渡相）	细小	在基体上均匀分布	颗粒状	晶粒细小，θ′相数量大大增加

6.1.5.2　马氏体强化

钛合金的热处理强化和铝合金有本质上的区别。钛合金淬火的目的是获得马氏体，在随后的时效过程中通过马氏体分解析出弥散分布的第二相微粒，从而起到强化作用。

马氏体强化实际上是一种综合性强化方法，它综合了细晶强化（马氏体晶粒远较母相晶粒细小）、固溶强化（马氏体是过饱和固溶体）、位错强化（马氏体中含有高密度位错）和第二相强化（主要是不可变形微粒的时效强化）于一体，操作亦比较简便，是一种经济而有效的强化方法。应当强调的是，热处理强化不仅可以提高有色金属的强度，往往还可以同时提高合金的塑性、韧性、耐蚀性和塑性加工性能，在工业上应用很广。

有色金属的形变热处理逐渐在工业上获得广泛应用。形变热处理将塑性变形与热处理结合，强化效果很好，往往不降低韧性甚至使韧性稍有改善。以钛合金为例，经过形变热处理后强度极限可提高 5%～20%，屈服强度增加 10%～30%。此外，塑性、疲劳强度、热强性、耐蚀性也可得到不同程度的提高。

影响形变强化效果的主要因素是合金成分、变形温度、变形量、冷却速度和热处理工艺等。

6.1.6 其他强化方法

除了以上 5 种应用最广泛的强化方法之外，有色金属的其他强化方法还有以下几种。

（1）纤维增强复合强化

其原理是：用高强度纤维与适当的基体材料相结合以强化基体材料。最早出现的是用玻璃纤维增强树脂的非金属复合材料，之后金属基纤维增强复合材料发展很快。用作增强纤维的材料主要有碳纤维、硼纤维、难熔化合物（Al_2O_3、SiC、NiB_2 等）纤维和难熔金属（W、Mo、Be 等）细丝等，其强度极限一般为 $2500 \sim 3500MPa$。也可采用金属单晶须或氧化铝、碳化硼等陶瓷单晶须作为增强纤维，其强度更高（如铁晶须的 σ_b 为 $13360MPa$，氧化铝晶须的 σ_b 为 $4200 \sim 24600MPa$），但生产成本亦很高。用作基体的金属材料主要有 Al、Ti、Ni、W 等。以硼纤维增强的可热处理强化铝合金（如 Al-Cu-Mg 合金、Al-Mg-Si 合金）为基的金属复合材料，其比强度和比刚度为标准铝合金的 23 倍，已被广泛用于航空航天工业。利用定向结晶的方法使共晶体中的硬脆相连续结晶为纤维状，从而起纤维增强作用，可获得共晶复合材料。由于基体与强化纤维为共晶结构，结合十分紧密，而且可以一次制成形状复杂的产品，很有发展前途。例如 $Ni_3Nb - Ni_3Al$ 系共晶复合材料的强度可达到最优镍基合金的 10 倍左右。

金属复合材料的强化机制不是依靠阻碍位错运动，而是依靠纤维与基体之间良好的浸润性紧密联结并获得很高的结合强度。由于基体金属具有良好的塑性和韧性，增强纤维具有很高的强度，所以金属复合材料同时具有很高的强度、比强度、韧性、耐热性和耐蚀性，是发展新材料的方向之一。

（2）有序强化

固溶体从无序固溶体变为有序固溶体后，往往引起强度升高。如果在有序化过程中伴随合金晶格类型和晶格常数改变，就会产生较大内应力，强化效果更加明显，有时可以提高 $40\% \sim 100\%$（表 6.3）。

表 6.3　几种固溶体从无序变为有序后的强化情况

项目	固溶体成分			
	CuAu	CuPt	CuPd	Cu_3Au
有序化临界温度/℃	430	800	550	400
无序状态	面心立方	面心立方	面心立方	面心立方
有序状态	面心立方	三斜	体心立方	面心立方
无序转变有序后硬度升高/%	80	100	40	0

（3）晶须强化

如果尽可能减少晶体中的位错和其他缺陷，使晶体接近理想的完整状态，这时材料的变形不能依靠位错的滑移，而是依靠滑移面上的原子做刚性移动。这种滑移需要很大的切应力，使金属材料的强度大大提高。晶须是一种接近完整的晶体，强度极高，例如铜晶须的强度极限可达到 2000MPa 左右。由于生产成本很高，在工业上应用尚不广泛。

6.2 有色金属热处理工艺

有色金属的生产工艺流程如图 6.6 所示，用实线表示有色金属及其合金生产工艺流程，用虚线表示该工艺是可以选择的，视合金实际情况而定。可以看出热处理是有色金属生产的重要组成部分，没有热处理工序，板带材的生产就不能进行。

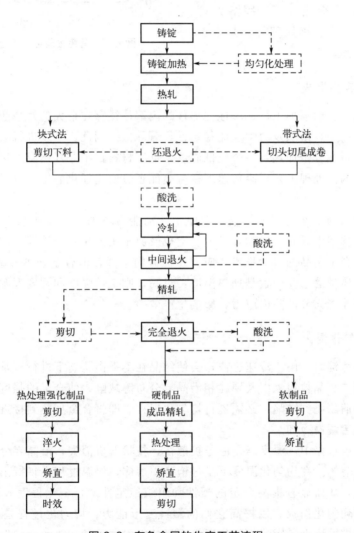

图 6.6 有色金属的生产工艺流程

有色金属的热处理可依工艺性能和使用性能的不同而异，主要有铸锭的均匀化退火、压力加工过程中的退火（去应力退火和再结晶退火）、成品的热处理（固溶处理及时效），形变热处理也有一定的应用。

有色金属的热处理作用有以下几个方面：

① 改善工艺性能，保证后道工序顺利进行　如铸锭的均匀化退火可以改善合金成分和

组织的均匀性，消除内应力，从而改善热加工性能。中间退火可以使合金发生再结晶，改善合金的塑性变形能力。

②提高使用性能，充分发挥材料的潜力 如铝合金经固溶处理及时效后可以提高合金的强度。

有色金属热处理主要类型有：去应力退火、均匀化退火、再结晶退火、基于固态相变的退火、形变热处理、固溶处理（淬火）和时效、化学热处理等。其中退火工艺示意图见图6.7。

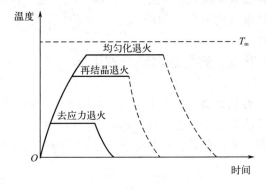

图 6.7 有色金属退火工艺示意图

6.2.1 去应力退火

铸件、焊接件、切削加工件、塑性变形件的内部往往存在很大的残余应力，使合金的应力腐蚀倾向大大增加，组织及力学性能稳定性显著降低。因此，必须进行去应力退火。

去应力退火是把合金加热到一个较低温度，低于材料再结晶开始温度保持一定时间，以缓慢的速度冷却的热处理工艺。冷却速度视合金能否热处理强化而定，对可热处理强化的合金要缓慢冷却。

在去应力退火的温度范围内保温，使原子活动能力增加，消除或减少某些晶格中的缺陷，例如同一滑移系中异号位错相互抵消、空位及原子扩散相互抵消等，从而使晶格弹性畸变能下降，保证合金制品的尺寸稳定，应力腐蚀倾向下降，但合金强度和硬度基本不下降。影响去应力退火质量的主要因素是加热温度：过高，则工件强度和硬度大幅降低；过低，则需要长时间加热才能充分消除内应力，影响生产效率。

6.2.2 均匀化退火

浇注铸件和铸锭时，由于冷速过快，会使结晶在不平衡状态下进行，常常出现偏析、不平衡共晶体、第二相晶粒粗大以及硬脆相沿晶界分布等缺陷，使合金的强度、硬度及耐腐蚀性严重降低。为消除此类缺陷，必须进行均匀化退火。即将合金加热到接近熔点的温度，保持一定时间，然后缓慢冷却。

在均匀化退火过程中，温度高，原子扩散快，枝状偏析消失，沿晶界分布的不平衡共晶体和不平衡相被溶解。在均匀化温度下是过饱和固溶体，保温过程中将析出过剩相。有的过剩相可能被球化，从而显著提高合金的塑性和组织稳定性。合金化程度较高的变形合金铸锭，一般都进行均匀化退火，以提高它们的塑性变形能力。均匀化过程是一个原子扩散过程。因此又称为扩散退火。影响均匀化退火质量的因素主要是加热温度和保温时间，对某些合金冷却速度也有重要影响。

加热温度越高，原子扩散越快。这时保温时间可以缩短，使生产效率得到提高。但加热温度过高，容易出现过烧，以至于力学性能下降，造成废品。有色金属的均匀化温度一般为 $0.95T_m$（图6.7，T_m 为合金的固相线热力学温度）。

保温时间取决于加热温度以及合金的原始组织。合金化程度越高，合金组织越粗大；耐热性越好，所需要保温时间就越长。铝、镁合金铸锭的均匀化时间一般为 $8\sim36h$。经过变形的合金均匀化时间可大大缩短。

冷却速度与再结晶退火的情况相同。对于形状复杂、合金化程度高、组织复杂，而塑性很差的铸件，其加热速度不能快，否则热应力与组织应力将会使铸件在加热过程中开裂。

6.2.3 再结晶退火

金属冷变形会造成的组织与性质处于热力学亚稳定状态，组织和亚结构发生变化，内能增高，强度和硬度增大，塑性减小，有时还出现织构。冷变形金属被加热到较高温度时，由于原子活动能力增加，会发生回复和再结晶过程，织构也会发生变化，从而在一定程度上消除冷变形造成的亚稳定状态。目的是提高金属塑性。

把工件加热到再结晶温度以上，保持一定时间，然后缓慢冷却的工艺，称为再结晶退火。其意义在于使不稳定状态通过释放能量而逐渐达到稳定状态，消除金属（包括合金）因冷变形而造成的组织，在结构、性能等方面恢复或基本恢复到变形前的状态。再结晶退火的目的是细化晶粒，充分消除内应力，降低合金的强度和硬度，提高塑性，以利于后续工序顺利进行，满足产品使用性能要求，获取塑性与强度性能的良好配合，及良好的耐蚀性和尺寸稳定性等。

再结晶过程是一个形核和晶核长大、聚集再结晶的过程。为了获得细小的晶粒组织，必须正确控制加热温度、保温时间和冷却速度三个因素。

对同一合金而言，加热温度越高，保温时间就越短。否则将很快进入再结晶晶核长大阶段，加热温度越低，保温时间就要越长。否则再结晶过程不充分，达不到再结晶退火的目的。根据现有工业有色金属合金再结晶退火温度统计表明，最佳再结晶退火温度为 $0.7 \sim 0.8 T_m$，T_m 为合金固相线的热力学温度（图 6.7）。

金属在冷变形后加热，开始再结晶的最低温度称为再结晶起始温度。一般所说的再结晶温度是指冷变形率达 70% 以上，在 1h 保温时间之内能完全再结晶的最低温度。

影响再结晶温度的主要因素：

① 变形程度　变形程度越大，再结晶温度越低。

② 成分　材料成分越纯，再结晶温度越低。合金元素扩散系数越小，固溶体成分越复杂，再结晶温度可能越高。

③ 第二相质点性质　合金为两相混合物时，对于不承受塑性变形的硬质点，当其尺寸大、间距大时，将加速基体相的再结晶。对于能同基体一起塑性变形的第二相质点，对基体相的再结晶不起促进作用。

再结晶退火的冷却速度，在加热或者冷却过程中有溶解和析出相变，因而有热处理强化效果的合金进行再结晶退火时，冷却速度关系很大。这类合金在加热及保温过程中，强化相将溶入固溶体，并在冷却时又从固溶体中析出。若冷却速度很慢，强化相能从固溶体中充分析出并长大为颗粒状，则合金的强度、硬度降低，塑性增大；若冷却速度快，则获得过饱和固溶体；若冷速稍慢，但不够慢，则强化相只能成弥散状态析出，来不及聚集粗化，此时，合金的硬度将仍然很高，特别是热处理强化效果大的合金更是如此。因此对热处理强化效果大的合金进行再结晶软化退火时，必须以很慢的速度冷却。例如超硬铝软化退火时须以 $30℃/h$ 的冷速冷至 $150 \sim 200℃$，然后才能空冷。

再结晶退火后合金的强度、硬度降低、塑性变形能力显著提高，因此在材料冷变形加工过程中，当加工硬化使变形难以继续进行时，常对材料进行再结晶退火，使其软化，这种便于继续变形加工的退火称为中间退火。

6.2.4 基于固态相变的退火

这是一种以固态金属合金经高温保温和冷却所发生的扩散型相变为基础的热处理。与基于回复、再结晶的退火的区别在于后者不发生任何固态相变，而前者的先决条件和基本过程是扩散型固态相变。由于扩散型固态相变的类型很多，如多晶型性转变、共析转变、加热时第二相的溶解等，对合金的组织和性能影响很大，因此这类退火应用比较广泛。

6.2.5 形变热处理

形变热处理是将塑性变形与热处理工艺紧密结合起来，以提高材料力学性能的一种热处理复合工艺方法。这是在金属材料上有效地利用形变强化和相变强化的综合强化作用，使材料成型工艺与获得最终性能统一起来，因此可以大大改善材料的工艺性能和使用性能，提高有色金属的综合力学性能，使材料最终获得高强度和高塑性（韧性），从而提高零件的使用性能和寿命。

形变热处理工艺中的塑性变形可以用轧、锻、挤压、拉拔等各种形式，与其相配合的相变有共析分解、脱溶等过程。形变与相变的顺序也多种多样：可先形变后相变，或可在相变过程中进行形变，也可在某两种相变之间进行形变。

6.2.6 固溶处理（淬火）和时效

对第二相在基体相中的固溶度随温度降低而显著减小的合金，将合金加热到第二相能全部或最大限度地溶入固溶体的温度，保持一定时间后，以快于第二相自固溶体中析出的速度冷却，得到过饱和固溶体的热处理过程，称为固溶处理，由于在固溶处理过程中没有晶体结构的变化，又称为无多型性转变的淬火；而使高温相在冷却转变过程中转变成另外一种晶体结构的亚稳态的热处理过程，称为淬火，由于在此过程中有晶体结构的变化，又称为有多型性转变的淬火。

有色金属合金固溶处理后，塑性和耐蚀性一般都显著提高，强度变化则不一样，大多数有所增加，但也有降低的。

有色金属合金淬火的目的是把合金在高温的固溶体组织固定到室温，获得过饱和固溶体，以便在随后的时效中使合金强化。

钢淬火一般是为了得到马氏体，使合金大大强化，随后回火，根据需要调整其性能。

有些有色金属合金，例如 Ti-Cu-Zn 等淬火也可以得到马氏体组织，但这些合金的马氏体是置换式过饱和固溶体。因此他们的马氏体硬度比基体金属硬度高得不多，达不到显著强化合金的目的。

影响固溶处理的主要因素有加热温度、保温时间和冷却速度。

① 加热温度一般又称为固溶温度或淬火温度。淬火温度越高，保温时间越长，则强化相溶解越充分。合金元素在晶格中的分布越均匀，晶格中的空位浓度增加也越多。以上这些因素的结合可以很好地促进时效效果的提高。

最佳加热温度是能够保证最大数量的强化相溶入基体，但又不引起有色金属合金晶界熔化及晶粒长大。

② 保温时间要保证能溶入固溶体的强化相充分溶入，以达到最大的过饱和度。因此成

分复杂、强化相粗大的铸态合金的保温时间比较长，但时间过长会引起晶粒长大。冷却速度不足够快时，固溶体空位浓度会减少，从而降低时效效果。淬火冷速小于过饱和固溶体分解的临界冷速时，不仅空位浓度减小得更多，而且固溶体还会发生不同程度的分解，使时效效果很大程度上降低。冷速过快，又会产生强大内应力，使塑性较低的合金发生开裂，形成废品。

③ 冷却速度主要取决于合金冷却时使用的介质。根据合金性质，可以选择水或者油作为冷却介质。有色金属在选择冷却介质时要保证在冷却过程中第二相完全固溶于基体，不能从基体中析出。

固溶处理获得的过饱和固溶体是亚稳态的，在室温放置或加热到一定温度下保持一定时间，将发生某种程度的分解，析出第二相或形成溶质原子聚集区以及亚稳定过渡相。时效过程中溶质原子在固溶体点阵中的一定区域内析出、聚集、形成新相，将引起合金的组织和性能的发生变化。合金的力学性能、物理性能和化学性能等均随之发生变化。这种过程称为脱溶或沉淀，是一种扩散型相变。

时效后由于弥散的新相析出，可显著提高合金的强度和硬度。时效强化是普遍现象，并具有重要的实际意义。工业上广泛采用的时效强化型合金都是为达到这一目的而设计和制造出来的。

固溶时效处理的一般步骤：固溶处理→得到过饱和固溶体→时效（析出弥散相）→变为饱和固溶体＋析出相（弥散相）。

单独的固溶作用对合金的强化作用是很有限的。合金更有效的强化方式之一是合金固溶（淬火）处理＋时效热处理，其工艺操作与钢基本相似，但强化机理与钢有本质上的不同。

合金具有时效强化效果的先决条件：

① 加入基体金属中的合金元素应有较高的极限固溶度，且在其相图上有固溶度变化，其固溶度随温度降低而显著减小。

② 淬火后形成过饱和固溶体在时效过程中能析出均匀、弥散的共格或半共格的亚稳相，在基体中能形成强烈的应变场。

③ 时效强化具有高的硬度。如在铝合金中，Cu 有很好的时效强化效果，因此为达到好的性能效果，一般常在二元合金中加入第三或第四合金组元，构成三元以上的多元合金系列。

在室温下进行的过饱和固溶体的分解称为自然时效。但对多数合金来讲，自然时效过程非常缓慢。为了提高固溶体的分解速度，将合金加热到一定温度，远低于淬火温度，使固溶体分解加速。这种过程称为人工时效。

对大多数合金来讲，在低温下分解一般经历三个阶段。首先是过饱和固溶体中溶质原子沿基体的一定晶面富集，形成 GP 区，与母相共格，往往呈薄片状。进一步延长时间或提高温度，GP 区长大并转变为中间过渡相，其成分与晶体结构处于母相与稳定的第二相之间的某种中间过渡状态。最后中间过渡相转变为具有独立晶格结构的稳定第二相，与母相不共格。

开始析出的第二相处于弥散状态，一般是薄片状。计算表明，这种形状的弹性能最低，因此固溶体析出的新相最容易形成薄片状。若进一步延长时间或升高温度，则弥散第二相开始聚集粗化，温度越高，粗化越快，硬化性能下降。

对于同一成分的合金来讲，影响时效强化效果的主要工艺因素有时效温度、时效时间、淬火温度、淬火冷却速度以及时效前的塑性变形等。

（1）时效温度对时效强化效果的影响

当固定时效时间，对同一成分合金在不同温度下进行时效，合金硬化效果与时效温度的关系如图 6.8 所示。

随着时效温度的升高，合金的硬度增大。当硬度增大到某一数值后，达到极大值。温度进一步升高，硬度下降。合金硬度增大的阶段称为强化时效，下降的阶段称为软化时效或者过时效。时效温度与合金硬化的这种变化规律是同过饱和固溶体分解过程有关的。

不同成分的合金获得最佳强化效果的时效温度不同。对各种工业合金最佳时效

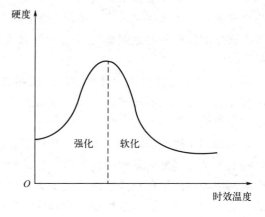

图 6.8　时效温度对合金时效硬化效果的影响

温度的统计表明：所有有色金属合金的最佳时效温度与它们的熔点有关，其关系式为 $T_a=(0.5\sim0.6)T_m$，T_a 为合金获得最佳强化效果时的时效热力学温度。

（2）时效时间对时效强化效果的影响

当固定时效温度，对同一成分合金在不同时间下进行时效，合金硬化效果与时效时间的关系如图 6.9 所示。

从图 6.9 中可以看出，在较低温下，随着时效时间的增加，硬度缓慢上升。当温度上升到 T_a（合金获得最佳强化效果的时效热力学温度）后曲线 T_4 出现极大值，并获得最佳硬化效果。进一步提高时效温度，合金会在较早的时间内开始软化，硬化效果随温度的升高而降低。

（3）淬火温度、淬火冷却速度和时效前的塑性变形对时效强化效果的影响

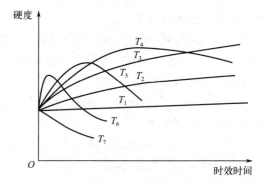

图 6.9　不同温度下时效时间与合金硬度的关系
（温度：$T_7>T_6>T_5>T_4>T_3>T_2>T_1$）

实验表明，淬火温度越高，淬火冷却速度越快，在淬火过程中固定下来的固溶体晶格中的空位浓度越大，则固溶体的分解速度及硬化效果都将增大。淬火速度减慢时，晶格中淬火产生的过剩空位将减少。若冷却速度过低，固溶体在冷却过程中还可能发生分解，使过饱和度降低。无论降低固溶体对溶质原子的过饱和度，还是减少晶体中过剩空位的浓度，都会降低合金时效速度和强化效果。

合金淬火后进行冷塑性变形，将强烈影响过饱和固溶体的分解过程。合金淬火后进行冷塑性变形，其作用与高温淬火的作用相似，增加过饱和固溶体的晶格缺陷，从而提供更多非自发晶核，提高固溶体分解速度和析出物密度，得到更为弥散的析出物质点，使合金的硬化效果增大。淬火冷却速度和塑性变形对 Al-4%Cu（质量分数）合金在 200℃ 下的时效强化效果的影响如图 6.10 所示。

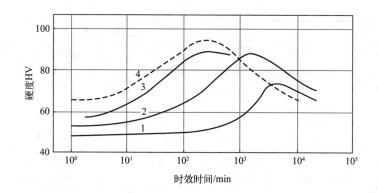

图 6.10　淬火冷却速度、塑性变形量对 Al-4%Cu 合金在 200℃下的时效强化效果的影响

1—空冷；2—水冷；3—水冷＋淬火后压下 10％；4—空冷＋淬火后压下 10％

6.2.7　化学热处理

化学热处理是将热处理作用和化学作用有机地结合在一起的一种热处理方法。由于热处理作用和化学作用同时发生，因此某些元素金属或非金属渗入合金中。就是说化学热处理不仅能改变金属材料的组织，还能改变其化学成分，一般是表面成分。化学热处理主要目的是改善材料的表面性能，例如提高材料的表面硬度、耐磨性和耐蚀性等。

6.3　铝合金的热处理

铝具有面心立方结构，无同素异构转变，密度 $2.72g/cm^3$，熔点低、随 Al 纯度提高而升高，99.996％的 Al 熔点为 660.37℃；密度小，约为 Fe 的 1/3，比刚度高，可制造轻结构件；可强化、塑性好，纯 Al 强度低，可通过加工硬化、合金化、热处理提高强度和耐腐蚀性。表面易于生成致密牢固的 Al_2O_3 薄膜，耐腐蚀性好。导热性、导电性仅次于 Ag、Cu、Au。缺点是力学性能不足，不适用于大载荷构件。为改善铝的力学性能，向铝中加入适量的某些合金元素，主要的合金元素有 Cu、Mg、Si、Mn、Zn、Li 和 RE 等，还有 Cr、Ni、B、Ti、Zr 等元素。

6.3.1　铝合金的分类和编号

（1）变形铝合金

国际变形铝合金四位数字体系牌号的第 1 位数字表示合金类别，其对应的合金元素如表 6.4 所示，第 2 位数字表示合金改进型或杂质限量，最后 2 位数字确定铝合金或表明铝的纯度。

表 6.4　国际变形铝合金牌号对应的合金类别及主要合金元素

合金类别	主要合金元素
1	Al，Al 含量不小于 99.00％（质量分数）
2	Cu

续表

合金类别	主要合金元素
3	Zn
4	Si
5	Mg
6	Mg 和 Si，并以 Mg_2Si 为强化相
7	Zn
8	除上述元素以外的其他元素
9	备用组

国内 20 世纪 90 年代启用 GB/T 16474—1996《变形铝及铝合金牌号表示方法》，其中规定国内变形铝及铝合金牌号采用国际四位阿拉伯数字体系和四位字符体系标定。第 1 位为数字，表示合金类别；第 2 位可以为数字，直接引用国际四位数字体系牌号，也可以为英文大写字母（C、I、L、N、O、P、Q、Z 除外），表示原始纯铝或铝合金的改性情况；最后 2 位数字标识同一组不同铝合金或表示铝的纯度。例如，国内过去的 LC4 超高强铝合金的新牌号为 7A04。

最新 GB/T 16474—2011《变形铝及铝合金牌号表示方法》完善了我国变形铝及铝合金牌号标定系统，一方面成功与国际四位数字体系接轨，吸纳了国际四位数字体系牌号，另一方面吸纳了国内过去已有的变形铝及铝合金牌号，并为发展中的变形铝及铝合金提供了更大、更有序的标定空间。

可以热处理强化的变形铝合金主要有 Al-Cu-Mg 系、Al-Cu-Mn 系、Al-Zn-Mg 系、Al-Cu-Mg-Zn 系、Al-Mg-Si 系、Al-Mg-Si-Cu 系等。

图 6.11 所示为依据合金元素含量对铝合金进行分类。表 6.5 所示为变形铝合金热处理状态代号及热处理工艺状态。

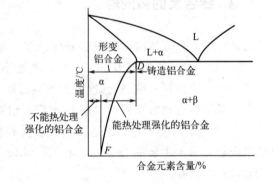

图 6.11　铝合金分类

表 6.5　变形铝合金热处理状态代号及热处理工艺状态

热处理状态代号	热处理工艺
T0	固溶热处理后经自然时效再冷加工的状态
T1	由高温成型过程冷却，然后自然时效至基本稳定的状态
T2	由高温成型过程冷却，经冷加工后自然时效至基本稳定的状态
T3	固溶热处理后进行冷加工，再经自然时效至基本稳定的状态
T4	固溶热处理后自然时效至基本稳定的状态

续表

热处理状态代号	热处理工艺
T5	由高温成型过程冷却，然后进行人工时效的状态
T6	固溶热处理后进行人工时效的状态
T7	固溶热处理后进行过时效的状态
T8	固溶热处理后经冷加工，然后进行人工时效的状态
T9	固溶热处理后人工时效，然后进行冷加工的状态
T10	由高温成型过程冷却后，进行冷加工，然后人工时效的状态

（2）铸造铝合金

我国铸造铝合金还一直沿用一种合金代号，这种代号由字母 ZL（表示铸铝）及后面的三个阿拉伯数字组成。第一位数字代表合金系别，分四类，即 ZL1×× ——Al-Si 系，ZL2××—Al-Cu 系，ZL3×× ——Al-Mg 系，ZL4××—Al-Zn 系。第二位和第三位代表顺序号。例如，ZL101 为 Al-Si 系第一号铸造铝合金、ZL201 为 Al-Cu 系第一号铸造铝合金等。

铸造铝合金一般用于制作质轻、耐蚀、形状复杂及有一定力学性能的零件，如铝合金活塞、仪表外壳、水冷式发动机缸件、曲轴箱等，若为航空专用铸造铝合金，则在牌号前加H 字母，如 HZL 201。另外，若为优质合金，则在牌号后加标 A，如 HZL201A。

铸造铝合金组织性能与变质处理、铸造方法、热处理等有关。

铸造铝合金状态代号主要包括如下：B 表示变质处理，F 表示铸态，T 表示热处理状态。热处理状态中 T1 表示铸态加人工时效，T2 表示退火，T3 表示淬火，T4 表示淬火＋自然时效，T5 表示淬火＋不完全人工时效，T6 表示淬火＋完全人工时效，T7 表示淬火＋稳定化回火处理，T8 表示淬火软化回火处理，T9 表示冷热循环处理。铸造铝合金也可进行退火、淬火和时效等处理。

有时铸造铝合金也加上铸造方法代号：S 表示砂型铸造，J 表示金属型铸造，R 表示熔模铸造，K 表示壳型铸造，Y 表示压力铸造。

美国铝业协会（AA）的铸造铝合金牌号采用 ANSI 标准体系，以三位数字组＋小数点＋尾数来标定，例如 100.1、201.0、384.1、390.0、520.2 等。第 1 位数表示合金分类号；第 2、3 位数字则对纯铝表示小数点以后的最低铝含量，对铝合金表示编号；小数点后的尾数表示为铸件或铸锭，其中 0 表示铸件，1、2 表示铸锭（表 6.6）。

表 6.6　美国铸造铝合金类别及主要合金元素

合金分类号	主要合金元素
1	Al，Al 含量不小于 99.00%（质量分数）
2	Cu
3	Si，同时还加入了 Cu 或/和 Mg
4	Si

合金分类号	主要合金元素
5	Mg
6	暂无
7	Zn
8	Sn
9	除上述元素以外的其他合金元素

6.3.2 铝合金热处理工艺

（1）退火

指将铝合金加热到一定温度并保温到一定时间后以一定的冷却速度冷却到室温，通过原子扩散、迁移，使之组织更加均匀、稳定，内应力消除。此方法可大大提高材料的塑性，但强度会降低。

① 铸锭均匀化退火　在高温下长期保温，然后以一定速度（高、中、低、慢）冷却，使铸锭化学成分、组织与性能均匀化，可提高材料塑性 20% 左右，降低挤压力 20% 左右，提高挤压速度 15% 左右，同时使材料表面质量提高。

② 中间退火　又称局部退火或工序间退火，是为了提高材料的塑性，消除材料内部加工应力。在较低的温度下保温较短的时间，有利于继续加工或获得某种性能的组合。

③ 完全退火　又称再结晶退火，指在较高温度下，保温一定时间，以获得完全再结晶状态下的软化组织。具有最好的塑性和较低的强度。

（2）固溶处理

指将可热处理强化的铝合金加热到较高的温度（一般稍低于固相线温度），并保持一定的时间，使材料中的第二相或其他可溶成分充分溶解到铝基体中，形成过饱和固溶体，然后以快冷的方法将这种过饱和固溶体保持到室温。得到的结构处于一种不稳定的状态，因处于高能位状态，溶质原子随时有析出的可能。但此时铝合金塑性较高，可进行冷加工或校直工序。

① 在线淬火　对于一些淬火敏感性不高的铝合金，可利用挤压时高温进行固溶，然后用空冷（T5）或用水雾冷却（T6）进行淬火以获得一定的组织和性能。

② 离线淬火　对于一些淬火敏感性高的合金，必须在专门的热处理炉中重新加热到较高的温度并保温一定时间，然后以不大于 15s 的转移时间淬入水中或油中，以获得一定的组织和性能。根据设备不同可分为盐浴淬火、空气淬火、立式淬火、卧式淬火。

（3）时效

指经固溶处理后的铝合金，在室温或较高温度下保持一段时间，不稳定的过饱和固溶体会进行分解，第二相粒子会从过饱和固溶体中析出（或沉淀），分布在 α（Al）铝晶粒周边，从而产生强化作用。时效主要包括自然时效、人工时效和多级时效等。

人工时效可分为欠时效（为了获得某种性能，控制较低的时效温度和保持较短的时效时间）和过时效（为了获得某些特殊性能和较好的综合性能，在较高的温度下或保温较长的时间状态下进行的时效）。

有些合金（如 7075 等）在室温下析出强化作用不明显，需要在较高温度下进行人工时效。

为了获得某些特殊性能和良好的综合性能，将时效过程分为几个阶段进行，即多级时效。多级时效可分为二级时效、三级时效。

（4）回归处理

为了提高塑性，便于冷弯成型或校正形位公差，将已固溶时效的铝合金在高温下加热较短的时间即可恢复到新淬火状态的方法叫回归处理。

（5）形变热处理

铝合金形变热处理的目的是改善过渡沉淀相的分布及合金的微观精细结构，以获得较高的强度、韧性（包括断裂韧性）及抗应力腐蚀性。可用于板材和厚板，也可用于几何形状比较简单的锻件和挤压件生产过程中。

铝合金有两类形变热处理，即中间形变热处理和最终形变热处理。塑性变形为过渡相GP 区的非均匀形核提供了更多的位置，使过渡相更加弥散地分布，加速时效过程。中间形变热处理包括在接近再结晶温度下压力加工，使合金晶粒细化或在随后的热处理期间（包括固溶处理和时效）能大量保持其热加工组织，改善 Al-Zn-Mg-Cu 系合金的韧性和抗应力腐蚀能力（不降低强度），特别是提高厚板的横向性能。最终形变热处理是在热处理工序之间进行一定量的塑性变形，按照变形时机的不同又可分为以下几种情况：

① 淬火后立即进行冷（温）变形，随后进行自然时效和人工时效；

② 淬火后，在自然时效期间或自然时效后进行变形，随后再进行人工时效；

③ 部分人工时效后，在室温下进行变形，接着再补充人工时效；

④ 部分人工时效后，在时效温度下进行变形，随后补充人工时效。

推荐的 2A12 合金的最佳形变热处理工艺为：

① 固溶处理：加热温度为 490～500℃，保温时间应以使过剩相充分溶解为原则，采用室温水冷。

② 第一次时效：时效温度为 185～190℃，保温 105～135min，迅速冷却至室温。

③ 进行 15%～20%的塑性变形（包括轧制、锻造、拉伸或其他形式的机械变形）。

④ 第二次时效：时效温度为 144～154℃，保温 25～35min，迅速冷却至室温（防止组织发生变化）。

⑤ 进行 15%～25%的附加塑性变形。

⑥ 第三次时效：时效温度为 144～154℃，保温 35～40min，迅速冷却至室温。

厚度为 3.17mm 的板材经上述工艺后，力学性能为：$\sigma_b = 598 \sim 668MPa$，$\sigma_{p0.2} = 527 \sim 598MPa$，$\delta = 8\% \sim 10\%$。

铝合金的形变热处理还可提高合金的高温力学性能。2A12 合金在人工时效后进行塑性变形，可使 100℃下瞬时抗拉强度提高 13%～18%。

6.3.3 铝合金的时效过程和脱溶物的结构

固溶和时效处理是铝合金重要强化方式，铝合金的时效硬化是一个相当复杂的过程，不仅取决于合金的组成、时效工艺，还取决于合金在生产过程中收缩造成的缺陷，特别是空位、位错的数量和分布等。目前普遍认为时效硬化是溶质原子偏聚形成硬化区的结果。

　　铝合金在加热时，合金中形成了空位，在固溶处理时，由于冷却快，这些空位来不及移出，便被"固定"在晶体内。这些在过饱和固溶体内的空位大多与溶质原子结合在一起。由于过饱和固溶体处于不稳定状态，必然向平衡状态转变，空位的存在，加速了溶质原子的扩散速度，因而加速了溶质原子的偏聚。

　　硬化区的大小和数量取决于固溶温度与固溶冷却速度。固溶温度越高，空位浓度越大，硬化区的数量也就越多，硬化区的尺寸减小。固溶冷却速度越大，固溶体内所固定的空位越多，有利于增加硬化区的数量，减小硬化区的尺寸。

　　时效强化合金系的一个基本特征是随温度而变化的平衡固溶度，即随温度增加固溶度增加，大多数可热处理强化的铝合金都符合这一条件。时效强化所要求的溶解度与温度有关。图 6.12 为铝铜系富铝部分的二元相图，在室温时 Cu 的最大溶解度 W_{Cu} 为 0.5％，而在 548℃时，Cu 的最大溶解度 W_{Cu} 为 5.6％。Al-Cu 合金在室温时的平衡组织为 $\alpha+\theta$（$CuAl_2$），加热到固溶线 FD 以上，第二相 θ 完全溶入 α 固溶体中，淬火后获得铜在铝中的过饱和固溶体。当再加热到 130℃进行时效，其脱溶顺序为：GP 区→θ''相→θ'相→θ 相，即在平衡相（θ 相）出现之前，有三个过渡脱溶物相继出现。时效过程包括以下四个阶段：①GP 区的形成；②θ''相的形成；③θ'相的形成；④θ 相的形成。

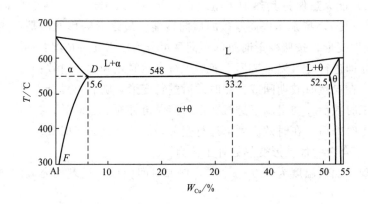

图 6.12　铝铜系富铝部分的二元相图

6.3.3.1　铝合金时效过程的热力学

　　脱溶时的能量变化符合一般的固态相变规律。脱溶驱动力是新相和母相的化学自由能差，脱溶阻力是形成脱溶相的界面能和应变能。图 6.13 为 Al-Cu 合金在某一温度下脱溶时各个阶段的化学自由能-成分关系示意图。

GP 区：$\qquad\qquad\qquad \Delta G_1 = a - b$

θ''相：$\qquad\qquad\qquad \Delta G_2 = a - c$

θ'相：$\qquad\qquad\qquad \Delta G_3 = a - d$

θ 相：$\qquad\qquad\qquad \Delta G_4 = a - e$

由图 6.13 可见，$\Delta G_1 < \Delta G_2 < \Delta G_3 < \Delta G_4$，即形成 GP 区时的相变驱动力最小。

6.3.3.2　铝合金时效过程

（1）GP 区的形成

经固溶处理获得的过饱和固溶体在发生分解之前有一段准备过程，这段时间称为孕育期。随后，铜原子在铝基固溶体（面心立方晶格）的 {100} 晶面上偏聚，形成铜原子富集

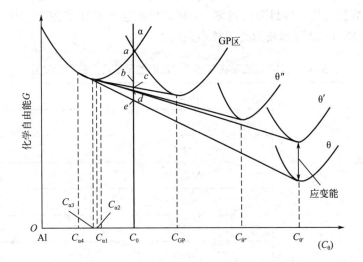

图 6.13　Al-Cu 合金在某一温度下脱溶时各个阶段的化学自由能-成分关系示意图

(C_x 表示 Cu 在 x 相下的质量分数)

区，称为 GP [Ⅰ] 区。

1938 年，A. Guinier 和 G. D. Prestor 用 X 射线结构分析方法各自独立发现，Al-Cu 合金单晶体自然时效时在基体的 {100} 晶面上偏聚了一些铜原子，构成了富铜的碟状薄片（约含铜 90%）。为纪念这两位发现者，将这种两维原子偏聚区命名为 GP 区。现在人们把其他合金中的偏聚区也称为 GP 区。

① GP 区特点

a. 在过饱和固溶体的分解初期在母相的 {100} 晶面上形成，形成速度很快，均匀分布。

b. 晶体结构与母相过饱和固溶体相同，并与母相保持共格关系；与基体不同之处是 GP [Ⅰ] 区中铜原子的浓度较高，会引起点阵的严重畸变，阻碍位错运动，因而合金的强度、硬度提高。

c. 在热力学上是亚稳定的。

d. GP 区在电子显微镜下观察呈圆盘状，直径约为 8nm，厚度约为 0.3～0.6nm。

② GP 区的结构模型　图 6.14 为 Al-Cu 合金 GP 区的结构模型。图 6.14 所示面平行于 Al 原子点阵 (100)$_\alpha$ 面；Cu 原子层在 (001)$_\alpha$ 面上形成；GP 区与母相保持共格关系，界面能较小，弹性应变能较大。

GP 区的形状与溶质和溶剂的原子直径差有关（表 6.7）。原子直径差 ΔR 小于 3% 时析出物呈球状，ΔR 大于 5% 时析出物呈圆盘状。Al-Cu 合金中的 GP 区呈圆盘状，Al-Ag 和

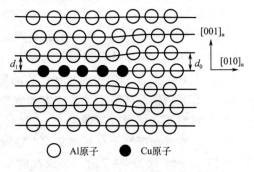

图 6.14　Al-Cu 合金 GP 区的结构模型

Al-Zn 合金的 GP 区呈球状。GP 区的尺寸和密度与合金成分、时效温度和时效时间等因素有关。GP 区的数目比位错数目要大得多。GP 区形核主要是依靠浓度起伏的均匀形核，而位错的不均匀形核对 GP 区形核的贡献较小。

表 6.7　GP 区的形状与溶质和溶剂的原子直径差之间关系

GP 区形状	合金系	原子直径差/％
球状	Al-Ag	+0.7
	Al-Zn	-1.9
	Al-Zn-Mg	+2.6
	Cu-Co	-2.8
盘状	Al-Cu	-11.8
	Cu-Be	-8.8
针状	Al-Mg-Si	+2.5
	Al-Cu-Mg	-6.5

③ GP 区形成的原因　GP 区的形核是均匀分布的，其形核率与晶体中非均匀分布的位错无关，而强烈依赖于淬火所保留下来的空位浓度（因为空位能帮助溶质原子迁移）。凡是能增加空位浓度的因素均能促进 GP 区的形成。例如：固溶温度越高，冷却速度越快，则淬火后固溶体保留的空位就越多，有利于增加 GP 区的数量并使其尺寸减小。

（2）过渡相 θ'' 的形成与结构

在 GP［Ⅰ］区的基础上铜原子进一步偏聚，GP 区进一步扩大，并有序化，即形成有序的富铜区，称为 GP［Ⅱ］区，为过渡相，常用 θ'' 表示。由于 θ'' 相区与基体仍保持共格关系，因此其周围基体产生弹性畸变，它比 GP［Ⅰ］区周围的畸变更大，对位错运动的阻碍进一步增大，时效强化作用更大。θ'' 相析出阶段为合金达到最大强化的阶段。

从 GP 区转变为过渡相的过程可能有两种情况：

① 以 GP 区为基础逐渐演变为过渡相，如 Al-Cu 合金以 GP 区为基础，沿其直径方向和厚度方向（以厚度方向为主）长大形成过渡相 θ'' 相。

② 与 GP 区无关，过渡相独立地均匀形核长大，如 Al-Ag 合金。

θ'' 相为有序的富铜区，具有正方点阵，$a=b=0.404\mathrm{nm}$，$c=0.768\mathrm{nm}$［图 6.15（a）］；总成分相当于 $CuAl_2$，分布均匀且与基体 α 相保持完全共格关系。它与基体的位向关系为 $\{100\}_{\theta''}$ // $\{100\}_{\alpha}$。θ'' 相仍为薄片状，片的厚度约 $0.8\sim2\mathrm{nm}$，直径约 $14\sim15\mathrm{nm}$。随着 θ'' 相的长大，在其周围基体中产生的应力和应变也不断地增大［图 6.15（b）］。

（3）过渡相 θ' 的形成与结构

随着时效过程铜原子在 θ'' 相基础上继续偏聚，片状 θ'' 相周围的共格关系部分遭到破坏，当 Cu 和 Al 原子比为 1∶2 时，形成过渡相 θ'。θ' 是光学显微镜下观察到的第一个脱溶产物，呈圆片状或碟形，尺寸为 100nm 数量级［（图 6.16（a）］。

θ' 相具有正方点阵，其成分与 $CuAl_2$ 相当，$a=b=0.404\mathrm{nm}$，$c=0.58\mathrm{nm}$。θ' 相与基体 α 之间保持部分共格关系，两点阵各以其 $\{001\}$ 面联系在一起［图 6.16（b）］。θ' 和 α 相间的

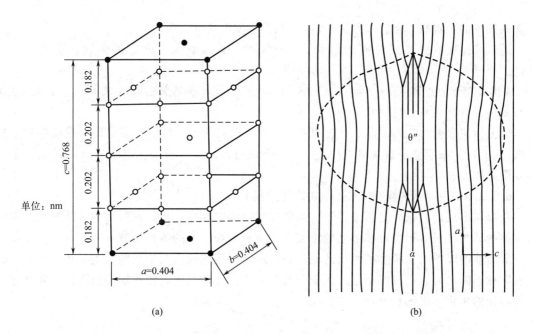

图 6.15　Al-Cu 合金 θ″ 相的晶体结构（a）和 θ″ 相与基体共格关系示意图（b）

位向关系：$(100)_{\theta'} /\!/ (100)_{\alpha}$；$[001]_{\theta'} /\!/ [001]_{\alpha}$。对位错运动的阻碍作用减小，硬度开始降低。

　　θ' 相与基体 α 之间仍然保持部分共格关系，而 θ'' 相与 α 相则保持完全共格关系。

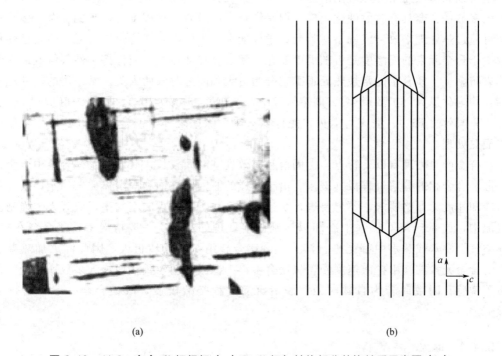

图 6.16　Al-Cu 合金 θ′ 相组织（a）和 θ′ 相与基体部分共格关系示意图（b）

（4）平衡相 θ 的形成与结构

时效后期，随着 θ′ 相的成长，过渡相 θ′ 从铝基固溶体中完全脱溶，形成与基体有明显相界面的独立的稳定相 $CuAl_2$，称为 θ 相，θ 相与基体无共格关系。

随时效温度的提高或时间的延长，θ 相的质点聚集长大，合金的强度、硬度进一步降低。

θ 相具有正方点阵，$a=b=0.905nm$，$c=0.486nm$，点阵常数与 θ′ 及 θ″ 相差甚大。θ 相的与基体无共格关系，呈块状。

以上讨论表明，Cu-Al 合金时效的基本过程可以概括为：过饱和固溶体→形成铜原子富集区（GP 区）→铜原子富集区有序化 θ″ 相→形成过渡相 θ′→析出稳定相 θ（$CuAl_2$）＋平衡的 α 固溶体。

6.3.3.3　脱溶相的粗化（Ostwald 熟化过程）

脱溶相形成后，在一定的条件下，溶质原子继续向晶核聚集，使脱溶相不断长大。在脱溶沉淀的后期，脱溶相的量和溶质的浓度十分接近于相图上的体积分数。

界面能的降低就是脱溶相粗化的驱动力。此时脱溶相较大的质点颗粒进一步长大，小的质点颗粒不断消失，在脱溶相总的体积分数基本不变的情况下，使系统的自由能下降，这就是脱溶相的粗化（聚集）过程。

6.4　镁合金的热处理

镁合金具有较高的比刚度、比强度，良好的电磁屏蔽性、减振性能和散热性能，是最轻的结构金属材料之一，在航空航天领域具有广泛的应用前景。

镁可以和多数元素能形成固溶体，合金元素在镁中的溶解度通常随温度的降低而下降，因此大多数镁合金具有时效硬化效应，但是镁合金的时效硬化程度远低于铝合金。多数镁合金都可通过热处理来改善或调整材料的力学性能和加工性能。镁合金能否通过热处理强化完全取决于合金元素的固溶度是否随温度变化。镁合金在加热炉中应保持中性气氛或通入保护气体以防燃烧。镁合金的常规热处理工艺分为退火和固溶时效两大类。常采用的热处理方式包括：均匀化退火（扩散退火）、固溶（淬火）（T4）、时效（T5）、固溶＋时效（T6）、热水淬火＋时效（T61）、去应力退火、完全退火等。除此之外，镁合金还可以进行氢化处理和表面热处理。

镁合金的热处理有以下特点：①固溶和时效处理时间较长，其原因是镁合金中合金元素的扩散和合金相的分解过程极其缓慢。由于同样的原因，过饱和固溶体比较稳定，镁合金淬火时冷却速度无严格要求，不需要进行快速冷却，通常在静止的空气中，或者人工强制流动的气流中，或 80～95℃ 热水中冷却以达到固溶处理的目的。一般情况下，镁合金在空气、压缩空气、沸水或热水中都能进行淬火。②镁合金组织一般较粗大，因此淬火加热温度较低。③合金元素在镁中扩散速度慢，故镁合金淬火保温时间较长；而绝大多数镁合金对自然时效不敏感，时效时若为自然时效，脱溶沉淀过程必然极慢，故镁合金一般都进行人工时效。

6.4.1　退火

退火可以显著降低镁合金制品的抗拉强度并增加其塑性，对某些后续加工有利。变形镁合金根据使用要求和合金性质，可采用高温完全退火（O）和低温去应力退火（T2）。完全退火可以消除镁合金在塑性变形过程中产生的加工硬化效应，恢复和提高其塑性，以便进行后续变形加工。完全退火时一般会发生再结晶和晶粒长大，所以温度不能过高，时间不能太长。当镁合金含稀土时，其再结晶温度升高。AM60、AZ31、AZ61、AZ60 合金经热轧或热挤压退火后组织得到改善。去应力退火既可以减小或消除变形镁合金制品在冷热加工、成型、校直和焊接过程中产生的残余应力，也可以消除铸件或铸锭中的残余应力。均质化退火主要目的是消除铸件在凝固过程中形成的晶内偏析。

6.4.2 固溶和时效处理

（1）固溶处理

要获得时效强化的有利条件，前提是有一个过饱和固溶体。将材料加热到单相固溶体相区内的适当温度，保温适当时间，使原组织中的合金元素完全溶入基体金属中，形成过饱和固溶体的过程就称为固溶热处理。由于合金元素和基体元素的原子半径和弹性模量有差异，因此基体会产生点阵畸变。由此产生的应力场将阻碍位错运动，从而使基体得到强化。固溶后屈服强度的增加与加入溶质元素的浓度的二分之一次方成正比。根据休姆-罗瑟里（Hume-Rothery）定则，如果溶剂与溶质原子的半径之差超过其中大的半径的 14%～15%，该种溶剂在此种溶质中的固溶度不会很大。Mg 的原子直径为 3.2nm，Li、Al、Ti、Cr、Zn、Ge、Yt、Zr、Nb、Mo、Pd、Ti、Pb、Bi 等元素可能在 Mg 中会有显著的固溶度。另外，若给定元素与 Mg 的负电性相差很大，例如当电负性值相差 0.4 以上时，也不可能有显著的固溶度，因为此时 Mg 和该元素易形成稳定的化合物，而非固溶体。

（2）人工时效

时效强化是镁合金强化（尤指室温强度）的一个重要机制。在合金中，当合金元素的固溶度随着温度的下降而减少时，便可能产生时效强化。将具有这种特征的合金在高温下进行固溶处理，得到不稳定的过饱和固溶体，然后在较低的温度下进行时效处理，即可产生弥散的沉淀相。滑动位错与沉淀相相互作用，使屈服强度提高，镁合金得到强化：$\sigma_s = 2aGb/L + \sigma_0$，式中 σ_s 为时效强化合金的屈服强度；σ_0 为没有沉淀的基体的屈服强度；$2aGb/L$ 为在沉淀之间弯出位错所需的应力。由于具有较低的扩散激活能，绝大多数镁合金对自然时效不敏感，淬火后能在室温下长期保持淬火状态。部分镁合金经过铸造或加工成型后不进行固溶处理而是直接进行人工时效。这种工艺很简单，可以消除工件的应力，略微提高其抗拉强度。对 Mg-Zn 系合金经常在热变形后直接人工时效以获得时效强化效果，获得 T5 状态加工产品。

（3）固溶处理＋人工时效

固溶淬火后人工时效（T6）可以提高镁合金的屈服强度，但会降低部分塑性，这种工艺主要应用于 Mg-Al-Zn 和 Mg-RE-Zr 合金。为了充分发挥时效强化效果，对含锌量高的Mg-Zn-Zr 合金也可选用 T6 处理。进行 T6 处理时，固溶处理获得的过饱和固溶体在人工时效过程中发生分解并析出第二相。时效析出过程和析出相的特点受合金系、时效温度以及添加元素的综合影响，情况十分复杂。另外，不同镁合金系的热处理工艺不同，不同类型工件的热处理工艺也不相同。镁合金挤压件脱模后需要采用强制气冷或水冷进行淬火以获得微细均匀的显微组织。然而在淬火过程中，禁止冷却水与热模具直接接触，否则将导致模具开裂。挤压的镁合金材料的状态主要有 T5、T6、F，其中 T5 为在线淬火后再进行人工时效的状态，T6 为固溶处理与人工时效后的状态，F 为原加工状态即挤压状态。固溶处理可提高强度，使韧性达到最大，并改善抗振能力。固溶处理之后再进行人工时效，可使硬度与强度达到最大值，但韧性略有下降。镁合金材料在热加工、成型、校直和焊接后会留有残余应力，因此，应进行去应力退火。

6.4.3 氢化处理

Mg-Zn-RE-Zr 合金和 Mg-Li 系合金采用氢化处理，可提高镁合金的力学性能；Mg-Zn-RE-Zr 合金经过氢化处理后，H_2 与合金中的 RE 元素发生反应，会生成不连续的颗粒状稀土氢化物；接着经过时效后，晶粒内部会产生细针状沉淀析出相，该析出相能显著提高合金强度、疲劳强度和伸长率。铸造 Mg-Li 系合金的氢化处理工艺中，H_2 与 Mg-Li 合金中稀土元素发生反应，会生成颗粒状稀土氢化物，元素 Zn 扩散到基体中，能提高合金抗压强度。

6.4.4 表面热处理

激光表面合金化会使金属表面重熔慢，有利于合金元素的充分溶解，使表面快速形成致密、均匀的组织结构。采用预置粉末法对 AZ31B 镁合金表面进行激光合金化 Al-Cu 粉末试验，涂层与基体呈冶金结合、组织均匀致密呈网状结构；涂层中除 α-Mg、β-$Al_{12}Mg_{17}$ 外还包含 $CuMg_2$，更重要的是 β-$Al_{12}Mg_{17}$ 含量远高于基体材料；涂层的显微硬度由 50HV 提高到 210～265HV，为基体的 4～5 倍，相对耐磨性为 2.5。

激光熔覆是通过在基材表面添加熔覆材料，用激光使其与基材表面薄层一起熔凝的方法。在 AZ91HP 镁合金表面可采用宽带激光熔覆技术制备 Cu-Zr-Al 合金涂层。合金涂层受多种金属间化合物增强作用，与基体之间无气孔、裂纹等缺陷存在，能实现良好的冶金结合，具有高的硬度、弹性模量和好的耐磨性、耐蚀性。

改变金属或合金表层的化学成分、组织性能的热处理为化学热处理，镁合金经过化学热处理后能明显提高合金的耐蚀性能。通过镁合金环保型化学转化膜工艺，转化膜主要由镁的 α 相、β 相和 $MgSnO_3 \cdot 3H_2O$ 组成，可获得表面均匀平整、近球状微粒构成的银白色膜层，膜层的耐蚀性能优于传统工艺形成的防护膜，且膜液无铬，符合环保要求。

6.5 铜及铜合金的热处理

铜是人类最早使用的金属之一。纯铜的延展性好，导热性和导电性高，因此在电缆和电气、电子元件中是最常用的材料，也可以组成众多种合金。铜合金力学性能优异，电阻率很低，其中最重要的是青铜和黄铜。随着科技的发展，铜及铜合金的需求量越来越多。

6.5.1 铜及铜合金分类

① 纯铜　纯铜呈紫红色，又称紫铜。纯铜导电性次于金、银，位于第三位，在极低的温度下仍有很好的塑性和韧性；熔点 1083℃，密度 8.89～8.95g/cm^3，电阻系数（1.67～1.68）×10^{-6}Ω·cm（20℃），热导率 391W/(m^2·K），线胀系数 17.0×10^{-6}℃$^{-1}$，在淡水及海水中有良好的稳定性。工业纯铜牌号中代号 T。

② 铜合金　铜合金按工艺分类有变形铜合金和铸造铜合金，按化学成分分类又可分为黄铜、青铜和白铜三类。在铜合金牌号中，黄铜代号 H，青铜代号 Q，白铜代号 B。以锌为主要合金的为黄铜，以锡、铝、铍、硅、铬为主要合金的为青铜，以镍为主要合金的为

白铜。

铜合金按使用状态或成型方法分为铸造铜合金和变形铜合金。

6.5.2　铜及铜合金热处理工艺

由于铜合金无同素异构转变，因此它与钢铁的热处理不同。纯铜常用的热处理方式为再结晶退火。铜合金常用的热处理方式有均匀化退火、去应力退火、再结晶退火、固溶及时效处理。均匀化退火主要目的是使铸锭、铸件的化学成分均匀，通常在冶金厂、铸造车间进行。

（1）再结晶退火

工业纯铜热处理主要是再结晶退火，目的是改变晶粒度、消除内应力，使金属软化。退火温度为 500～700℃。为了防止氢病，必须将工件清洗干净。对于含氧铜，特别是含氧量大于 2%（质量分数）的纯铜，退火应在弱还原环境下进行，最好在真空炉中进行，或将退火温度限制在 500℃以下。退火完毕，工件应迅速水冷，以减少氧化。

铜合金再结晶退火包括几个工序间的退火和产品的最终退火，目的是消除加工硬化、恢复塑性和获得细晶粒组织。黄铜的晶粒度对其加工性能有较大影响，细晶粒组织强度高，加工表面质量好，但变形抗力大，成型难度大。粗晶粒组织易于加工，但表面质量差，抗疲劳性能差，因此，用于压力加工的黄铜、青铜，必须根据需要控制晶粒度。

（2）均匀化退火

主要目的是消除铸造时锭坯的成分偏析。溶质的扩散速度与扩散系数 D 成正比，且 $D = D_0 e^{-\frac{Q}{RT}}$。式中，$R$ 为气体常数，Q 为扩散激活能，表示原子从一个平衡位置移动到另一个相邻的平衡位置所需的能量，D_0 为扩散常数。原子移动必须克服能量壁垒。纯相的扩散激活能大，但只是浓度差引起的扩散激活能相对较小，因此扩散系数小。温度升高，借助热起伏，克服能量壁垒的原子数不断增多，高温下的空位也有助于原子扩散，一般均匀化温度要比退火温度高 100℃。一般锡青铜的结晶区间大，成分偏析严重，需要均匀化退火。

（3）去应力退火

主要目的是消除变形加工、焊接、铸造过程中产生的残余应力，稳定冷变形件或焊接件的尺寸与性能，防止工件在切削加工时产生变形。冷变形加工后黄铜、铝青铜、硅青铜的应力腐蚀破裂倾向严重，必须进行去应力退火。铜合金去应力退火温度比再结晶退火温度低 30～100℃，约为 230～300℃成分复杂的铜合金温度稍高，一般为 300～350℃。保温时间约为 30～60min。

去应力退火对铜合金的强度和硬度无明显影响，而只有很大的铜合金去应力退火时才会出现退火硬化现象，对 Zn 含量（均指质量分数）大于 10%、Al 含量大于 4%的铝青铜，Mn 含量大于 5%的黄青铜退火硬化现象尤为明显，这与形成有序固溶体或溶质原子在位错周围集聚有关。

（4）光亮退火

铜及铜合金在加工过程中容易氧化，为了防止氧化、提高工件表面质量，可在保护气氛或真空炉中退火，此即光亮退火。常用保护气有水蒸气、氨分解气、氮气和干燥的氢气。

（5）固溶和时效处理

铜合金固溶处理的目的是获得成分均匀的过饱和固溶体，并通过随后的时效处理获得强化效果。有些合金（如铍青铜、硅青铜等）通过固溶处理可提高塑性，便于进行冷变形加工。复杂铝青铜固溶处理后可获得类马氏体组织。

铜合金固溶处理必须严格控制炉温。温度过高会使合金晶粒粗大，严重氧化和过烧、变脆，温度过低、固溶不充分，又会影响随后的时效强化。炉温精度应该控制在±5℃以内，加热后一般采用水冷。

铜合金时效一般采用人工时效或热加工后直接人工时效。已经时效过的，为了消除某种原因而产生的内应力，还需要进行再时效（温度比前段略低）。温度控制精度也要求更高，一般不超出±3℃的范围。

6.6 钛合金的热处理

钛合金有 α 型钛合金、β型钛合金和 α＋β型钛合金三大类，分别用 TA、TB、TC 表示。钛合金中具有不同的相变，可以利用这些相变进行强化，如淬火（或固溶）时效。

α型钛合金为单相固溶体，不能通过热处理强化，所以钛合金的时效强化处理主要用于α＋β型钛合金和β型钛合金。有的加入了β稳定元素的近 α 型钛合金有时也能采用热处理强化，但因其组织中β相数量较少，其强化效果低于 α＋β型及亚稳 β 型钛合金。钛合金的时效强化必须是人工时效，而不能进行自然时效。

钛合金的固溶处理的加热温度一般在 800～950℃，具体加热温度应根据合金成分和所需要的性能要求来确定。α＋β型钛合金常在 α＋β相区加热，以使合金中保留一部分 α 相，加热温度通常比两相区上限温度低 50～60℃，还可防止晶粒过分长大；β 型钛合金固溶处理加热温度超过两相区上限温度 10～40℃，以利于所有合金元素均匀地溶于 β 相中。

钛合金形变热处理工艺有高温形变热处理和低温形变热处理两种。二者可以分别进行，也可以组合进行。形变热处理不能显著提高钛合金的室温强度和塑性、疲劳强度、热强性和耐蚀性。

一般变形终了时立即淬火，使压力加工变形时细小的晶粒及晶粒内部产生的高密度位错或其他晶格缺陷全部或部分地保留至室温，在随后的时效过程中，作为析出相的形核位置，使析出相高度弥散，并均匀分布，从而显著增强时效强化效果。可在时效前预先对合金进行冷变形，也可在组织中造成高密度位错及大量晶格缺陷后进行时效，两者可获得同样效果。

对 α＋β两相钛合金和 β 相钛合金进行形变热处理，可使 σ_b 比一般的淬火时效处理提高 5%～20%左右，$\sigma_{p0.2}$ 提高约 10%～30%。比较可贵的是，对许多钛合金来说，形变热处理在提高强度的同时，并不损害塑性，甚至还会使塑性有一定提高，还可提高疲劳强度及耐蚀性等性能，但有时会使热稳定性下降。

6.7 镍基合金的热处理

6.7.1 镍基合金及其分类

镍基合金是以镍为主要成分的一类合金材料。通常含有铁、铬、钛、铝等，以增强其力学性能、耐腐蚀和耐高温性能。镍基合金在 650～1000℃高温下仍具有高强度、耐腐蚀、耐高温、抗氧化、耐磨等特点，因此广泛应用于航空航天、化工、石油、能源、船舶、核工业等领域。镍基合金还具有良好的切削加工性，可通过锻造、热处理、冷变形、焊接等工艺制造成各种形状和尺寸的零件。

镍基合金通常分为以下几类：

（1）铸造镍基合金

铸造镍基合金是一种常见的镍基合金种类，常用于制造航空发动机的叶片、燃烧室等部件。铸造镍基合金具有良好的高温强度、耐腐蚀性和抗疲劳性能，能够在高温下长时间工作。

（2）变质镍基合金

变质镍基合金是一种具有良好高温强度和耐腐蚀性的材料，常用于制造燃气轮机叶片、燃烧室等部件。变质镍基合金通过合金元素的加入和热处理等工艺，使材料在高温下具有更好的性能。

（3）粉末冶金镍基合金

粉末冶金镍基合金是一种通过粉末冶金工艺制备的镍基合金材料。该种合金具有好的高温强度、耐腐蚀性和耐磨性等特点，常用于制造高温热交换器、船舶排气阀等部件。

（4）镍基高温合金

镍基高温合金在 $650 \sim 1000 ℃$ 高温下抗氧化、耐腐蚀性好，并具有良好的高温强度。高温合金广泛应用于航空发动机叶片和火箭发动机、燃气轮机、核电站、能源转换设备上的热部件。

（5）高强度镍基合金

高强度镍基合金是一种具有良好高温强度和耐腐蚀性的材料，常用于制造航空航天等高强度要求的部件。高强度镍基合金通过合金元素的控制和加工工艺的优化，使材料具有较高的强度和韧性。

（6）镍基精密合金

镍基精密合金包括镍基软磁合金、镍基精密电阻合金和镍基电热合金等，最常见的是坡莫合金，其含镍量在 80% 左右。坡莫合金具有较高的最大和初始磁导率以及较低的矫顽力，是电子工业中重要的铁芯材料。镍基精密合金是以镍为基础，含有铬、铁、钼等其他合金元素的合金材料。这种合金具有优异的高温强度、耐蚀性、抗疲劳性能和抗氧化性能。

镍基精密合金可在 $1000 \sim 1100 ℃$ 温度下长期使用，可用于制造涡轮发动机叶片、燃烧室部件、燃气轮机叶片、航空发动机导叶环及各种高温下工作的设备。

（7）镍基形状记忆合金

镍基形状记忆合金是含有 50% 钛的镍合金。该合金在 $70 ℃$ 时具有良好的形状记忆效应，通过微调镍和钛的比例，可以在 $30 ℃$ 至 $100 ℃$ 范围内调整恢复温度。该合金广泛应用于航天器的自膨胀结构件、航空航天工业的自激紧固件以及生物医学领域的人工心脏电机等。

6.7.2 镍基合金的合金元素及其作用

镍基合金是高温合金中应用最广、强度最高的一类合金。其中添加有较大量的 Ni，Ni 为沃斯田铁相稳定元素，使得镍基合金维持 FCC（面心立方）结构且可以溶解较多其他合金元素，同时保持较好的组织稳定性与材料的塑性；而 Cr、Mo 和 Al 则具有抗氧化和耐腐蚀作用，并具有一定的强化作用。镍基合金的强化依据元素作用方式可分为：

① 固溶强化元素　如 W、Mo、Co、Cr 和 V 等，因为此类原子半径与基材的不同，在

Ni-Fe 基体造成局部晶格应变来强化材料。

② 析出强化元素　如 Al、Ti、Nb 和 Ta 等，可以形成整合性有序的 A3B 型金属间化合物，如 Ni_3（Al，Ti）等强化相（γ'），使合金得到有效的强化，获得比铁基高温合金和钴基合金更高的高温强度。

③ 晶界强化元素　如 B、Zr、Mg 和稀土元素等，可加强合金的高温性质。一般镍基合金的牌号由其所开发厂家来命名，如 Ni-Cu 合金又称为莫奈尔（Monel）合金，常见如 Monel 400、K-500 等。Ni-Cr 合金一般称为 Inconel 合金，也就是常见之镍基耐热合金，主要在氧化性介质条件下使用，常见如 Inconel 600、Inconel 625 等。若是 Inconel 合金中加入较大量的 Fe 来取代 Ni，则为 Incoloy 合金，其耐高温程度不如镍基析出硬化型合金，但价格便宜，可用于喷射引擎里温度较低部分的组件及石化厂反应器等，如 Incoloy 800H、Incoloy 825 等。若于 Inconel 合金与 Incoloy 合金中加入析出强化元素，如 Ti、Al、Nb 等，则成为析出硬化型（铁）镍基合金，可于高温下仍保有良好的机械强度与耐蚀性，多用于喷射引擎的组件，如 Inconel 718、Incoloy A-286 等。而 Ni-Cr-Mo（-W）（-Cu）合金则称为哈氏 Hastelloy（合金），其中 Ni-Cr-Mo 主要在还原性介质腐蚀的条件下使用。Hastelloy 合金的代表牌号有 Hastelloy C-276、Hastelloy C-2000 等。

6.7.3　镍基合金热处理

镍基合金的性能主要取决于它的化学组成和组织结构。当合金成分一定时，影响合金组织的因素有熔炼、铸造、塑性变形和热处理等工艺。其中热处理工艺对合金组织的影响最敏感，不同的热处理工艺即不同的加热温度、保温时间和冷却速度以及各种特殊热处理，可使合金晶粒度、强化相的沉淀或溶解、析出相的数量和颗粒尺寸，甚至晶界状态不同。所以合金经不同的热处理后，具有不同的组织，因而具有不同的力学性能。

20 世纪 60 年代中期以前，铸造镍基合金一般直接使用铸态，以后随着铸造合金使用温度的提高，为了使组织均匀化，提高合金的高温蠕变性能和持久性能，一些铸造合金的合金化程度愈来愈高，特别是定向凝固高温合金及铸造单晶高温合金的出现，使热处理成为铸造合金零部件生产不可缺少的工序之一。

铸造镍基合金主要用于燃气涡轮的涡轮叶片和导向器叶片，其热处理的目的主要是提高高温强度和持久性能。目前铸造镍基合金热处理常用的有以下三类。

(1) 固溶热处理

固溶热处理的作用是将铸态粗大 γ' 相全部或部分固溶，然后在空冷过程中析出更细小的 γ' 相，以提高合金的高温强度。通常铸造多晶高温合金和定向凝固高温合金的固溶温度范围为 1180～1240℃，合金的固溶温度越高，铸态粗大的 γ' 相固溶得越多，固溶处理后析出细小 γ' 数量越多，合金强度越高。当固溶处理温度使合金中全部粗大的 γ' 相固溶时，这种固溶处理称为完全固溶处理，否则称为不完全固溶处理。选用哪一种固溶处理由合金的用途决定，一般为获得较高的高温强度采用完全固溶处理，而为了获得一定的高温强度兼有良好的塑性，则采用不完全固溶处理。除此之外，通常普通铸造高温合金采用不完全固溶处理，其原因在于普通铸造高温合金中含有 γ＋γ′共晶和 M_3B_2 硼化物。其 γ＋γ′共晶的熔化温度为 1250℃左右，M_3B_2 硼化物的熔化温度为 1220℃左右，从而使铸造高温合金的初熔温度大大降低。而为了进行完全固溶处理，使铸态粗大的 γ' 相全部溶解，通常固溶温度必须高于 1250℃，此时铸造高温合金已发生初熔，这是完全固溶处理所不允许的，同时将大大降低合金的力学性能。由此可见，固溶温度对合金的力学性能有很大的影响。对于含有较多难熔元素（如 W、Re、Ru 等）的铸造单晶高温合金，随难熔金属元素的增加，一步固溶处理难以消除所有的共晶，需先在较低温度下进行均匀化处理，以提高合金的初熔温度，以便在更高的温度下固溶以消除共晶组织。在其他情况相同的前提下，随固溶温度升高，γ' 的体积分数和 γ' 相尺寸增加。

普通铸造高温合金在固溶处理后，析出 γ' 相的尺寸不仅与固溶温度、保温时间有关，而且与固溶处理后的冷却速度有很大的关系。一般来说，冷却速度越大，析出 γ' 相的尺寸越小。这对合金的屈服强度、断裂强度以及合金的塑性都有很大的影响。

在完全固溶热处理过程中，铸态组织的显微偏析（即成分和组织的不均匀性）减少，枝晶间偏聚元素 Nb、Ti、Al、Hf 等向枝晶干扩散，而 Cr、W、Co 偏聚于枝晶干的元素向枝晶间扩散，且随着固溶温度升高和保温时间延长，偏析消除得越好，从而提高合金的综合力学性能。但在不完全固溶热处理条件下，这种铸态显微偏析难以消除。

在固溶处理过程中，除 γ' 相固溶外，还有碳化物的分解和析出，初生 MC 碳化物分解缓慢，并析出二次 $M_{23}C_6$ 或 M_6C 碳化物，它们以颗粒状或针状分布于晶界和晶内残余 MC 碳化物周围。

（2）时效处理

铸造高温合金直接时效处理的作用是提高合金的中温持久性能并减少性能的波动。时效处理温度一般为 860～950℃，时间为 16～32h。时效处理温度低则保温时间长，时效处理温度高则保温时间短。时效处理过程中，铸态粗大的 γ' 相不发生变化，只是细小的 γ' 相在粗大 γ' 相之间析出，另外晶界和枝晶间上有二次 $M_{23}C_6$ 或 M_6C 碳化物颗粒析出。正是这些变化，对合金的中温强度起着一定作用。

（3）固溶＋时效处理

铸造合金通过完全固溶处理，会使合金的强度提高，但是塑性明显下降。因此目前一些高强度铸造高温合金，为了获得优良的综合性能，即既有很高的强度，又有一定的塑性，合金固溶后应跟着进行时效处理。时效处理分一级时效、二级时效和三级时效，一级时效处理温度约仍为 750～950℃，二级时效处理分为高温时效 1000～1100℃ 和低温时效 700～900℃，三级时效处理一般为 1050～1100℃＋800～950℃＋700～900℃，由于二级和三级时效处理后，合金中既有粗大的 γ' 相又有细小的 γ' 相弥散析出，因此合金具有最佳的综合性能。

习题

1. 提高有色金属强度的方法有哪些？
2. 简述有色金属常用热处理工艺。
3. 试述 Al-Cu 合金的时效过程和脱溶物的结构并写出时效序列。

参考文献

[1] 王群骄. 有色金属热处理技术 [M]. 北京：化学工业出版社，2008.
[2] 王祝堂. 变形铝合金热处理工艺 [M]. 长沙：中南大学出版社，2011.

［3］《有色金属及其热处理》编写组．有色金属及其热处理［M］．北京：国防工业出版社，1981．

［4］张宝昌．有色金属及其热处理［M］．西安：西北工业大学出版社，1993．

［5］张永裕，李维钺，李军．中外有色金属及其合金牌号速查手册［M］．3 版．北京：机械工业出版，2022．

［6］邓安华．有色金属的强化方法［J］．上海有色金属，2000（4）：187-194．

［7］夏立芳．金属热处理工艺学［M］．5 版．北京：哈尔滨：哈尔滨工业大学出版社，2012．

［8］徐洲，赵连城．金属固态相变原理［M］．北京：科学出版社，2015．

第7章

特种热处理

7.1 真空热处理

7.1.1 真空的基本知识

压强小于 10^5 Pa 低压空间称为真空。绝对真空是不存在的。若将热处理的加热和冷却过程置于真空中进行，就称为真空热处理。真空状态下气体的稀薄程度称真空度，通常用压力值表示。气压越低，真空度越高；气压越高，真空度越低。除法定单位 Pa 外，也有用单位 torr（托），1Torr＝1mmHg≈133.32Pa。工业上通常根据真空度大小把真空分为以下四类：低真空（$10^5 \sim 10^2$ Pa）、中真空（$10^2 \sim 10^{-1}$ Pa）、高真空（$10^{-1} \sim 10^{-5}$ Pa）、超真空（小于 10^{-5} Pa）。表 7.1 为不同真空度真空压力值及有关特点。

表 7.1 各真空区域的压力值及有关特点

项目	真空区域			
	低真空	中真空	高真空	超高真空
压力范围/Pa	$10^5 \sim 10^2$	$10^2 \sim 10^{-1}$	$10^{-1} \sim 10^{-5}$	$<10^{-5}$
每 1cm³ 气体分子数目（空气，20℃时）	$2.5 \times 10^{19} \sim 3.8 \times 10^{16}$	$3.3 \times 10^{16} \sim 3.3 \times 10^{13}$	$3.3 \times 10^{13} \sim 3.3 \times 10^9$	$<3.3 \times 10^9$
气体分子平均自由程（空气，20℃时）cm	$8.8 \times 10^{-6} \sim 5 \times 10^{-3}$（≤容器尺寸）	$5 \times 10^{-3} \sim 5$（≈容器尺寸）	$5 \sim 5 \times 10^4$（>容器尺寸）	$>5 \times 10^4$
气体流动状态	黏滞流	黏滞流与分子流过渡域	分子流	只有少数气体分子的运动

项目	真空区域			
	低真空	中真空	高真空	超高真空
确定真空泵容量的主要因素	炉料的放气和真空容器的容积	炉料的放气和真空容器的容积	炉料的内部和表面的放气量	炉料的内部和表面的放气量
适用的主要真空泵	机械泵、各种低真空泵	机械泵、油或机械增压泵、油蒸气喷射泵	扩散泵或离子泵	离子泵、分子泵、扩散泵加冷阱、吸附泵等
适用的主要真空计	U形管和弹簧压力表等	压缩式真空计、热传导真空计等	冷、热阴极电离真空计	改进型的热阴极电离真空计、磁控真空计

由表 7.1 可知：真空度越高，气体压力越低，炉内气体分子数目越少；相反，气体压力越高，炉内气体分子数目越多，真空度越低。低真空炉内残余气体类似于空气的气体组分，但中真空以上，原始空气的比例减小，而以各种材料中放出的气体为主。真空炉残余气体在加热过程中有很大变化（表 7.2）。当加热至 1000℃ 以上时，水蒸气会低降至 1%～4%（体积分数），氧将低于 0.01%～0.1%，即比大气低 2～3 个数量级；氮的相对体积分数降至 1%～10%，比大气低 1～2 个数量级，氢的体积分数在室温时为千分之几，高温时可增至 40%～60%，一氧化碳也有所增加。

表 7.2 各种气体状态下气体成分占比（体积分数） 单位:%

气体情况	各气体成分占比								
	H_2O	N_2	O	CO	CO_2	H_2	CH_4	C_3H_6	Ar
大气状态下		78.08	20.95		0.03				0.90
烘烤前	93.00	0.40	0.40	3.50	0.08		0.80	0.80	
烘烤中	17.50	17.50	0.40	21.90	0.87	21.90	2.63	17.15	
烘烤后	0.20	7.50		7.80	0.20	75.50	6.67	2.20	
不烘烤	79.00	0.79	3.10	16.00	0.30		0.80		

当用真空泵将炉内气体抽到一定的真空度时，并不能停止抽气，因为炉内除残存的空气以外，还有很多气体的来源，如：①工件内放出的气体；②筑炉材料表面放出的气体；③外界向装置内渗透的气体等。

一般认为，在低真空时，残存气体主要是空气；而在中高真空时，残存气体主要成分是炉内材料表面放出的水蒸气。

一般工业上制取的惰性气体总含有微量的杂质气体。如含有 0.1%（体积分数）的杂质气体时，其纯度大体上只相当于 1 Torr 的真空度；如含 0.0001%（百万分之一），也只相当于 10^{-3} Torr 的真空度（表 7.3）。要获得 10^{-3} Torr 的真空度是比较容易的，而制备高纯度的惰性气体，成本非常昂贵。

采用保护气氛，欲达到无氧化加热，控制露点为 $-30 \sim 40℃$，仅相当于真空度为 10^{-1} Torr。因此使用真空加热是非常简单的。

表 7.3　真空度、相对杂质体积分数和相对露点之间关系

真空度/Torr	10	1	10^{-1}	10^{-2}	10^{-3}	10^{-4}	10^{-5}
相对杂质体积分数/%	1.32	0.132	1.32×10^{-2}	1.32×10^{-3}	1.32×10^{-4}	1.32×10^{-5}	1.32×10^{-6}
相对露点/℃	+11	-18	-40	-59	-74	-88	-101

7.1.2　真空热处理的特点

由于真空中气体非常少，热量的传递不能依靠对流，只能依靠辐射，而辐射传热量与温度的四次方成正比，因此在低温时辐射传热量很小，加热时间较长。真空热处理具有以下特点：

（1）真空保护作用

大多数金属（包括合金）在氧、水蒸气和二氧化碳等氧化性气氛中加热时将会发生氧化，对钢来说还会引起脱碳。但在真空中，加热时因氧化性气氛的含量极低，氧的分压很低，故可防止钢氧化和脱碳。从理论上讲，要达到无氧化的目的，必须使炉内氧的分压低于氧化物的分解压力，这是因为在一定温度下金属（M）与其氧化物（MO）间存在下列反应式：

$$2MO \longleftrightarrow M + O_2 \tag{7.1}$$

这里所谓分解压力是指由于氧化物分解而产生的气体（O_2）的压力（P_{O_2}）。当氧的分压大于氧化物在反应温度下的分解压力 P_{O_2} 时，反应向左方向进行（生成氧化物）；而当氧的分压小于氧化物分解压力时，则反应向右方向进行（氧化物分解）。对表面无氧化物的金属来说，不会发生氧化现象。实践表明，炉内氧的分压达到 10^{-5} Torr 时，几乎大多数金属都可以避免氧化，而获得光亮的表面。

在真空炉中，氧气除部分来源于残存气体外，主要来源于渗漏的空气（尤其是在处理时间较长的情况下），而且随炉内真空度的提高，漏气率增加。因此，为了防止或减少炉内的氧化和脱碳作用，应尽量减少设备的漏气率。

（2）表面净化作用

从对反应式（7.1）的讨论中已知，金属在真空中加热时，只要满足氧的分压小于氧化物分解压力这一条件，不仅可以防止氧化，而且可使表面已有的氧化物发生分解，即使之去除，从而获得光亮的表面，这就是表面的净化作用。但应指出，在实际进行真空热处理时，尽管炉内氧的分压要比金属氧化物的分解压力高得多，仍能很好地去除氧化物或防止氧化而得到光亮的表面。可见，仅从金属氧化物平衡分解压力的观点出发，尚难以说明其原因。有人认为，在高温、真空下金属氧化物会转变为低级氧化物（亚氧化物），它极不稳定而发生升华，从而使表面净化；也有人认为，真空炉内石墨纤维加热元件的蒸发和一些油蒸气的混入，可使真空加热室内存在一定数量的碳原子，他们将与残存气体中的氧作用，使实际氧的分压大大降低，导致炉内气氛变成还原性，进而使表面净化。

（3）脱脂作用

工件在热处理前，由于压力加工或机械加工，表面往往沾有油垢。这些油垢是碳、氢、氧的化合物，其蒸气压较高，如在真空中加热，便会分解成氧、水蒸气和二氧化碳等气体，

被真空泵排出，此即脱脂作用。因此，当工件沾污程度很轻时，在真空热处理前允许进行专门的脱脂处理。不过，生产中一般还是以预先进行脱脂处理为好，这对防止或减轻真空系统的污染是有利的。

（4）脱气作用

真空脱气作用不仅在真空熔炼时表现较为显著，而且对固态金属来说也是可以被利用的。根据西弗茨（Sieverts）定律，H_2、N_2 和 O_2 等双原子气体在金属中的溶解度（S）与其分压力（P）的平方根成正比，即

$$S = KP^{1/2}$$

式中，K 为西弗茨常数。由此可见，在真空下随气体分压的降低，气体在金属中的溶解度将减小，即真空度愈高，脱气效果愈好。脱气按以下三个步骤进行：①金属中的气体向表面扩散；②气体从金属表面放出；③气体从真空炉内排出。其中第①步的扩散速度是影响脱气效果的主要因素。已知扩散系数随温度升高而增大，所以在同样的真空度下，提高温度就能提高脱气效果。但是将氢、氧和氮等气体相比较，氢较易扩散，而氧和氮则较难扩散，故在真空热处理时脱氢易，而脱氧、氮难。

（5）元素的脱出（蒸发）现象

在真空加热时，钢或合金中某些蒸气压高的合金元素往往会从表面脱出，即蒸发逸去。这是由于炉内的压力低于这些合金元素蒸气压所造成的。这种现象的出现，不仅会对材料本身的性能带来损害，而且由于这些元素的蒸发会产生真空蒸镀，使工件之间相互粘连，以及使蒸发物在炉内黏附和引起以后的再蒸发等，因而会影响真空热处理的质量（金属表面粗糙、光洁度变差），并使得金属表面合金元素的含量降低。

金属的蒸气压与温度有关，温度愈高，其蒸气压愈高，因而在一定的真空度下就愈易于蒸发。对钢来说，在真空加热时最易蒸发的合金元素是锰和铬，而它们又正是钢中最常用的元素，故应予以特别的重视。为了防止这类现象发生，必须根据具体情况适当控制炉内的真空度，或采用先抽成高真空度，随后通入高纯度的惰性气体（或氮），将真空度降低（1.5～2）$\times 10^{-1}$Torr。这样做除了可防止元素蒸发、保证工件表面的光亮外，还由于充入的惰性气体的对流而更有利于工件的均匀加热。

综上所述，在对钢进行真空热处理时，最佳真空度的选择主要应兼顾两个方面，即防止氧化、脱碳所必需的最小真空度和防止合金元素蒸发所允许的最大真空度。实践证明，在漏气率小于 10^{-3}L·Torr/s，真空度为 10^{-2}～10^{-1}Torr 的炉内加热，一般钢件都不会发生明显的氧化、脱碳和合金元素蒸发。

7.1.3 真空热处理研究进展

真空热处理技术具有无氧化、无脱碳、脱气、脱脂、表面质量好、变形微小、综合力学性能优异、无污染、无公害及自动化程度高等一系列突出优点，70 余年来始终是国际热处理技术发展的热点。

20 世纪 60 年代，由于宇航及电子计算机工业等的迫切需要，美国的海斯（Hays）公司首先研制出气体冷却式和油冷式真空淬火炉。到了 70 年代，由于石墨材料的使用，真空热处理炉有了较大的飞跃。20 世纪 70 年代真空热处理技术在我国属于发展初期，人们主要研究、探讨真空热处理的基本性质、加热特点、金属蒸发问题和金属在真空下加热的基本规律以及变形问题，同时开展了典型热处理工艺的研究，进行了真空油淬火和真空气淬火的工艺

研究和应用，为真空热处理工艺的研究和应用奠定了基础。80 年代以来，真空热处理技术获得迅速发展，我国引进先进设备增多，真空热处理工艺应用日益广泛。许多单位着手真空油、气淬火技术的开发应用，开发了负压高流率淬火技术，以及在引进设备上开始高压气淬工艺的应用实践，真空渗碳技术、真空烧结、真空钎焊、真空离子渗碳（氮、金属）的研究和应用相继展开，真空热处理技术开始从研究试验和少量生产走向工业生产领域。随着技术的进步，进入 90 年代以来，真空热处理工艺技术出现了许多新技术、新特点，高压气淬和超高压气淬的应用，真空加热的热风（气流）循环和快速冷却技术、真空（脉冲）渗氮技术、真空低压渗碳高压气淬技术、真空清洗技术、真空表面涂敷技术和真空喷涂技术、真空热处理工艺与设备智能控制系统、燃气式真空炉及智能系统、真空等温热处理技术及智能系统、真空离子渗碳（氮、金属、多元共渗等）技术等蓬勃开展，在美国、德国、英国、法国和日本等国成为新技术发展的热点。我国在上述领域跟踪国际先进技术，结合国情，积极研究、开发我国的真空热处理新技术、新设备。如高压气淬工艺与设备、真空回火热风循环与快冷处理工艺、连续炉真空热处理和真空渗碳工艺等。同时在真空清洗技术、真空渗氮工艺与设备、真空热处理工艺与设备的智能化控制系统，以及高温离子热处理技术等领域也在进行研究探索和工业开发的应用试验，并且将研发新技术新设备应用于生产。现在真空热处理几乎可实现全部热处理工艺，诸如淬火、退火、回火、渗碳、氮化、渗金属等，可实现气淬、油淬、硝盐淬、水淬等。

7.1.4 真空热处理的应用

真空热处理具有无氧化、无脱碳、无变形以及节能环保等特点，加之它无公害且安全性好，近年来应用范围已日益扩大。下面仅对钢的真空退火、真空淬火及回火和真空磁场热处理（渗碳）等进行简介。

（1）钢的真空退火

钢采用真空退火的主要目的之一是使表面达到一定的光亮度。实践表明，真空退火时钢件的光亮度与真空度、退火温度和出炉温度有关。光亮度的标准是将经过抛光的标准试样的光亮度作为基准，定为 100%，再以待测试样与之作对比。

对于结构钢来说，不同退火温度下的真空度对钢材光亮度有较大的影响。在 $700\sim850℃$ 范围内，真空度为 10^{-2} Torr 时，平均光亮度为 $60\%\sim70\%$，当真空度提高到 $10^{-3}\sim10^{-4}$ Torr 时，则光亮度可达 $70\%\sim80\%$。生产中可根据实际需要加以选择。

对于工具钢（尤其是含铬的合金钢）来说，在 10^{-2} Torr 真空度下退火，光亮度较差，一般都在 40% 以下（个别的最高值达 50% 以上），欲得到较高的光亮度，需提高真空度；当真空度为 10^{-4} Torr 时，除 Cr12 型高铬钢外，光亮度均可达 90% 以上。高铬钢真空退火后光亮度低的原因，是铬比铁对氧有更大的亲和力，从而使表面形成铬的氧化膜。

对于各种不锈钢来说，只有在高于 10^{-3} Torr 的真空度下退火才可使光亮度达到 70% 以上。

真空退火时的出炉温度对产品光亮度的影响也很大。出炉温度愈高，光亮度就愈低。实践表明，除抗氧化性能较好的高合金钢（如不锈钢）外，出炉温度均应在 $200℃$ 以下。目前，真空退火可用于难熔金属、软磁合金、硅钢片、铁镍合金和铁硅合金、电工钢、不锈钢、结构钢等材料。

（2）钢的真空淬火及回火

① 真空淬火　真空淬火与真空退火不同之处是前者冷却速度较快，这就要求采用适当

的淬火介质来保证处理效果。这种淬火介质主要是气、油和水等。美国的海斯公司和日本真空科学研究所在1968年先后研制出真空淬火油和水剂淬火介质，从而使真空淬火技术在热处理行业得到迅速发展。气冷的冷速较小，而且气体的价格较贵（尤其是惰性气体），因此其应用范围受到限制；水冷的冷速虽较快，但却只适用于低碳、低合金钢，而且还有不少缺点，故应用也较少；唯有油冷具有较广泛的适用范围。但是，在真空状态下淬火油的物理性能和冷却特性与在正常大气压下不同，因而真空油淬火的效果，即淬透层深度和硬度也会受到影响。此外，真空淬火的光亮度和变形也是十分重要的问题。

真空淬火油应具备的主要特性有：a. 蒸发量要小，不易引起炉内污染；b. 蒸气压要低，不影响真空效果；c. 在真空中冷却性能要好，冷却能力可在较大的真空度范围内不受影响；d. 光亮性和热稳定性要好。

在专用淬火油中，油品的性质取决于基础油和添加剂的品质及配方技术。基础油部分约占淬火油总质量的90%。基础油的纯度、抗老化性能、抗气化能力等各项指标对淬火油的性能及使用寿命起到至关重要的作用。

评价真空淬火油冷却性能的好坏，主要应根据油的特性温度（蒸气膜破裂温度）和从800℃至400℃区间工件所需的冷却时间等指标来综合考虑。上述指标明显地受到真空度的影响。在真空状态下，真空淬火油的冷却性能是较好的。但随压力的不断降低，其冷却性能则愈来愈差，以至于完全丧失真空淬火油的优点。因此必须对每一种真空淬火油给出一个允许的最低压力值即临界压力。生产中往往采取下列办法来确定真空淬火油的临界压力：将试样加热到800℃，保温10min，在各种压力下淬火后测其硬度，将硬度开始明显下降时所对应的压力值定为临界压力。显然，临界压力愈低，表明淬火压力范围愈宽。

② 真空回火　前已述及，在600℃以下真空回火时，先经排气和缓慢升温，而后立即通入惰性气体，以进行强制对流传热和最后的冷却。自然，也可以不通入惰性气体。

（3）真空磁场热处理

真空磁场热处理是指将磁性材料置于真空环境中，在其居里温度 T_c 附近进行热处理的同时，施加外磁场，使材料内部感生单轴各向异性，从而改善材料磁性的热处理工艺。真空磁场热处理能够显著改善金属材料的结构、磁性等性能，也可以提高结构材料的力学性能。真空磁场热处理把真空热处理技术与电磁场技术结合起来，形成真空热处理的又一个分支。与普通真空热处理相比，真空磁场热处理在磁感应强度和屈服强度相同的情况下，矫顽力明显降低。其在材料研究领域得到广泛关注。

通过控制加热和冷却的真空磁场热处理设备，对软磁合金1J22和电机转子进行真空磁场热处理，发现样件和产品的磁性有很大提高（表7.4），与普通真空热处理相比，真空磁场热处理在磁感应强度（B）和屈服强度（σ_s）相同情况下，矫顽力（H_c）明显降低。

表 7.4　真空磁场热处理与普通真空热处理对比

类别	热处理工艺	性能测试结果		
		B/T	H_c/Oe[①]	σ_s/MPa
真空磁场热处理	加热 760℃×3h，≤0.133Pa，保温结束前 15min，加充磁电流 330A，至冷却后 5min，冷却采用炉冷	2.05	0.3	纵向 343 横向 358

类别	热处理工艺	性能测试结果		
		B/T	H_c/Oe[①]	σ_s/MPa
普通真空热处理	加热（770～780)℃×3h，≤0.133Pa；炉冷至730℃再以400℃/h冷速冷却至500℃，再炉冷至300℃，通气冷却	2.04	0.5	纵向356横向314

① 奥斯特（Oe）为高斯单位制下矫顽力单位，与安培每米（A/m）换算关系为：$1A/m=4\pi\times10^{-3}Oe$。

7.2 形变热处理

为了提高材料性能，降低其制造成本，有时还可以把材料加工工艺和热处理工艺组合起来，组成复合加工工艺。形变热处理就是将压力加工与热处理操作相结合，对金属材料施行形变强化和相变强化的一种综合强化工艺。采用形变热处理不仅可获得由单一的强化方法难以达到的良好的强韧化效果，而且可以大大简化工艺流程，使生产连续化，从而带来较大的经济效益。因此，多年来形变热处理已在冶金和机械制造等工业中得到广泛应用。

7.2.1 形变热处理的分类、工艺特点及应用

形变热处理种类繁多，名称也不统一，但通常可按形变与相变过程的相互顺序将其分成三种基本类型，即相变前形变、相变中形变及相变后形变等方法。在此中又可按形变温度（高温、低温等）和相变类型（珠光体、贝氏体、马氏体等）分成若干种类。此外，近年来又出现将形变热处理与化学热处理、表面淬火工艺相结合而派生出来的一些复合形变热处理方法等。现简要介绍几种主要形变热处理方法的工艺特点及其应用。

（1）相变前形变的形变热处理

① 高温形变热处理　它主要包括高温形变淬火、高温形变正火和高温形变等温淬火等。

a. 高温形变淬火是将钢加热至奥氏体稳定区（A_{c3}以上）进行形变，随后采取淬火以获得马氏体组织，见图7.1（a）。锻造余热淬火、热轧淬火等皆属此类。高温形变淬火后再于适当温度下回火，可以获得很好的强韧性，一般在强度提高10％～30％的情况下，塑性可提高40％～50％，冲击韧性则成倍增长，并具有高的抗脆断能力。这种工艺对结构钢或工具钢、碳钢或合金钢均可适用。

b. 高温形变正火的加热和形变条件与前者相同，但随后采取空冷或控制冷却，以获得铁素体＋珠光体或贝氏体组织。这种工艺也称为"控制轧制"，见图7.1（b）。从形式上看它很像一般轧制工艺，但实际上却与之有区别，主要表现在其终轧温度较低，通常都在A_{r3}附近，有时甚至在α＋γ两相区（即650～800℃），而一般轧制的终轧温度都高于900℃；另外，控制轧制要求在较低温度范围应有足够大的形变量，例如对低合金高强度钢规定在950℃以下要有大于50％的总变形量。此外，为细化铁素体组织和第二相质点，要求在一定温度范围内控制冷速。采用这种工艺的主要优点在于可显著改善钢的强韧性，特别是可大大降低钢的韧脆转化温度，这对含有微量铌、钒等元素的钢种来说尤为有效。表7.5表示按一般轧制工艺与控制轧制工艺生产的钢材性能的对比。

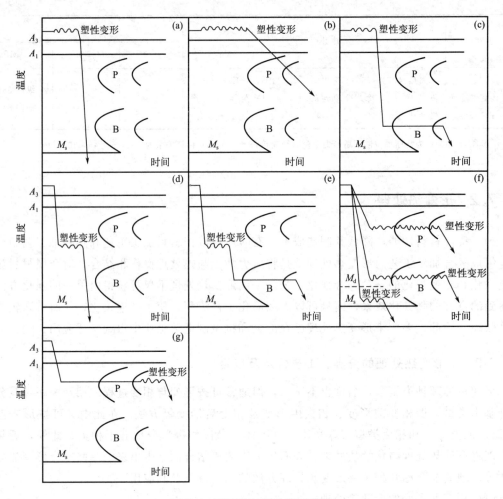

图 7.1　形变热处理分类示意图

表 7.5　两种轧制工艺生产的钢材性能对比

钢的成分及质量分数/%	一般轧制		控制轧制	
	σ_s/MPa	韧脆转化温度/℃	σ_s/MPa	韧脆转化温度/℃
0.14C＋1.3Mn	314	＋10	372	－10
0.14C＋1.3Mn＋0.034Nb	392	＋50	441	－50
0.14C＋1.3Mn＋0.08V	421	＋40	451	－25
0.14C＋1.3Mn＋0.04Nb＋0.06V	—	—	539	－76

　　c. 高温形变等温淬火是采用与前两者相同的加热和形变条件，但随后在贝氏体区等温，以获得贝氏体组织，见图 7.1 (c)。适用于缆绳用的中碳和高碳钢丝及小型零件（如螺钉等）的生产。贝氏体区域的高温形变等温淬火可使钢材的强度及塑性得到更大的提高。共析钢在 950℃轧制形变 25％后，于 300℃等温保持 40min，可使其抗拉强度比普通热处理后提高 294MPa，屈服强度提高 431MPa。如将等温转变温度提高到 400℃，且其强度指标与普

通热处理（淬火及回火）相同，则其断后伸长率 δ 与断面收缩率 ψ 分别由 8.7% 和 24.79 相应地提高到 16% 和 46%。

② 低温形变热处理　它主要包括低温形变淬火和低温形变等温淬火等。

a. 低温形变淬火是在奥氏体化后速冷至亚稳奥氏体区中具有最大转变孕育期的温度（$500\sim600℃$）进行形变，然后淬火，以获得马氏体组织，见图 7.1（d）。它可在保证一定塑性的条件下，大幅度地提高强度，例如可使高强度钢的抗拉强度由 $180MPa$ 提高到 $250\sim280MPa$，适用于要求强度很高的零件，如固体火箭壳体、飞机起落架、汽车板簧、炮弹壳、模具、冲头等。

b. 低温形变等温淬火是采用与前者相同的加热和形变条件，但随后在贝氏体区进行等温淬火，以获得贝氏体组织，见图 7.1（e）。采用这种工艺可得到比低温形变淬火略低的强度，但其塑性却较高，适用于热作模具及高强度钢制造的小型零件。

（2）相变中形变的形变热处理

① 等温形变淬火　它是将钢加热至 A_{c3} 以上奥氏体化，然后速冷至 A_{r1} 以下亚稳奥氏体区，在某一温度下同时进行形变和相变（等温转变）的工艺。根据形变和相变温度的不同，可将其分为获得珠光体组织和获得贝氏体组织的两种等温形变淬火，见图 7.1（f）。

一般说来，获得珠光体组织的等温形变淬火，在提高强度方面效果并不显著，但却可大大提高冲击韧性和降低韧脆转化温度。如 En18 钢（质量分数为 $0.48\%C$-$0.98\%Cr$-$0.18\%Ni$-$0.86\%Mn$）经 $950℃$ 奥氏体化后速冷至 $600℃$，进行形变量为 70% 的等温形变淬火后，与普通热轧空冷工艺相比，其中 $\sigma_{p0.2}$、δ 和 ψ 值等均有相当提高，特别是夏氏冲击功提高达 30 倍之多（由 $6.8J$ 增到 $217J$）。

对于获得贝氏体组织的等温淬火来说，在提高强度方面的效果要比前者显著得多，而塑性指标却与之相近。这种工艺主要适用于通常进行等温淬火的小零件，例如轴、小齿轮、弹簧、链节等。

② 马氏体相变中进行形变的形变热处理　这是利用钢中奥氏体在 $M_d\sim M_s$ 温度之间进行形变时可被诱发形成马氏体的原理使之获得强化的工艺。目前生产中主要在两方面进行应用：

a. 对奥氏体不锈钢在室温（或低温）下进行形变，使奥氏体加工硬化，并且诱发生成部分马氏体，再加上形变时对诱发马氏体的加工硬化作用，使钢获得显著的强化效果。

b. 诱发马氏体的室温形变，即利用相变诱发塑性（TRIP）现象使钢件在使用中不断发生马氏体转变，从而兼有高强度与超塑性。具有上述特性的钢被称为变塑钢，即所谓 TRIP 钢。这种钢在成分设计上保证了在经过特定的加工处理后其 M_f 点低于室温，而 M_s 点高于室温，这样，钢在室温下使用时便能具备上述优异性能。

变塑钢的加工处理方法示于图 7.2，即先经 $1120℃$ 固溶处理后冷却至室温，得到完全的奥氏体组织（M_f 点低于室温），随后在 $450℃$（高于 M_d 点）进行大量形变（温加工）并在 $-196℃$ 冷处理，但由于 M_s 点较低，此时所形成的马氏体量较少，为了增加马氏体含量，又在室温下进行形变。这样，不仅可诱发形成一部分马氏体，而且可使奥氏体进一步加工硬化，从而达到调整强度和塑性的目的。此时其 σ_b 达 $1382\sim2068MPa$，δ 达 $25\%\sim80\%$。对变塑钢有时在室温变形后还进行 $400℃$ 的最终回火。经上述处理后，钢的组织大部分是奥氏体，少部分是马氏体。

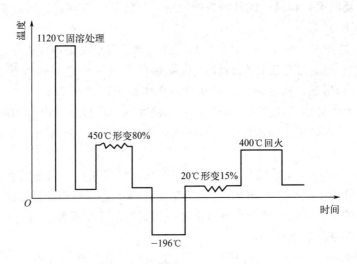

图 7.2　变塑钢的加工处理方法

（3）相变后形变的形变热处理

这是一类对奥氏体转变产物进行形变强化的工艺。这种转变产物可能是珠光体、贝氏体、马氏体或回火马氏体等，形变温度由室温到 A_{c1} 以下皆可，形变后大都需要再次进行回火，以消除应力。目前工业上常见的主要有珠光体冷形变和温加工（形变）、回火马氏体的形变时效等。

① 珠光体的冷形变　钢丝铅淬冷拔即属此类，它是指钢丝坯料经奥氏体化后通过铅浴进行等温分解，获得细密而均匀的珠光体组织，随后进行冷拔。铅浴温度愈低（珠光体片层间距愈小）和拉拔变形量愈大，则钢丝强度愈高。这是由于细密的片状珠光体经大形变量的拉拔后，其中渗碳体片变得更细小，导致铁素体基体中的位错密度提高。

② 珠光体的温加工　轴承钢珠光体的温加工即属此类，它是一种被用来进行碳化物快速球化的工艺，亦即将退火钢加热至 700～750℃ 进行形变，然后慢速冷至 600℃ 左右出炉 [见图 7.1（g）]。采用这种工艺比普通球化退火要快 15～20 倍，而且球化效果较好。

③ 回火马氏体的形变时效　这是获得高强度材料的重要手段之一。一般说来，形变后在使钢强度提高的同时，总会使塑性、韧性降低。但当形变量很小时，塑性降低较少，因此只能采用小量形变。形变之所以能产生显著的强化效果，除了是由于形变使回火马氏体基体中位错密度增高外，还是由于碳原子对位错的钉扎作用（即发生时效过程）。这时碳原子可由过饱和 α 固溶体和回溶的 ε 碳化物来提供。如在形变后再进行最终的低温回火，则将更有利于 ε 碳化物的回溶发生，以使形变时引入的位错得到更高程度的钉扎，从而造成回火后屈服强度的进一步增高。但如继续提高回火温度，将会由于碳化物的沉淀和聚集长大以及 α 相的回复而导致强化效果的减弱。

7.2.2　形变热处理强韧化的机理

形变热处理之所以能赋予钢以良好的强韧性，是由钢的显微组织和亚结构的特点所决定的。虽然形变热处理的种类繁多，处理的工艺条件各异，但在强韧化机理上却有许多共同之处，大体上可归纳于以下几方面：

（1）显微组织细化

不论高温形变淬火或低温形变淬火均能使马氏体细化，并且其细化程度随形变量增大而增大。一般认为，低温形变淬火使马氏体细化的原因是亚稳奥氏体形变后为马氏体提供了更多的形核部位，并且由形变而造成的各种缺陷和滑移带能阻止马氏体片的长大。对高温形变淬火来说，在不发生奥氏体再结晶的条件下，由于奥氏体晶粒沿形变方向被拉长，使马氏体片横越细而长的晶粒到达对面晶界的距离缩短，因而限制了马氏体片的长度，但这对马氏体的细化程度是有限的，只有在形变奥氏体发生起始再结晶的条件下，使奥氏体晶粒显著细化，才能导致马氏体的高度细化。一般来说，低温形变淬火对马氏体的细化作用要超过高温形变淬火。研究表明，低温形变淬火钢的断裂强度 σ_f 及屈服强度 σ_s 与马氏体片尺寸 d 间符合霍尔-佩奇关系式：

$$\sigma_f = \sigma_0 + Kd^{1/2}$$
$$\sigma_s = \sigma_0 + K'd^{1/2}$$

式中，σ_0、K 及 K' 均为常数。用马氏体细化可以很好地解释低温形变淬火钢在强度增高时仍能维持良好塑性和韧性的现象。但总的来说，马氏体组织的粗细对钢强度的影响不甚显著。

对于获得珠光体组织的形变等温淬火（先形变后相变）或等温形变淬火（在相变中进行形变）来说，均能得到极细密的珠光体，特别是后一工艺可使碳化物的形态发生巨大变化，即不再是片状，而是以极细的粒状分布于铁素体基体上；此外，也无先共析铁素体的单独存在，而是粒状碳化物均匀分布在整个铁素体基体上，而且铁素体基体被分割为许多等轴的亚晶粒，其平均直径约为 $0.3\mu m$。因此，与普通的铁素体-珠光体组织相比，其强韧性将会有较大的提高。

对于获得贝氏体组织的形变等温淬火或等温形变淬火来说，由于形变提高了贝氏体转变的形核率并阻止了 α 相的共格长大，可以使贝氏体组织显著细化，因而也将对其强韧性产生一定的有利影响。

综上所述，就显微组织细化对强度的影响来看，马氏体细化的强化作用最弱，珠光体细化的强化作用最强，而贝氏体的情况居于两者之间。

（2）位错密度和亚结构的变化

电子显微镜观察证实，形变时在奥氏体中会形成大量位错，且大部分为随后形成的马氏体所继承，因而马氏体的位错密度比普通淬火时高得多，这是形变淬火使钢具有较好强化效果的主要原因。不仅如此，形变淬火后还发现马氏体中存在着更细微的亚晶块结构，也称为胞状亚结构，其界面是由高密度的位错群交织而成的复杂结构，即所谓"位错墙"。这是由于形变奥氏体中存在的大量不规则排列的位错，通过交滑移和攀移等方式重新排列而堆砌成"墙"，形成亚晶界（即发生多边化），即使经淬火得到马氏体后，它依然保持着，结果便得到这种亚晶块结构。由于亚晶块之间有着一定的位向差，加之又有"位错墙"存在，故可把亚晶块视作独立的晶粒。无疑，这种亚晶块的存在，必然对钢的强化有着很大的贡献。随形变量的增大，亚晶块的尺寸愈趋减小，由之引起的强化效果愈大。文献指出，形变淬火后钢的屈服强度 σ_s 与亚晶块尺寸 d_s 之间存在某种线性关系，即符合霍尔-佩奇关系。应当说明，亚晶块的存在不仅有强化作用，而且是使钢维持良好塑性和韧性的原因之一。但是与低温形变淬火相比，高温形变淬火时由于形变奥氏体中发生了较强的回复过程，使其位错密度有所下降，而且也有利于应力集中区的消除，故虽其强化效果较低，但塑性和韧性却较优越。

对于形变等温淬火或等温形变淬火所得珠光体来说，由于珠光体转变的扩散性质，奥氏体在形变中所得到的高密度位错虽能促进其转变过程，但却难以为珠光体继承而大部消失，因而不存在任何强化作用。但贝氏体的情况介于马氏体和珠光体之间。由于贝氏体转变的扩散性和共格性的双重性质，形变奥氏体中高密度的位错能部分地被贝氏体所继承。因而在形变等温淬火或等温形变淬火所得贝氏体中，位错密度的增高仍是一个不容忽视的强化因素。

（3）碳化物的弥散强化作用

一些文献表明，在奥氏体形变过程中会发生碳化物的析出。这是由于形变时产生的高密度位错为碳化物形核提供了大量的形核部位，又加速了碳化物形成元素的置换扩散，同时在压应力下还使碳在奥氏体中的溶解度显著下降。碳化物在位错上的沉淀，会对位错产生强烈的钉扎作用，导致在进一步形变时能使位错迅速增殖，从而又提供了更多的沉淀形核位置，如此往复不已，最后便在奥氏体中析出大量细小的碳化物。钢形变淬火后，这种大量细小的碳化物分布于马氏体基体中，具有很大的弥散强化作用。与普通淬火相比，低温和高温形变淬火钢中有碳化物的析出使马氏体中含碳量减少，因而具有较高的塑性和韧性。

由于这里所述碳化物的析出是指在奥氏体形变过程中发生的，与奥氏体随后转变为何种组织无关，因此碳化物的弥散强化作用不论对形变淬火马氏体、贝氏体或珠光体来说都是相同的。

7.3 复合热处理

为节约能源，降低成本，提高生产效率，国内外开始把强韧化热处理、表面合金化、表面淬火、表面功能性覆层、形变强化等工艺进行多种类型的组织和复合来处理工件，使机械零部件的性能有了很大的提高，并把它开辟为新的热处理技术领域，这种新的热处理技术就是复合热处理。因此复合热处理是通过将两种或更多的热处理工艺复合，或是将热处理工艺与其他加工工艺复合，使各工艺间互相弥补增强，以更大程度地挖掘材料潜力，使零件获得单一工艺所无法达到的优良性能。如渗氮与高频淬火的复合、淬火与渗硫的复合、渗硼与粉末冶金烧结工艺的复合等。前述的锻造余热淬火和控制轧制也属于复合热处理，它们分别是锻造与热处理的复合、轧制与热处理的复合。还有表面合金化与淬火、渗碳或碳氮共渗与淬火（重新加热淬火或渗后直接淬火）、渗碳或渗氮与激光表面淬火等工艺复合。

7.3.1 亚温淬火加浅层氮碳共渗

亚温淬火能显著改善钢的韧性，具有较好力学性能，并节省能耗，再经浅层氮碳共渗，可使工件表面获得高的强度、硬度、耐磨性及疲劳强度，从而使工件具有内韧外硬性能，显著提高工件使用寿命。

3Cr2W8V 钢制铝合金压铸模（尺寸 100mm×100mm×300mm），采用真空亚温淬火＋浅层氮碳共渗热处理，模具寿命比常规处理（1050℃×0.5h 油淬＋620℃×2h 二次回火）提高 2 倍多。主要工艺参数如下：

① 调质处理　1040℃×40min 淬油，650℃×1h 回火。

② 真空亚温淬火　980℃×0.5h 淬油，硬度 48～50HRC，450℃×2h 一次回火，硬度 46～48HRC。

③ 氮碳共渗　模具经真空亚温淬火及一次回火后，在 LD-75 离子渗氮炉中进行（550～

570)℃×2.5h 氮碳共渗，共渗气氛采用 NH_3+CO_2，气压 1500～1800Pa。共渗层深 0.005～0.10mm，表面硬度 750～800HV。

表 7.6 为经不同工艺处理的模具使用效果对比。由表 7.6 可见，经该复合工艺处理的模具，基本上杜绝了早期破裂现象，减少了粘模现象，使用寿命提高。由于真空亚温淬火经一次回火后即进行氮碳共渗，第二次回火与氮碳共渗合并为一道工序，既提高了模具质量又相对降低了能耗。因此，该复合处理工艺是一种节能高效的复合强化方法。

表 7.6 经不同工艺处理的模具使用效果对比

工艺方法	硬度 HRC	使用寿命/万次	失效形式
原工艺	46～48	0.8～2.0	疲劳强度、磨损
复合热处理工艺	46～47	3.0～5.0	磨损

7.3.2 锻热淬火加高温回火

（1）工具钢锻热淬火＋高温回火

对于工具钢，采用这种复合工艺作为预处理时，可获得细小均匀分布的碳化物组织，比球化退火工艺效果还要好，并且只需 4h 高温回火，就可以代替 24h 的球化退火，从而节约能源。

有试验表明，锻造余热（锻热）淬火＋高温回火预处理后获得的细化组织，可使第二次淬火获得更细的马氏体，马氏体针长为原工艺的 1/10～1/7，在强化工具钢材料的同时还提高了塑性。对于 Cr12 型工具钢采用较低温度锻造余热淬火，也可以获得同样结果。工具钢锻造余热淬火预处理与普通球化退火工艺的比较见图 7.3。

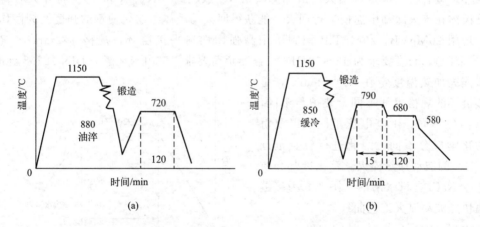

图 7.3 9CrSi 钢锻造余热淬火预处理（a）和普通球化退火工艺（b）

（2）轴承钢锻热淬火＋高温回火

该复合工艺流程为：锻压（1000～1200℃始锻）→辗扩后沸水淬火→高温回火（代替球化退火）→机械加工→最终处理。轴承钢锻造余热淬火与高温回火工艺见图 7.4。

此工艺可获得均匀分布的点状珠光体＋细粒状珠光体组织，硬度一般为 207～229HBW。该工艺的实施，可以显著缩短生产周期，节约能源。

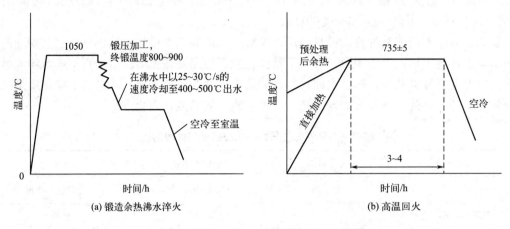

(a) 锻造余热沸水淬火　　　(b) 高温回火

图 7.4　锻造余热淬火与高温回火工艺路线

7.3.3　高温形变正火加低碳马氏体淬火

此复合处理工艺是高温形变热处理和低碳马氏体强韧化处理复合处理工艺，具体工艺如下。

① 采用高温形变正火，取消接链环锻件毛坯普通正火。高温形变正火的工件毛坯在锻造时，适当降低终锻温度（常在 A_{c3} 附近，或在 A_{c1} 以下，以避免再结晶过程的严重发展）之后空冷的复合热加工工艺。进行高温形变正火的主要目的，在于提高材料的冲击韧性、抗磨损能力及疲劳抗力等，同时降低钢的脆性转变温度。

② 发挥低碳马氏体淬火时自回火的特点，取消接链环淬火后的回火工序。低碳马氏体淬火的一个显著特点就是自回火。由于低碳钢 M_s 点较高（400～500℃），将淬火时得到的低碳马氏体在淬火冷却中途便进行回火，能获得回火马氏体组织，使钢的强度及韧性均得到提高。现用 20MnVB、20MnTiB 钢制矿用高强韧性扁平接链环，规格 $\phi22mm \times 86mm$（直径×节距），硬度要求为 42～50HRC，破断负荷要求≥550kN（德国 DIN 22258 标准）。

　　将淬火加热温度定在 920～960℃，是由于接链环的规格尺寸不同，装炉量不同，变压器挡位不同，供电电压不同，以及每批钢的化学成分不同，因此进行较宽范围（约 40℃）的波动加热淬火。淬火冷却介质采用 10% NaCl 含量水溶液。图 7.5 为接链环高温快速波动淬火工艺曲线。

　　按上述复合工艺处理的 $\phi22mm \times 86mm$ 锯齿形接链环，破断负荷最低 590kN，最高 745kN，平均 663kN。高于德国 DIN 22258 标准≥550kN 的要求，故产

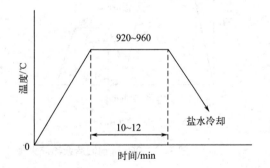

图 7.5　接链环高温快速淬火波动工艺路线

品疲劳寿命倍增。由于取消了接链环锻件毛坯正火和淬火回火两道工序，采取了高温快速淬火，故生产效率提高了 3 倍，节省电耗 60%，降低热处理生产成本 50%。

7.3.4 渗氮与电子束淬火（N + EBH）

众所周知，渗氮能显著改善零件的耐磨性，但受到渗氮工艺的物理本质和经济效益的制约，渗层不可能很深。化合物层和扩散层对性能改善的贡献是不同的。渗氮与电子束淬火相复合的原理在于，除了使零件具有良好的表面性能（硬度、耐磨性和耐蚀性）外，还能产生一种特有的复合性能梯度。在电子与金属材料相互作用，动能转化为热能的过程中，化合物层将依赖输入能量的大小部分或全部发生转变，将使化合物层与基体之间缝隙厚度增加。电子束处理在真空室中进行，而且处理周期很短，从 0.1s 到几秒，氮的扩散有限。通常，不希望发生完全的相变，因此必须精确控制电子束的能量输入。

热量通过传导传递到材料内部，由于冷却速度场大（达 $10K/s$），可自淬火而获得马氏体组织。由于 N＋EBH 复合处理后扩散层是富氮的，其硬度比单纯进行渗氮和电子束淬火后的硬度都要高。经渗氮处理的钢再进行局部电子束淬火能使其局部承载潜力提高，也是由于电子束的深度效应［即使马氏体相变达到所需要的深度（<1.0～1.5mm）］所致。

对回火稳定性较差的碳钢和低合金钢，如需较大的深度效应和耐磨渗氮层两者兼顾，则最好进行 N＋EBN 的复合处理。考虑到合金相容性，电子束淬火仅仅是一种有用的后处理。为了提高磨合运转性能，对摩擦性能起决定性作用的表面化合物层不应受到影响或发生特殊的转变。N＋EBH 复合技术可广泛应用于汽车工业和机械工程领域，如凸轮、轴类和螺栓等。

此外，N＋EBH 复合技术可用于承受局部复杂载荷的零件的批量生产。零件要承受高表面压力下的动载荷，特别是带有凸轮的轮廓面。为此，可先渗氮使凸轮获得足够的耐磨性，随后再对其轮廓面进行后续的局部电子束淬火。

在这种应用场合，电子束淬火是通过基于高速电子束偏转技术的所谓"连续相互作用能量传递场"来实施的。电子束是程序控制的，能在某个水平高度轮廓区域中高速偏转，电子束与零件做相对运动。电子束固定在某位置，而零件（凸轮）做旋转运动。凸轮的电子束淬火是逐件进行的。为使凸轮的轮廓面电子束碎硬层深度均匀一致，要仿照凸轮的轮廓面不断调整电子束参数（如束流、场尺寸和电子的入射角）和凸轮的转速。

N＋EBH 复合技术的另一有趣的应用实例是汽车用螺钉。由于服役条件特殊（磨损和腐蚀），这种螺钉要进行全表面渗氮，但其顶端的渗氮层经受不住附加的高频率压力和强烈的磨损，因此渗氮后要进行电子束淬火。原则上，热处理工艺过程与前面的例子相同，但能量传递方法完全不同。螺钉被精确固定在一个可编程的轮廓线定义的旋转对称能量传递场下。

用电子束瞬时（0.1～1.0s）照射后，螺钉端部即可获得深度几乎相同的仿形电子束淬硬层。仅仅原厚度一半的化合物层发生转变，所以仍能确保其具有良好的耐磨、耐蚀性能。

电子束淬火或渗氮复合热处理技术有着广泛的工业应用，例如应用于处理挤压工具和成型模具等的工业生产。在许多情况下，零件局部承受重载荷，如与高局部压应力相关或与腐蚀部分相关的磨料磨损/滑动磨损。经电子束淬火与渗氮复合处理的工具或零件，不仅淬透层具有良好的性能，而且由于电子束（能量传递场）仅是局部作用于工件，因此工件畸变也较小。因渗氮是第二道工序，化合物层不会由于随后的加热而受影响并发生转变，仍能保持其良好的耐蚀性。电子束淬硬层可进一步提高化合物层的承载能力。

习题

1. 真空热处理有哪些特点和应用？
2. 请列举 1～2 个实例说明形变热处理在实际生产中的应用。
3. 什么是复合热处理？和常规热处理相比有哪些优势？

参考文献

[1] 胡光立，谢希文. 钢的热处理（原理和工艺）[M]. 5 版. 西安：西北工业大学出版社，2012.
[2] 赵乃勤. 热处理原理与工艺 [M]. 北京：机械工业出版社，2012.
[3] 夏立芳. 金属热处理工艺学 [M]. 修订版. 哈尔滨：哈尔滨工业大学出版社，2012.
[4] 金荣植. 节能复合热处理技术及其应用 [J]. 金属加工（热加工），2017（9）：1-4.
[5] ZENKER R. 顾剑锋. 电子束淬火与渗氮的复合热处理技术 [J]. 热处理，2012，27（4）：48-53.

第8章

热处理工艺设计

热处理工艺是材料工程的重要组成部分，它可以改变材料的加工工艺性，发挥材料潜力和提高工件的使用寿命。因此，热处理工艺设计应尽可能采用新技术和新工艺，用经济的材料并规定合理的组织性能要求，以最低的能源消耗、最高的劳动生产率生产出质量可靠、性能稳定的工件，满足整机及零部件提出的一定要求，同时无公害，从而做到技术与经济的统一，以获得理想的组织与性能，实现优质、高效和无公害的目的。

8.1 热处理工艺设计概述

8.1.1 热处理工艺的重要性

热处理实质是通过赋予和改善金属材料及其制件一定的内部组织结构来实现特定性能要求的工艺技术。实践表明，金属材料的化学成分仅是它所具有各种性能的潜在因素，其性能潜力只有通过热处理工艺技术才能被调动出来。事实证明，冶金企业生产的许多型材和铸锻件，如果不经过适当的热处理，其力学、物理、化学性能和可切削加工性能以及应力状态等都很差，有的甚至无法使用和进行切削加工；同时，许多机械产品的金属制零件，特别是要求性能较高的零件，如果不经过适当的热处理，就无法达到其使用性能要求和预期的使用寿命。由此热处理工艺奠定了在金属材料研制和应用以及各种金属制产品零件在生产加工过程不可或缺的重要地位。各种金属型材的热处理，一般是在冶金企业（如钢厂、金属熔炼厂）中进行；金属制产品零件及其毛坯的热处理，通常是在各种机械制造企业（如汽车、拖拉机、机床、化工、轻工、风动及液压工具厂，以及各种工具、模具、量具、夹具厂）或独立的热处理专业厂中进行。

8.1.2 热处理工艺设计含义

通常所说的热处理工艺，一般指热处理工艺规程（工艺方法和工艺参数）。正确、合理的热处理工艺设计，要依据相关的技术标准和可借鉴的技术资料、能查获的国内外先进热处理技术，以及本单位创新的热处理专有技术等，从企业实际出发，结合企业从事热处理的人员素质、管理水平和生产条件、质量保证和检测能力等展开工作。

正确、合理的热处理工艺，不仅要能够生产出满足零件图样所要求的各种性能指标和预期的使用寿命的产品，同时要能够降低成本，节约能源和满足安全、环保要求等。热处理工艺设计应遵循的原则见 8.2 节。

8.1.3 热处理工艺设计要求和步骤

热处理设计基本有以下要求：①能保证达到零件使用性能所提出的热处理技术要求；②质量稳定可靠；③工序简单，操作容易，管理方便；④生产率高；⑤原料消耗少，生产成本低廉；⑥节能、环保。

热处理工艺设计一般步骤为：根据零件使用性能及技术要求，提出可用于实施的几种热处理工艺方案；对其所可能达到的性能要求、工艺操作的繁简及质量可靠性等进行分析比较；根据生产批量的大小、现有设备条件及国内外热处理技术发展趋势，进行综合技术经济分析；确定最佳热处理工艺方案。

8.1.4 热处理工艺在材料加工工艺路线中的位置

热处理工艺作为材料加工工艺的组成部分之一，不仅赋予机械零部件、工模具各种使用性能（如屈服强度、塑性、冲击韧性、疲劳强度、耐磨性等），还可改善其加工性能（如切加工削性、塑性、成型性等）。

（1）预备热处理

一般是根据其上下工序的需要确定。例如，零件毛坯存在较大应力和硬度较高时，应安排正火或退火处理；为了降低零件切削加工后的表面粗糙度和提高表面淬火质量，在加工前可安排调质处理；为了减小淬火的变形，在淬火前安排一次正火；为了消除各种加工过程产生的内应力，在加工后安排一次低温退火；为了使铸锻件化学成分和组织结构均匀化，一般进行高温均匀化退火等。许多工件在进行表面淬火和渗氮之前，为了获得较好的综合力学性能，往往进行调质处理。

① 退火和正火 退火和正火的主要目的是消除毛坯中的内应力，细化晶粒，均匀组织；改善切削加工性；为最终热处理做组织准备。其零件加工工艺路线如下：

下料→锻造→退火或正火→机械加工

② 调质处理 调质处理主要是提高零件的综合力学性能，或为以后表面淬火、渗氮和为易变形的精密零件淬火做组织准备。其零件加工工艺路线如下：

下料→锻造→正火或退火→机械粗加工→调质处理→表面淬火（渗氮）→机械精加工

（2）最终热处理的工序位置

一般是根据某种零件的使用性能要求确定的。例如，对在动载荷条件下工作的零件，要求耐磨性好，应安排化学热处理或表面热处理；对在静载荷条件下工作的零件，要求较高强度，应安排整体淬火和低温回火；对在颠簸和往复冲击条件下工作的零件（如机动车辆弹簧等），则应安排淬火和中温回火等。

① 淬火＋回火 工件通过淬火和回火处理后，可以使零件得到优异的硬度、耐磨性，较高的弹性，以及提高材料的综合力学性能。工件加工工艺路线如下：

下料→锻造→正火或退火→机械粗加工、半精加工→淬火、回火→机械精加工（磨削）

对于表面渗碳的工件，表面渗碳后，为细化组织，提高表面硬度和耐磨性，消除应力，最终热处理为淬火＋低温回火，工件加工工艺路线为：

下料→锻造→正火→机械粗加工、半精加工→渗碳→淬火、低温回火→机械精加工（磨削）

② 感应加热表面淬火＋低温回火　感应加热表面淬火可以提高工件表面的硬度、耐磨性和疲劳强度，而心部仍具有较高的韧性。工件加工工艺路线为：

下料→锻造→正火或退火→机械粗加工→调质处理→机械半精加工→感应加热表面淬火、低温回火→机械精加工（磨削）

③ 表面渗氮　工件表面渗氮处理主要是用于提高表面性能，如表面硬度、耐磨性、疲劳强度、抗咬合能力、耐蚀性、抗回火软化能力等，从而提高工件的使用寿命。工件渗氮后，后续一般不再进行其他热处理。工件加工工艺路线如下：

下料→锻造→退火→机械粗加工→调质处理→机械半精加工→去应力退火→粗磨→表面渗氮→精磨或研磨

8.2 热处理工艺设计原则

通常所说的热处理工艺指热处理工艺方法和工艺参数的设计。广义热处理工艺设计是从工艺方案的策划到工艺方法和工艺参数的设计，从工装的设计和设备的选择到辅助工序工艺守则的制定，从工艺的验证与调整及工艺定型到工艺文件的编制和工时定额的计算，从工艺管理到生产实施，从工艺质量保证体系的建立到热处理质量的检验等全部内容。概括地说，热处理工艺设计应遵循和体现以下若干原则。

8.2.1 热处理工艺的先进性

一个企业的热处理工艺先进性，起码应具备领先于同行业其他企业的热处理工艺技术。甚至某方面在国内领先。如此，离不开引进和采用新工艺、新技术，设备改造与更新，以及新型工艺材料的应用等。其主要内容和目的如表 8.1 所示。

表 8.1　热处理工艺的先进性

序号	要素	内容	目的
1	采用新工艺、新技术	充分采用新的热处理工艺方法及新的热处理工艺技术	满足设计图样技术要求；提高产品工艺质量和稳定产品热处理质量
2	热处理设备的技术改造和更新	改造旧设备；购置新设备（加热设备、热处理辅助设备）	满足热处理工艺发展的需要；提高生产能力和产品质量；适应技术进步的需求
3	采用新型工艺材料	采用新型加热、冷却介质及防护特性的涂料	提高产品热处理质量；提高产品热处理后的表面质量

8.2.2 热处理工艺的合理性

工艺的合理性是相对的。在确保正确性的前提下，其合理性与某零件的重要程度、零件设计对热处理提出的技术要求、经济意义和生产现场的客观条件，以及整个工艺路线的安排等有关。其主要内容和目的如表 8.2 所示。

表 8.2 热处理工艺的合理性

序号	要素	内容	目的
1	工艺安排的合理性	零件制造流程中，热处理工序安排是否恰当；确保零件热处理后各部分质量一致；减少后续工序的加工难度；避免增加不必要的辅助工序	使热处理工艺的特性与机械加工协调，保证零件最终要求，流程中安排好热处理工序；热处理工艺参数冷却方式要确保零件的力学性能一致性；有效控制零件畸变，确保零件最终尺寸要求，减少辅助工序，使零件生产周期减短，降低制造成本
2	零件热处理要求的合理性	热处理工艺应与零件材料特性相适应，零件的几何尺寸和形状应与工艺特性相匹配	满足设计要求，又保证热处理质量；热处理是通过加热、冷却方式完成的，热处理畸变、氧化脱碳等要求控制在一定范围内
3	工艺方法及工艺参数的合理性	为满足产品要求选择合适的工艺方法，工艺方法应简单，选择合适的工艺参数	选择合适的工艺方法（如不同的淬火方法）会得到事半功倍的效果；减少生产成本，便于操作，选择工艺参数应依据相关标准，与标准不同的工艺参数应有试验依据
4	热处理前零件尺寸、形状的合理性	零件的截面尺寸不应悬殊；薄壁件热处理应选用工装或夹具；避免零件留有尖角、锐边	防止零件热处理后变形过大和开裂；减少零件翘曲、畸变过大；避免零件裂纹等缺陷
5	热处理前零件状态的合理性	铸、锻件应经退火、正火等预备热处理；焊接件不应在盐浴炉加热；切削量大的零件应进行去应力处理；毛坯件应去除氧化皮	消除毛坯应力；防止焊缝被盐侵蚀、清洗不干净、使用过程中开裂；防止零件畸变；防止后续处理出现局部硬度偏低或硬度不足

8.2.3 热处理工艺的经济性

工艺设计时，应充分利用企业现有的人员和设备等条件。在保证最终质量的前提下，尽量简化工艺流程，合理利用能源，以相对较少的能源消耗来获取最佳工艺效果。热处理工艺的经济性，可用表 8.3 所示的几个要素来评价。

表 8.3 热处理工艺设计的经济性

序号	要素	内容	目的
1	能源利用合理	选用节能加热设备，采用水溶性淬火冷却介质	减少处理过程能源消耗
2	设备工装的使用合理	充分利用设备加热能力，合理利用加热室空间；大批量生产的企业，尽量采用机械化和自动化生产	减少单件能源消耗值，降低生产成本
3	工艺方法应简便	工艺流程应简单，充分发挥加热设备特点	减少不必要的程序，缩短生产周期，使设备满足不同工艺要求

续表

序号	要素	内容	目的
4	利用现有设备设计辅助工装	利用箱式加热炉,设计移动式渗氮箱,满足渗氮要求,设计保护箱进行无氧化加热	利用普通设备进行化学热处理,在普通加热炉中实现气氛保护,防止氧化脱碳

8.2.4　热处理工艺的安全性

热处理工艺的安全性,主要体现在工艺实施过程要确保人身安全、设备安全、环境安全等方面。因此,设计热处理工艺时,要充分顾及工人操作过程各方面的安全性,特别是接触高温、高压、易燃、易爆、易腐蚀及有害气体的岗位,在工艺设计时不仅应有明确的工艺规程,还应提出制度化的工艺安全操作守则。热处理工艺的安全性,应包括表 8.4 所示的内容。

表 8.4　热处理工艺的安全性

序号	要素	内容	目的
1	工艺本身的安全性	工艺编制应充分保证实施的安全可靠,对形状复杂的特殊件(如封闭内腔件)要有安全措施;真空设备、氢气、氮气等的保护装置应有充分的安全措施;对人体有危害的工艺材料的应用应减少或避免	预防对人身安全造成危害;预防设备发生爆炸,确保运行中的安全;尽可能在工艺中避免使用有害工艺材料,以免造成安全事故
2	控制有害作业	尽量不采用有害工艺,如不采用氰化盐渗碳、碳氮共渗;装运零件应有料筐和运载工具	防止影响人身安全,避免有害废弃物的产生;确保零件热处理过程中的安全
3	环境保护	生产场所空气避免受排放、散发的气体污染,使环境不受危害;防止废弃物的再污染	确保生产场所人身安全,保证排放符合标准要求;防止环境及人身受到危害,保护环境

8.2.5　热处理工艺的可行性

工艺的可行性,是指所设计的热处理工艺,在企业现有的人员结构、设备特点及管理水平的条件下,或通过外部技术协作即可在生产过程中正常实施,而不需另外增加新设备和大型工装等。热处理工艺的可行性应重点考虑表 8.5 所示的内容和目的。

表 8.5　热处理工艺的可行性

序号	要素	内容	目的
1	企业热处理条件	人员结构及素质,热处理设备配备程度、设备精度及工艺能力	保证工艺的实施正确性,保证工艺完成和发展能力
2	操作人员的专业技术水平	人员的文化程度、专业技术水平及对工艺操作的熟练程度	正确地理解工艺要求,保证工艺要求正确实行

续表

序号	要素	内容	目的
3	工艺技术的合法性	所制订的工艺参数、方法依据合法的技术文件；新技术、新材料、新工艺应在试验基础上经评审鉴定和认可	保证工艺制订有法可依、有据可查，保证工艺的合法性

8.2.6　热处理工艺的可检性

热处理工艺的可检性，是指在工艺设计中所提出的各项技术指标，在生产实施过程中可检测、在零件使用过程中可追溯。热处理工艺的可检性如表 8.6 所示。

表 8.6　热处理工艺的可检性

序号	要素	内容	目的
1	工艺参数的追溯	工艺参数设定依据加热炉应配备温度、时间等相适应的仪表记录、操作者原始记录、处理产品批次、产品数量等	所设定参数应符合相关标准。产品质量档案备查及产品质量的追溯性
2	检查结论的追溯	产品处理完的检验结果，包括力学性能、金相组织、硬度、尺寸等检测数据	产品质量的检查
3	工艺参数的制订可检性	工艺参数的制订必须依据相关有效标准、材料标准以及工艺试验总结等	保证产品热处理工艺编制的正确性

8.2.7　热处理工艺的标准化

标准化工作是企业发展和技术交流的基础，是企业技术进步和参与市场竞争的重要手段和方法，因此，在热处理工艺设计过程必不可少。热处理工艺的标准化要素、内容和目的参见表 8.7。

表 8.7　热处理工艺的标准化

序号	要素	内容	目的
1	文件的标准化	文件表格、书写格式、术语应用应使用基础标准及法定计量单位	必须遵照有关标准执行
2	制订工艺参数标准化	编制的工艺参数（温度、时间、加热方式、冷却方式等）应按相关标准或计算、检验方法，检测结果的核算也应符合标准	保证编制的工艺参数正确、可靠，对超出标准的参数要求有完整试验依据并经评审通过，确保测试结果正确
3	文件配套的一致性	应用的概念、术语一致性；企业标准及工艺管理应制度化	同一概念，同一解释；保证企业管理进度及产品质量的稳定

8.3 零件热处理工艺设计实例

8.3.1 拉杆热处理工艺设计

（1）拉杆及其技术要求

拉杆用于连接两个箱梁，服役期间承受纵向拉力和横向周期性上下振动力。拉杆轮廓尺寸为 $\phi 39mm \times 1720mm$，重 16.3kg，材料牌号为 40Cr，属于典型的细长杆件，如图 8.1 所示。

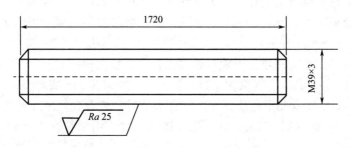

图 8.1 拉杆结构（单位：mm）

拉杆设计要求调质处理，表面进行镀铬＋防腐涂料处理，因此具有优良力学性能和耐久性。40Cr 拉杆成品内部质量要求较高，经过机械加工和调质处理后表面无裂纹等缺陷，化学成分和力学性能应符合表 8.8 和表 8.9 的规定。拉杆表面防腐涂层总厚度 $\delta > 600 \mu m$。

表 8.8 拉杆成品化学成分（质量分数）　　单位:%

C	Si	Mn	P	S
0.37～0.44	0.17～0.37	0.50～0.80	≤0.020	≤0.020

表 8.9 拉杆成品力学性能

硬度 HBW	抗拉强度/MPa	断后伸长率/%	断面收缩率/%	冲击吸收功/J
280～316	840～1040	≥20	>42	>40

（2）制作流程

$\phi 41$（40）mm 棒料→原材料复验→下料锯切 $\phi 41$（40）mm×1720mm→调质热处理→校直→检查→车两端面，打顶尖孔，车 M39×3mm 螺纹、倒角 C5→检验→表面除锈，电镀涂防腐涂料→成品检验合格→捆扎装筐→移交用户。

（3）热处理工艺方案

① 原材料质量控制　严格控制外购 40Cr 原材 $\phi 42mm$ 棒料的化学成分及心部组织，夹杂物级别≤3 级，金相组织晶粒度≤5 级，保证每批原材棒料的淬透性，外观质量和内部质量按照 GB/T 3077—2015《合金结构钢》的有关规定定期批量复验。

② 工艺试验

a. 试验件准备。制备 2 个 $\phi 41$（40）mm×120mm 热处理工艺试验试件（编号分别为 T1、T2）及 $\phi 41$（40）mm×1720mm 实物试验件（编号分别为 S1、S2）。

b. 调质处理试验工艺规范。如图 8.2 所示，试验时，采用 300℃ 低温装炉法，650℃ 均温，减少拉杆发生大的变形和开裂；淬火温度选择 860℃，保温时间长短依据装炉量选择；采用 10 号机械油冷却；回火温度选择 490～510℃，依据淬火硬度可以适当选择高低值；回火保温时间长短依据装炉量选择，回火炉内有循环气流；为消除回火脆性，选择 10 号机械油冷却。

③ 试验过程

a. 用 T1 试验件在设备上进行上述热处理试验，用布氏硬度计检查 T1 试验件热处理后的表面硬度、符合要求后，从 T1 试件上锯切取样，检测力学性能。用电火花线切割机取 4 个 12mm×12mm×75mm 方条。按 GB/T 228.1—2021、GB/T 229—2020 标准加工成 1 个拉伸试棒和 3 个冲击试块，用电子万能试验机进行力学性能检测。

b. 试验结果符合要求后，继续用 $\phi 41$（40）mm×1720mm 实物 S1 进行热处理试验。检测实物件硬度（2 处）及变形弯曲程度，校直实物后，检查直线度。符合要求后，继续机加工成实物拉杆，目测＋磁探有无裂纹，检查螺纹尺寸。结果符合要求后，做实物 500t 万能拉伸机试验，测试力学性能。结果全部符合技术要求后，确定工艺参数及规程，并批量热处理生产。

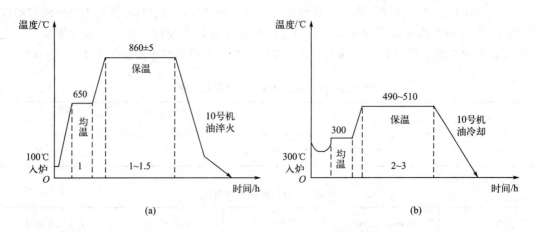

图 8.2 40Cr 拉杆调质热处理工艺试验参数曲线

（a）淬火；（b）回火

8.3.2 65Mn 制作磨床头架主轴热处理工艺设计

（1）65Mn 和磨床头架主轴简介

65Mn 是弹簧钢的一种，平均含碳 0.65%、含锰 1.0%，其强度、硬度、弹性和淬透性均比 65 钢高，有过热敏感性和回火脆性，有水淬裂纹倾向。退火态切削性尚可，冷变形塑性低，焊接性差。可制作高耐磨性零件，如磨床主轴、精密机床丝杠、铁道钢轨等。查阅手册，获得临界点 A_1 为 726℃，A_3 为 765℃。

磨床头架主轴是提供机床主运动的部件，应保证其刚度、强度、耐磨性、耐冲击性、热稳定性和抗振性等力学性能和高的原始几何精度，这与主轴材料和热处理工艺密切相关。

本设计选择高碳低合金钢 65Mn，其加工工序为：下料→锻造→退火→粗车→调质→精车→感应淬火→回火→磨削→稳定化处理。

（2）热处理工艺设计

① 完全退火　完全退火是获得接近平衡组织的热处理工艺，其目的是细化晶粒、均匀组织，消除内应力，改善切削加工性能。

a. 加热温度及方法。完全退火的温度在 A_{c3} 以上 20～30℃，由于退火温度过高会引起奥氏体晶粒粗大，又要使工件心部在规定时间内达到以上温度，故 65Mn 完全退火温度选择在 810℃。

完全退火加热速度取 100～200℃/h。加热设备选择中温箱式电阻炉，其使用温度在 700～900℃，用于低合金钢的热处理、渗碳及时效等。

b. 保温时间和冷却方式。完全退火保温时间与钢材的化学成分、工件形状与尺寸、加热方式、装炉量和装炉方式等因素有关。当装炉量不大时，在箱式炉中的保温时间以工件有效厚度 τ 计算：$\tau=KD$，式中，D 为工件有效厚度（mm）；K 为加热系数，一般取 1.5～2.0min/mm。装炉量大时，则根据具体情况延长保温时间。代入 $D=150$mm，取保温时间为 260min。

退火后随炉冷却，冷却速度应缓慢，保证奥氏体在 A_{r1} 以下不大的过冷度下进行珠光体转变，以避免硬度过高。一般低合金钢的冷却速度应为 100℃/h。

② 调质处理

a. 加热温度及方法。淬火加热温度选择应以得到均匀细小的奥氏体晶粒为原则，以便淬火后得到细小的马氏体。对于亚共析钢，选择淬火温度为 A_{c3} 以上 30～50℃，故选择 810℃ 作为淬火温度。

淬火后应当高温回火，以得到回火索氏体组织，进而获得良好的综合力学性能。硬度在 24～26HRC。根据 65Mn 回火温度与硬度曲线，确定回火温度为 640℃。加热方法选择热炉装料，其目的是缩短加热时间，节省能源。

淬火加热设备选择自然对流井式炉，一般用于长型工件的加热。井式炉密封性较好，散热面积小而热效率较高，加热变形较小，脱碳及氧化损失较小；悬挂状态加热，开裂倾向小。回火加热设备选用强迫对流井式电阻炉。

b. 保温时间及冷却方式。淬火加热时间常用经验公式计算，常用经验公式为 $\tau=\alpha KD$。式中，τ 为加热时间（min），α 为加热系数（min/mm），K 为装炉修正系数，D 为零件有效厚度（mm）。经计算，淬火保温时间选为 120min。

回火时间应包括按工件截面均匀地达到回火温度所需加热时间及按回火程度达到要求回火硬度完成组织转变所需的时间，如果考虑内应力的消除，则还应考虑不同回火温度下应力弛豫所需的时间。回火时间一般为 1～3h，本次时间选择为 150min。

调质处理中淬火冷却方式采用的是预冷淬火法，即将奥氏体化的工件从炉中取出后，先在空气中预冷一段时间，待工件冷至略高于温度后再放入油中冷却。预冷能降低工件进入油前的温度，减少工件与油间的温差，减少热应力，从而减少工件变形开裂倾向。回火后工件一般在空气中冷却，但由于 65Mn 含有较多锰和硅，它们促进了杂质元素的偏聚，促进了钢的第二类回火脆性，因此，回火后应进行油冷以抑制回火脆性。

③ 感应加热表面淬火＋低温回火　淬火后采用感应加热回火，可以降低过渡层的

拉应力，加热层的深度应比淬透层深一些，故采用中频加热回火。感应加热回火加热时间短，显微组织中碳化物弥散度大，得到的钢件耐磨性高、冲击韧性较好，且易安排在流水线上。

④ 稳定化处理＋低温回火　为使材料或工件在长期服役条件下形状尺寸、组织性能变化能够保持在规定范围内进行的热处理，称为稳定化处理。采用低温回火，能够降低残余应力和脆性而不至于降低硬度。

（3）热处理后检验

① 硬度及淬透层深度　各热处理工序获得硬度：完全退火 196～229HBS；调质处理（淬火＋高温回火），高温回火 235～265HBS；中频感应加热表面淬火＋回火 56～62HRC；稳定化处理（低温回火）56～62HRC。

② 工艺路线总结及金相组织

完全退火：810℃保温 260min，炉冷；

预冷淬火：810℃保温 120min，空气预冷 60s，油冷；

高温回火：640℃保温 150min，油冷；

感应加热表面淬火：870℃喷水冷却；

感应回火：160℃保温 100min，空冷；

稳定化处理（低温回火）：200℃保温 600min，空冷。

最终热处理后，主轴组织如下。

表层：回火马氏体（铁素体＋弥散分布的 $\varepsilon\text{-Fe}_x\text{C}$）；

心部：回火索氏体（等轴铁素体＋粒状 Fe_3C）。

表面马氏体有很高的强度和硬度，内部仍为回火索氏体，保持良好的综合力学性能。

8.3.3　数控机床（CNC）导轨热处理工艺优化设计

数控机床的导轨一般较长，其厚度常大于油淬临界直径。机床导轨淬火之后，常发生畸变、开裂等失效。本设计使用导轨材料为 GCr15 钢，主要成分如表 8.10 所示。

表 8.10　CNC 导轨材料主要成分（质量分数）　　　　单位：%

C	Si	Mn	Cr	P	S	Fe
0.95～1.05	0.15～0.35	0.2～0.4	1.3～1.65	≤0.027	≤0.20	余量

GCr15 钢具有比较均匀的组织结构，同时其淬透性良好。CNC 导轨的技术指标如表 8.11 所示。

表 8.11　CNC 导轨技术指标

项目	淬火畸变量/mm	产品报废率/%	导轨表面硬度 HRC
指标要求	<0.50	<5	61～64
优化前的测量值	0.4～0.7	约 20	57～59

（1）常规的热处理工艺

CNC 导轨常规的加工流程为：原材料锻造→球化退火→机加工成型→预热、淬火→回火→热点校直→粗磨→去应力回火 160℃×240 min→精磨。

其热处理工艺如图 8.3 所示。

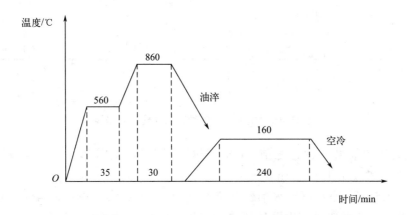

图 8.3　CNC 导轨常规热处理工艺路线

（2）导轨热处理工艺优化

① 预先调质　在锻造阶段，CNC 导轨加热温度很难实现精确控制；锻造完成之后，冷却不足；经球化退火后，CNC 导轨常常无法获得满意的球状珠光体组织。因而，可在锻造工序之后对 CNC 导轨进行调质处理，使得 CNC 导轨中生成均匀分布的、细小的碳化物以及呈细粒状的索氏体组织，以减轻在淬火阶段因体积变化而出现的 CNC 导轨淬火畸变。

② 最终热处理工艺　CNC 导轨尺寸大，其厚度大于油淬临界直径，以常规工艺对其进行淬火处理，其表面硬度未能满足技术指标要求。

经反复试验，将 CNC 导轨加热至 880℃淬火，其表面硬度达标。这是因为提高 CNC 导轨的淬火温度，M_s 点将降低；CNC 导轨中的残留奥氏体量上升，这为温度校正建立了有利条件。同时，由于残留奥氏体量的增多，在组织转变过程中，工件体积整体变化量缩小，有利于减小 CNC 导轨的淬火畸变。

预冷淬火缩小了 CNC 导轨与淬火介质之间的温差，有利于削弱 CNC 导轨内部的热应力。在 240℃出油时，CNC 导轨中仍存在一些未发生组织转变的过冷奥氏体。借助奥氏体良好的塑性特征，快速对其进行温度校正，以防止过冷奥氏体组织转化为马氏体，缩小组织应力。依照 GCr15 钢的碳曲线，在 240℃出油时，CNC 导轨中有可能形成较少的下贝氏体组织，这有利于提升 CNC 导轨的使用性能。

当 CNC 导轨冷却至室温之后，由于其内部残留奥氏体含量偏多，为了避免残留奥氏体稳定化，需要立即对其进行冰冷处理，防止残留奥氏体向淬火马氏体转化。常规的热处理工艺中，CNC 导轨经淬火处理之后，未进行冰冷处理，因而 CNC 导轨在长期使用之后，其内部残留奥氏体会逐渐转化为马氏体，引起 CNC 导轨体积变化，在其内部形成应力，使得其过早地发生畸变失效，缩短了 CNC 导轨的使用寿命。经冰冷处理之后，可大幅提升 CNC 导轨外形尺寸的稳定性，同时提升其表面硬度，并增强其耐磨性能。

优化后的 CNC 导轨热处理工艺如图 8.4 所示。

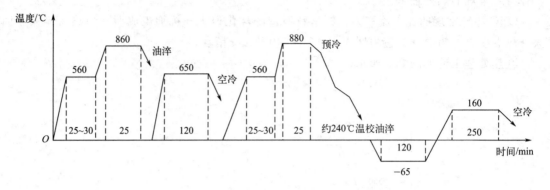

图 8.4　优化后 CNC 导轨热处理工艺路线

③ 优化之后的效果　优化之前，CNC 导轨的淬火畸变量为 0.4～0.7mm；优化后，CNC 导轨的淬火畸变量小于 0.5mm。

前期使用的热点校直法（即火焰校直技术）：采用氧-乙炔焰对发生畸变的 CNC 导轨的凸起部位进行短时的点加热。借助局部的点加热与冷却的内应力来对 CNC 导轨进行校正。该技术校正难度较大。校正之后，其畸变量只能控制在＜0.5mm 的精度（表 8.12）。同时经热点校直之后，会引起 CNC 导轨表面硬度不一致，出现软点。本设计采用 240℃ 温度校正，借助奥氏体塑性，在过冷奥氏体转化为马氏体之前进行校直；校正之后，其畸变量控制在 0.2mm，CNC 导轨表面硬度均匀，未形成软点，同时 CNC 导轨表面硬度提升了约 2HRC。此外，880℃ 高温淬火后，CNC 导轨组织未发生粗化，其马氏体组织仍为 2.5 级。新增了冰冷处理后，有效降低了 CNC 导轨内部残留奥氏体的含量，有利于提升其外形尺寸稳定性。优化之前，产品的报废率约 20%；优化之后，产品报废率控制在 5% 以下，同时由于 CNC 导轨各项性能的提升，其使用寿命也明显延长。

表 8.12　CNC 导轨热处理优化后实测参数

淬火畸变量/mm	产品报废率/%	导轨表面硬度 HRC
＜0.50	＜0.5	62～63

习题

1. 热处理工艺设计原则主要有哪些？
2. 请简述热处理工艺设计要求和步骤。
3. 有一个 45 钢制造齿轮，要求表面耐磨，其制备工艺流程为：锻造→热处理 1→切削加工→热处理 2→成品。试分析热处理 1 和 2 分别采用何种热处理工艺，并说明原因。

参考文献

[1] 夏立芳 . 金属热处理工艺学 [M].5 版，哈尔滨：哈尔滨工业大学出版社，2012.
[2] 中国机械工程学会热处理专业分会，《热处理手册》编委会 . 热处理手册：第 1 卷

工艺基础［M］.3 版.北京：机械工业出版社，2001.

［3］马伯龙.热处理工艺设计与选择［M］.北京：机械工业出版社，2013.

［4］汪广志.拉杆热处理工艺设计探讨［C］//机械工业信息研究院金属加工杂志社.第三届金属加工工艺创新论坛论文集.中铁宝桥天元实业发展有限公司，2021：261-263.

［5］郭文晖.65Mn 制作磨床头架主轴热处理工艺设计［J］.山东工业技术，2018（19）：38.

［6］王猛.数控机床导轨热处理工艺的优化设计［J］.热加工工艺，2014，43（12）：204-205，207.